本书2004年被评为"北京高等教育精品教材"

内 容 简 介

本书是全国高等职业、高等专科教育"高等数学"基础课教材.本书依照教育部颁布的高职、高专"高等数学"教学大纲,并结合作者多年来为经济类、管理类和工科类高职、高专学生讲授"高等数学"课所积累的教学经验编写而成.全书分上、下两册,供经济类、管理类和工科类一年级学生两学期使用.上册共分五章,内容包括函数、极限、连续,导数与微分,中值定理与导数的应用,不定积分,定积分及其应用;下册共分四章,内容包括微分方程,向量代数与空间解析几何,多元函数微积分,无穷级数.书中加"*"号的内容,对非工科类学生不讲授,仅对工科类学生讲授,有的内容任课教师可酌情选用.每章按节配置足够数量的习题,书末附有较详细的提示或解答.

本书作者长期为高职、高专学生讲授"高等数学"课,深知高职、高专学生在学习高等数学内容时的疑难与困惑,因此本书能针对学生的接受能力和理解程度,并结合大纲要求讲述"高等数学"课的基本内容,叙述通俗易懂、例题丰富、图形直观、富有启发性,便于自学,注重对学生基础知识的训练和综合能力的培养.

本书可作为高等职业、高等专科经济类、管理类和工科类学生"高等数学"课的教材,也可作为参加自学考试、文凭考试(仅用本书上册)、职大师生讲授或学习"高等数学"课程的教材或教学参考书.对数学爱好者本书也是较好的自学教材.

高职、高专教育高等数学系列
教材出版委员会

主　任：刘　林
副主任：关淑娟
委　员(以姓氏笔画为序)：
　　　　刘　林　　刘书田　　刘雪梅　　田培源
　　　　关淑娟　　林洁梅　　周惠芳　　胡显佑
　　　　赵佳因　　侯明华　　高旅端

全国高职、高专教育高等数学系列教材

微积分(经济类适用)	刘书田等编著	定价 13.50 元
微积分学习辅导(经济类适用)	刘书田等编著	定价 13.50 元
高等数学(上册)	刘书田等编著	定价 15.50 元
高等数学(下册)	刘书田等编著	定价 12.00 元
高等数学学习辅导(上册)	刘书田等编著	定价 13.00 元
高等数学学习辅导(下册)	刘书田等编著	定价 11.00 元
线性代数	胡显佑等编著	定价　9.00 元
线性代数学习辅导	胡显佑等编著	定价　9.00 元
概率统计	高旅端等编著	定价 12.00 元
概率统计学习辅导	高旅端等编著	定价 10.00 元

全国高职、高专教育高等数学系列教材

高等数学

(下册)

主　编　刘书田
副主编　胡显佑　高旅端
编著者　刘书田　侯明华

北京大学出版社
·北京·

图书在版编目(CIP)数据

高等数学(下册)/刘书田,侯明华编著.—北京:北京大学出版社,2002.1
　全国高职高专教育高等数学系列教材
　ISBN 978-7-301-05329-4

　Ⅰ.高… Ⅱ.①刘… ②侯… Ⅲ.高等数学-高等学校:技术学校-教材 Ⅳ.O13

中国版本图书馆 CIP 数据核字(2001)第 082711 号

书　　　　名:	高等数学(下册)
著作责任者:	刘书田　侯明华　编著
责 任 编 辑:	刘　勇
标 准 书 号:	ISBN 978-7-301-05329-4/O·0518
出 版 发 行:	北京大学出版社
地　　　　址:	北京市海淀区成府路 205 号　100871
网　　　　址:	http://www.pup.cn
电　　　　话:	邮购部 62752015　发行部 62750672　理科编辑部 62752021
	出版部 62754962
电 子 邮 箱:	zpup@pup.pku.edu.cn
印 　刷　 者:	北京大学印刷厂
经 　销　 者:	新华书店
	850×1168　32 开本　8.5 印张　200 千字
	2002 年 1 月第 1 版　2003 年 7 月第 2 次修订
	2010 年 2 月第 10 次印刷
印　　　　数:	40001—43000 册
定　　　　价:	12.00 元

未经许可,不得以任何方式复制或抄袭本书之部分或全部内容。
版权所有,侵权必究
举报电话:010-62752024　电子邮箱:fd@pup.pku.edu.cn

前　言

　　为了适应我国高等职业教育、高等专科教育的迅速发展,满足当前高职教育高等数学课程教学上的需要,我们依照教育部颁布的高等职业教育"高等数学"教学大纲,为高职、高专经济类、管理类及工科类学生编写了本套高等数学系列教材.本套书分为教材三个分册:《高等数学》(上、下册)、《线性代数》、《概率统计》;配套辅导教材三个分册:《高等数学学习辅导》(上、下册)、《线性代数学习辅导》、《概率统计学习辅导》,总共 6 分册.需要向任课老师和读者说明的是,《高等数学》(上、下册)是供经济类、管理类和工科类一年级学生两学期使用,上册约讲授 64～68 学时,下册约讲授 32～36 学时.**书中加"＊"号的内容,对非工科类学生可不讲授,仅对工科类学生讲授,**这些内容任课教师也可酌情选用.《线性代数》讲授 30～32 学时,《概率统计》讲授 36～40 学时.以上建议仅供授课老师参考.

　　编写本套系列教材的宗旨是:以提高高等职业教育教学质量为指导思想,以培养高素质应用型人材为总目标,力求教材内容"涵盖大纲、易学、实用".因此,我们综合了高等院校高职、高专经济类、管理类及工科类高等数学教学大纲的要求,在三个分册的主教材中分别系统介绍了"微积分"、"线性代数"、"概率统计"的基本理论、基本方法及其应用.本套系列教材具有以下特点:

　　1. 教材的编写紧扣教学大纲,慎重选择教材内容.既考虑到高等数学本学科的科学性,又能针对高职班学生的接受能力和理解程度,适当选取教材内容的深度和广度;既注重从实际问题引入基本概念,揭示概念的实质,又注重基本概念的几何解释、经济背景和物理意义,以使教学内容形象、直观,便于学生理解和掌握,并达到"学以致用"的目的.

2. 为使学生更好地掌握教材的内容,我们编写了配套的辅导教材,教材与辅导教材的章节内容同步,但侧重点不同. 辅导教材每章按照教学要求、内容提要与解题指导、自测题与参考解答三部分内容编写. 教学要求指明学生应掌握、理解或了解的知识点;内容提要把重要的定义、定理、性质以及容易混淆的概念给出提示;解题指导是通过典型例题的解法给出点评、分析与说明,指出初学者易犯的错误,教会学生数学思维的方法,总结出解题规律;自测题是为学生配置的适量的、难易程度适中的训练题,目的是检测学生在理解本章内容提要与解题指导的基础上,独立解题的能力. 教材与辅导教材相辅相成,同步使用,以达到培养学生的思维、逻辑推理能力、运算能力及运用所学知识分析问题和解决问题的能力.

3. 本套教材叙述通俗易懂、简明扼要、富有启发性,便于自学;注意用语确切,行文严谨. 教材每节后配有适量习题,书后附有习题答案和解法提示. 辅导教材按章配有自测题并给出较详细的参考解答,便于教师和学生使用.

本套系列教材的编写和出版,得到了北京大学出版社的大力支持和帮助,同行专家和教授提出了许多宝贵的建议,在此一并致谢!

限于编者水平,书中难免有不妥之处,恳请读者指正.

编 者
2001 年 5 月于北京

目 录

第六章 微分方程 ………………………………………… (1)

§6.1 微分方程的基本概念 ………………………………… (1)
　　习题 6.1 …………………………………………………… (6)

§6.2 一阶微分方程 ………………………………………… (8)
　　一、可分离变量的微分方程 …………………………… (8)
　　二、齐次微分方程 ……………………………………… (10)
　　三、一阶线性微分方程 ………………………………… (13)
　　习题 6.2 …………………………………………………… (18)

§6.3 可降阶的二阶微分方程 ……………………………… (19)
　　一、$y''=f(x)$ 型微分方程 ……………………………… (20)
　　二、$y''=f(x,y')$ 型微分方程 …………………………… (20)
　　习题 6.3 …………………………………………………… (22)

§6.4 二阶常系数线性微分方程 …………………………… (22)
　　一、二阶常系数线性齐次微分方程的解法 …………… (23)
　　二、二阶常系数线性非齐次微分方程的解法 ………… (27)
　　习题 6.4 …………………………………………………… (36)

§6.5 微分方程应用举例 …………………………………… (38)
　　一、几何应用问题 ……………………………………… (38)
　　*二、物理应用问题 ……………………………………… (42)
　　三、经济应用问题 ……………………………………… (47)
　　习题 6.5 …………………………………………………… (51)

第七章 向量代数与空间解析几何 …………………… (53)

§7.1 空间直角坐标系 ……………………………………… (53)
　　一、空间直角坐标系 …………………………………… (53)
　　二、两点间的距离 ……………………………………… (55)
　　习题 7.1 …………………………………………………… (56)

*§7.2 向量代数 ································ (56)

一、向量及其表示 ···························· (56)

二、向量的加、减法 ························· (57)

三、数与向量的乘积 ························· (59)

四、向量的坐标表示法 ······················ (60)

五、向量的模与方向余弦的坐标表示式 ·· (63)

六、两向量的数量积 ························· (65)

七、两向量的向量积 ························· (69)

习题 7.2 ·· (73)

§7.3 空间曲面与曲线 ························ (75)

一、曲面与方程 ································ (75)

二、柱面方程 ··································· (77)

三、旋转曲面 ··································· (79)

*四、空间曲线 ································ (81)

五、几个常见的二次曲面 ··················· (82)

*六、曲线在坐标面上的投影 ··············· (85)

习题 7.3 ·· (86)

*§7.4 平面及其方程 ··························· (87)

一、平面的点法式方程 ······················ (88)

二、平面的一般式方程 ······················ (89)

三、平面外一点到平面的距离 ············· (92)

四、两平面间的夹角 ························· (93)

习题 7.4 ·· (95)

*§7.5 空间直线的方程 ······················· (96)

一、直线的一般式方程 ······················ (96)

二、直线的点向式方程 ······················ (97)

三、直线的参数方程 ························· (99)

四、两直线的夹角 ···························· (99)

五、直线与平面的夹角 ······················ (100)

2

习题 7.5 ·· (102)

第八章 多元函数微积分 ·············· (105)

§8.1 多元函数的基本概念 ·············· (105)
- 一、平面区域 ····································· (105)
- 二、多元函数概念 ······························ (107)
- 三、二元函数的极限与连续性 ············ (110)
- 习题 8.1 ·· (112)

§8.2 偏导数与全微分 ·············· (113)
- 一、偏导数 ·· (114)
- 二、高阶偏导数 ································· (119)
- 三、全微分 ·· (121)
- 习题 8.2 ·· (123)

§8.3 复合函数与隐函数的微分法 ·············· (125)
- 一、复合函数的微分法 ······················· (126)
- 二、隐函数的微分法 ·························· (132)
- 习题 8.3 ·· (134)

§8.4 多元函数的极值 ·············· (136)
- 一、多元函数的极值 ·························· (136)
- 二、条件极值 ···································· (142)
- 习题 8.4 ·· (145)

*§8.5 多元函数微分法在几何上的应用 ·············· (148)
- 一、空间曲线的切线与法平面 ············ (148)
- 二、曲面的切平面与法线 ··················· (151)
- 习题 8.5 ·· (153)

§8.6 二重积分概念及其性质 ·············· (154)
- 一、两个实例 ···································· (154)
- 二、二重积分概念 ····························· (157)
- 三、二重积分的性质 ·························· (159)
- 习题 8.6 ·· (160)

§8.7 二重积分的计算与应用 ………………………………… (161)
    一、在直角坐标系下计算二重积分 ………………………… (161)
    二、在极坐标系下计算二重积分 …………………………… (170)
    三、二重积分应用举例 ……………………………………… (175)
    习题 8.7 ……………………………………………………… (184)

第九章 无穷级数 ……………………………………………… (188)

§9.1 无穷级数概念及其性质 ……………………………………… (188)
    一、无穷级数概念 …………………………………………… (188)
    二、无穷级数的基本性质 …………………………………… (193)
    习题 9.1 ……………………………………………………… (194)

§9.2 正项级数 …………………………………………………… (197)
    一、收敛的基本定理 ………………………………………… (197)
    二、正项级数的收敛判别法 ………………………………… (198)
    习题 9.2 ……………………………………………………… (203)

§9.3 任意项级数 ………………………………………………… (204)
    一、交错级数 ………………………………………………… (204)
    二、绝对收敛与条件收敛 …………………………………… (205)
    习题 9.3 ……………………………………………………… (207)

§9.4 幂级数 ……………………………………………………… (208)
    一、函数项级数概念 ………………………………………… (208)
    二、幂级数 …………………………………………………… (210)
    习题 9.4 ……………………………………………………… (216)

§9.5 函数的幂级数展开 ………………………………………… (217)
    一、泰勒级数 ………………………………………………… (217)
    二、泰勒公式 ………………………………………………… (220)
    三、函数的幂级数展开式 …………………………………… (221)
    习题 9.5 ……………………………………………………… (226)

*§9.6 傅里叶级数 ………………………………………………… (227)
    一、三角函数系的正交性 …………………………………… (227)

二、以 2π 为周期的函数的傅里叶级数 …………………… (228)

三、奇函数与偶函数的傅里叶级数 …………………… (233)

四、以 $2l$ 为周期的函数的傅里叶级数 …………………… (236)

习题 9.6 …………………………………………………… (238)

习题参考答案与提示 ……………………………………………… (240)

第六章 微分方程

为了深入研究几何、物理、经济等许多实际问题,常常需要寻求问题中有关变量之间的函数关系. 而这种函数关系往往不能直接得到,却只能根据这些学科中的某些基本原理,得到所求函数及其变化率之间的关系式,然后,再从这种关系式中解出所求函数. 这种关系式就是微分方程. 微分方程在自然科学、工程技术和经济学等领域中有着广泛的应用.

本章介绍微分方程的一些基本概念;讲述下列微分方程的解法:一阶微分方程中的常见类型、可降阶的二阶微分方程和二阶常系数线性微分方程. 最后讲述微分方程应用例题.

§6.1 微分方程的基本概念

我们通过例题来说明微分方程的一些基本概念.

例1 一条曲线通过点$(1,2)$,且在该曲线上任意一点$P(x,y)$处的切线斜率都为$3x^2$,求这条曲线的方程.

依题意,根据导数的几何意义,该问题是要求一个函数$y=f(x)$,即曲线方程,使它满足关系式

$$\frac{\mathrm{d}y}{\mathrm{d}x}=3x^2 \tag{6.1}$$

和已知条件:当$x=1$时,$y=2$.

本例中,需要寻求的曲线方程,即函数$y=f(x)$是未知的,称为**未知函数**. 关系式(6.1)是一个含有未知函数导数的方程,称为**微分方程**. 未知函数是一元函数的微分方程称为**常微分方程**. 我们只讨论常微分方程,以下简称为**微分方程**,也简称为**方程**. 由于微

分方程(6.1)式中只含有未知函数的一阶导数,所以称为**一阶微分方程**.

未知函数的导数与自变量之间的关系式,即微分方程(6.1)式已列出.下面就要设法从微分方程中求出未知函数 $y=f(x)$,这就是"**解微分方程**"的问题.

将已得到的微分方程(6.1)式两端积分,得

$$y = x^3 + C, \qquad (6.2)$$

其中 C 是任意常数.(6.2)式是一族函数.

在我们的问题中,还有一个已知条件:当 $x=1$ 时,$y=2$.为了求得满足这个条件的函数,将 $x=1,y=2$ 代入(6.2)式中,有

$$2 = 1^3 + C, \quad 即 \quad C = 1.$$

由此,得到了我们要求的未知函数,即曲线方程为

$$y = x^3 + 1.$$

若将函数 $y=x^3+C$ 代入微分方程(6.1)式,即对 $y=x^3+C$ 求导数,得 $\dfrac{\mathrm{d}y}{\mathrm{d}x}=3x^2$,代入(6.1)式的左端,显然微分方程(6.1)式就成为恒等式:

$$3x^2 = 3x^2.$$

这种能使微分方程成为恒等式的函数,称为微分方程(6.1)式的**解**.函数 $y=x^3+C$ 中含有一个任意常数 C,当 C 取不同的值时,将得到不同的函数,而这些函数都满足微分方程(6.1)式.

对于**一阶微分方程**(6.1)式,若其解中含有**一个任意常数**,则这个解称为微分方程的**通解**.函数 $y=x^3+1$ 是当 C 取 1 的解,这个解称为微分方程(6.1)式的特解,即当通解中的任意常数 C 取某一特定值时的解,称为微分方程的**特解**.用来确定通解中的任意常数 C 取某一定值的条件,一般称为**初始条件**.容易想到,初始条件不同时,所确定的特解将不同.本例中的初始条件是:当 $x=1$ 时,$y=2$,或记作 $y|_{x=1}=2$.

例 2 一质量为 m 的物体受重力作用而下落,假设初始位置

和初始速度都为 0,试确定该物体下落的距离 S 与时间 t 的函数关系.

该物体只受重力作用而下落,重力加速度是 g m/s². 按二阶导数的物理意义,若设下落距离 S 与时间 t 的函数关系为 $S=S(t)$,则有

$$\frac{\mathrm{d}^2 S}{\mathrm{d}t^2} = g, \qquad (6.3)$$

对上式两边积分,得

$$\frac{\mathrm{d}S}{\mathrm{d}t} = gt + C_1. \qquad (6.4)$$

按一阶导数的物理意义:$\frac{\mathrm{d}S}{\mathrm{d}t}=v(t)$,其中 $v(t)=gt+C_1$ 应是物体运动的速度,其中 C_1 是任意常数.

对(6.4)式两边再积分,得

$$S = \frac{1}{2}gt^2 + C_1 t + C_2, \qquad (6.5)$$

其中 C_2 也是任意常数. 显然(6.5)式给出了下落距离 S 与所经历的时间 t 的函数关系.

依题意,初始位置和初始速度都为 0,即

$$S(0) = S\big|_{t=0} = 0, \qquad (6.6)$$

$$v(0) = \frac{\mathrm{d}S}{\mathrm{d}t}\bigg|_{t=0} = 0. \qquad (6.7)$$

将(6.7)式代入(6.4)式,可得 $C_1=0$;再将(6.6)式和 $C_1=0$ 代入(6.5)式,可得 $C_2=0$. 于是,所求的 S 与 t 的函数关系,即物体下落的运动方程为

$$S = \frac{1}{2}gt^2.$$

在本例中,需要求出的下落距离 S 与所经历的时间 t 的函数关系 $S=S(t)$ 是未知函数;(6.3)式中含有未知函数的**二阶导数**,称为**二阶微分方程**;函数(6.5)式,即函数

$$S = S(t) = \frac{1}{2}gt^2 + C_1 t + C_2$$

满足微分方程(6.3)式,它是该微分方程的解;对于(6.3)式这样的二阶微分方程,满足它的函数(6.5)式中含有**两个任意常数**,这是**通解**;而函数 $S = \frac{1}{2}gt^2$,是当 C_1 和 C_2 都取 0 时的解,这是**特解**;而(6.6)式和(6.7)式是确定通解(6.5)中任意常数 C_1 和 C_2 的条件,这是**初始条件**.

分析了以上两个例题,一般有如下定义.

定义 6.1 联系自变量、未知函数及未知函数的导数或微分的方程,称为**微分方程**.

这里须指出,微分方程中可以不显含自变量和未知函数,但必须显含未知函数的导数或微分. 正因为如此,简言之,含有未知数的导数或微分的方程称为**微分方程**.

定义 6.2 微分方程中出现的未知函数导数的最高阶阶数,称为**微分方程的阶**.

例如

$\frac{\mathrm{d}y}{\mathrm{d}x} + \frac{1}{x}y = \frac{1}{x}\cos x$ 是一阶微分方程;

$y'' + 8y' = 8x$ 是二阶微分方程;

$y''' = \frac{\ln x}{x^2}$ 是三阶微分方程.

n 阶微分方程的一般形式是

$$F(x, y, y', y'', \cdots, y^{(n)}) = 0,$$

其中 x 是自变量,y 是未知函数,最高阶导数是 n 阶 $y^{(n)}$.

二阶和二阶以上的微分方程称为**高阶微分方程**.

定义 6.3 若将一个函数及其导数代入微分方程中,使方程成为恒等式,则此函数称为**微分方程的解**.

含有任意常数的个数等于微分方程的阶数的解,称为微分方程的**通解**;给通解中的任意常数以特定值的解,称为微分方程的特解.

微分方程的初始条件 用以确定通解中任意常数的条件称为**初始条件**.

一阶微分方程的初始条件是,当自变量取某个特定值时,给出未知函数的值:

当 $x=x_0$ 时,$y=y_0$ 或 $y|_{x=x_0}=y_0$;

二阶微分方程的初始条件是,当自变量取某个特定值时,给出未知函数及一阶导数的值:

当 $x=x_0$ 时,$y=y_0$,$y'=y_1$ 或

$$y|_{x=x_0}=y_0, \quad y'|_{x=x_0}=y_1.$$

例如,容易验证:

函数 $y=Ce^x$,$y=e^x$ 都是一阶微分方程 $y'-y=0$ 的解. 显然,前者是通解,而后者是满足初始条件 $y|_{x=0}=1$ 的特解.

例 3 验证函数 $y=C_1\cos x+C_2\sin x-\dfrac{1}{2}x\cos x$($C_1,C_2$ 是任意常数)是二阶微分方程

$$y''+y=\sin x$$

的通解;并求满足初始条件

$$y|_{x=0}=1, \quad y'|_{x=0}=\dfrac{5}{2}$$

的特解.

解 $y=C_1\cos x+C_2\sin x-\dfrac{1}{2}x\cos x,$

$y'=-C_1\sin x+C_2\cos x-\dfrac{1}{2}\cos x+\dfrac{1}{2}x\sin x,$

$y''=-C_1\cos x-C_2\sin x+\dfrac{1}{2}\sin x+\dfrac{1}{2}\sin x+\dfrac{1}{2}x\cos x,$

将 y,y'' 代入原方程,有

$$y''+y=-C_1\cos x-C_2\sin x+\sin x+\dfrac{1}{2}x\cos x$$

$$+ C_1\cos x + C_2\sin x - \frac{1}{2}x\cos x = \sin x,$$

即函数 $y = C_1\cos x + C_2\sin x - \frac{1}{2}x\cos x$ 是微分方程 $y'' + y = \sin x$ 的解；由于该函数中含有任意常数的个数是 2，恰等于微分方程的阶数，所以所给函数是通解.

按题设，将 $x = 0$ 时，$y = 1, y' = \frac{5}{2}$ 的条件代入 y 和 y' 的表达式中，得

$$\begin{cases} C_1\cos 0 + C_2\sin 0 - \frac{1}{2}0 \cdot \cos 0 = 1, \\ -C_1\sin 0 + C_2\cos 0 - \frac{1}{2}\cos 0 + \frac{1}{2}0 \cdot \sin 0 = \frac{5}{2}, \end{cases}$$

或

$$\begin{cases} C_1 = 1, \\ C_2 - \frac{1}{2} = \frac{5}{2}, \end{cases}$$

即 $C_1 = 1, C_2 = 3$. 于是所求特解为

$$y = \cos x + 3\sin x - \frac{1}{2}x\cos x.$$

求微分方程满足某初始条件的解的问题，称为微分方程的**初值问题**. 例如，函数 $y = e^x$ 就是满足初值问题

$$\begin{cases} \dfrac{\mathrm{d}y}{\mathrm{d}x} = y, \\ y|_{x=0} = 1 \end{cases}$$

的解.

习 题 6.1

1. 单项选择题：

(1) 下列方程中，**不是**微分方程的是(　　).

(A) $\left(\dfrac{\mathrm{d}y}{\mathrm{d}x}\right)^2 - 3y = 0$;　　(B) $\mathrm{d}y + \dfrac{1}{x}\mathrm{d}x = 0$;

(C) $y' = e^{x-y}$;　　(D) $x^2 + y^2 = k$.

（2）设函数 $y=Ce^{-x}$ 是微分方程 $y'+y=0$ 的通解,则满足 $y|_{x=0}=-2$ 的特解是（　　）.

(A) $y=e^{-x}$；　　　　　　(B) $y=2e^{-x}$；

(C) $y=-2e^{-x}$；　　　　　(D) $y=\dfrac{1}{2}e^{-x}$.

2. 指出下列各微分方程的阶数：

(1) $x^3(y'')^3-2y'+y=0$；

(2) $y''-2yy'+y=x$；

(3) $(2x-y)dx+(x+y)dy=0$；

(4) $\dfrac{d^2r}{d\theta^2}+\omega r=\sin^2\theta$ （ω 为常数）.

3. 验证所给函数是已知微分方程的解,并说明是通解还是特解：

(1) $x^2+y^2=C$ $(C>0)$，$y'=-\dfrac{x}{y}$；

(2) $y=\dfrac{\sin x}{x}$，$xy'+y=\cos x$；

(3) $y=Ce^{-2x}+\dfrac{1}{4}e^{2x}$，$y'+2y=e^{2x}$；

(4) $y=C_1e^{3x}+C_2e^{4x}$，$y''-7y'+12y=0$.

4. 试验证：函数 $y=e^x\int_0^x e^{t^2}dt+Ce^x$ 是微分方程 $y'-y=e^{x+x^2}$ 的解,并求满足初始条件 $y|_{x=0}=0$ 的特解.

5. 试验证：函数 $y=C_1e^x+C_2e^{-2x}$ 是微分方程

$$\dfrac{d^2y}{dx^2}+\dfrac{dy}{dx}-2y=0$$

的通解,并求满足初始条件 $y|_{x=0}=1$，$y'|_{x=0}=1$ 的特解.

6. 验证：函数 $y=\cos x+e^{-x}$ 是初值问题

$$\begin{cases} y'+y=\cos x-\sin x, \\ y|_{x=0}=2 \end{cases}$$

的解.

7. 试写出由下列条件确定的曲线所满足的微分方程及初始

条件:

(1) 曲线过点 $(0,-2)$,且曲线上每一点 (x,y) 处切线的斜率都比这点的纵坐标大 3;

(2) 曲线过点 $(0,2)$,且曲线上任一点 (x,y) 处切线的斜率是这点纵坐标的 3 倍.

§6.2 一阶微分方程

一阶微分方程的一般形式是
$$F(x,y,y') = 0,$$
其中,x 是自变量,y 是 x 的函数,即 y 是未知函数,y' 是 y 对 x 的一阶导数.若由上述方程中可以解出 y',就有
$$y' = f(x,y),$$
或
$$P(x,y)\mathrm{d}x + Q(x,y)\mathrm{d}y = 0.$$
这是导数已解出的一阶微分方程.

这里我们讲授几种常见类型的一阶微分方程的解法.

一、可分离变量的微分方程

形如
$$\frac{\mathrm{d}y}{\mathrm{d}x} = \varphi(x) \cdot g(y) \tag{6.8}$$
的微分方程称为**可分离变量**的微分方程.这种方程用**分离变量法**求解.

例如,下列微分方程都是可分离变量的微分方程:
$$\frac{\mathrm{d}y}{\mathrm{d}x} = -xy, \quad y' = \frac{y\ln y}{x}.$$

若 $g(y) \neq 0$,则可将(6.8)式写成如下形式:
$$\frac{1}{g(y)}\mathrm{d}y = \varphi(x)\mathrm{d}x, \tag{6.9}$$
这时,称(6.9)式为**变量已分离的微分方程**.如果 $\varphi(x), g(y)$ 为连

续函数,将(6.9)式两端分别积分,它们的原函数只相差一个常数,便有

$$\int \frac{1}{g(y)}\mathrm{d}y = \int \varphi(x)\mathrm{d}x + C, \qquad (6.10)$$

或记作

$$G(y) = F(x) + C, \qquad (6.11)$$

其中 $G(y), F(x)$ 分别是 $\frac{1}{g(y)}$ 和 $\varphi(x)$ 的一个原函数. 这就得到了 x 与 y 之间的函数关系. (6.10)或(6.11)是微分方程(6.8)的通解.

可分离变量的微分方程也可写成如下形式

$$M_1(x)M_2(y)\mathrm{d}x + N_1(x)N_2(y)\mathrm{d}y = 0,$$

分离变量,得

$$\frac{N_2(y)}{M_2(y)}\mathrm{d}y = -\frac{M_1(x)}{N_1(x)}\mathrm{d}x.$$

这就是(6.9)式的形式.

例 1 求微分方程 $xy' = y\ln y$ 的通解;并求满足初始条件 $y|_{x=1} = \mathrm{e}$ 的特解.

解 这是可分离变量的微分方程,分离变量得

$$\frac{1}{y\ln y}\mathrm{d}y = \frac{1}{x}\mathrm{d}x.$$

对上面等式两端分别积分

$$\int \frac{1}{\ln y}\mathrm{d}(\ln y) = \int \frac{1}{x}\mathrm{d}x + C_1$$

得

$$\ln\ln y = \ln x + C_1,$$

其中 C_1 是任意常数. 若记 $C_1 = \ln C$ (C 为大于零的任意常数),即有

$$\ln\ln y = \ln x + \ln C.$$

去掉对数符号,通解可记作

$$y = \mathrm{e}^{Cx}.$$

将 $x=1, y=\mathrm{e}$ 代入通解中,得

$$\mathrm{e} = \mathrm{e}^C, \quad C = 1.$$

所求特解为
$$y = e^x.$$

例 2 求解微分方程 $(1+x^2)dy + xydx = 0$.

解 这是可分离变量的微分方程. 分离变量, 得
$$\frac{1}{y}dy = -\frac{x}{1+x^2}dx.$$

积分
$$\int \frac{1}{y}dy = -\int \frac{x}{1+x^2}dx + \ln C,$$
$$\ln y = -\frac{1}{2}\ln(1+x^2) + \ln C.$$

于是微分方程的通解是
$$y = \frac{C}{\sqrt{1+x^2}}.$$

二、齐次微分方程

先看一例.

微分方程
$$\frac{dy}{dx} = \frac{y^2}{xy - x^2}$$

将右端分子、分母同除以 x^2, 得
$$\frac{y^2}{xy - x^2} = \frac{\left(\dfrac{y}{x}\right)^2}{\dfrac{y}{x} - 1}.$$

若以 $\dfrac{y}{x}$ 为变量, 上式右端可看做是 $\dfrac{y}{x}$ 的函数 $\varphi\left(\dfrac{y}{x}\right)$. 于是, 原方程可写成如下形式
$$\frac{dy}{dx} = \varphi\left(\frac{y}{x}\right).$$

一般, 形如
$$\frac{dy}{dx} = \varphi\left(\frac{y}{x}\right) \qquad (6.12)$$

的一阶微分方程,称为**齐次微分方程**.

这种方程可通过变量替换化为可分离变量的微分方程,即由 $\dfrac{y}{x}=v$ 得 $y=vx$,然后转化为可分离变量的微分方程.

设 $y=vx$,两端对 x 求导,得

$$\frac{dy}{dx}=v+x\frac{dv}{dx}.$$

将 $\dfrac{y}{x}=v$ 及上式代入 (6.12),得

$$v+x\frac{dv}{dx}=\varphi(v).$$

这是以 x 为自变量,$v(x)$ 为未知函数的可分离变量的微分方程.

例 3 求微分方程 $y^2+x^2\dfrac{dy}{dx}=xy\dfrac{dy}{dx}$ 的通解.

解 这是齐次微分方程,可化为如下形式

$$\frac{dy}{dx}=\frac{y^2}{xy-x^2},$$

即

$$\frac{dy}{dx}=\frac{\left(\dfrac{y}{x}\right)^2}{\dfrac{y}{x}-1}.$$

设 $y=vx$,则

$$\frac{dy}{dx}=v+x\frac{dv}{dx}.$$

将其代入上述方程,得

$$v+x\frac{dv}{dx}=\frac{v^2}{v-1}.$$

这就化为了可分离变量的微分方程.

分离变量,得

$$\frac{v-1}{v}dv=\frac{dx}{x}.$$

两端积分

$$\int \left(1 - \frac{1}{v}\right) dv = \int \frac{1}{x} dx + \ln C_1,$$

即
$$v - \ln v = \ln x + \ln C_1,$$

或
$$C_1 x v = e^v.$$

以 $v = \frac{y}{x}$ 代入上式,还原变量 y,得原微分方程的通解

$$y = C e^{\frac{y}{x}} \quad \left(C = \frac{1}{C_1}\right).$$

例 4 求微分方程

$$x dy = \left(2x \tan \frac{y}{x} + y\right) dx$$

满足初始条件 $y|_{x=2} = \frac{\pi}{2}$ 的特解.

解 原方程可改写为

$$\frac{dy}{dx} = 2 \tan \frac{y}{x} + \frac{y}{x}.$$

这是齐次微分方程.

先求所给方程的通解. 设 $y = vx$, 则

$$\frac{dy}{dx} = v + x \frac{dv}{dx}.$$

将其代入上述微分方程,得

$$v + x \frac{dv}{dx} = 2 \tan v + v \quad 或 \quad x \frac{dv}{dx} = 2 \tan v.$$

这是可分离变量的方程. 分离变量,得

$$\cot v \, dv = \frac{2}{x} dx.$$

两端积分,得

$$\ln \sin v = 2 \ln x + \ln C,$$

即
$$\sin v = C x^2.$$

将 $v = \frac{y}{x}$ 代入上式,得所给方程的通解

$$\sin \frac{y}{x} = C x^2.$$

再求满足条件 $y|_{x=2}=\dfrac{\pi}{2}$ 的特解. 将 $x=2, y=\dfrac{\pi}{2}$ 代入通解中得

$$\sin\frac{\pi}{4}=4C, \quad C=\frac{\sqrt{2}}{8},$$

于是,所求的特解为

$$\sin\frac{y}{x}=\frac{\sqrt{2}}{8}x^2,$$

或

$$y=x\arcsin\left(\frac{\sqrt{2}}{8}x^2\right).$$

三、一阶线性微分方程

下面两个一阶微分方程

$$\frac{\mathrm{d}y}{\mathrm{d}x}-\frac{1}{x}y=x^2,$$

$$y'-y\cos x=2x\sin x$$

中,关于未知函数 y 及其导数 y' 都是线性的(即 y 和 y' 都是一次的且不含 y 和 y' 的乘积),这样的微分方程称为一阶线性微分方程.

一般,形如

$$\frac{\mathrm{d}y}{\mathrm{d}x}+P(x)y=Q(x) \qquad (6.13)$$

的微分方程,称为**一阶线性微分方程**,其中 $P(x), Q(x)$ 都是已知的连续函数;$Q(x)$ 称为**自由项**. 微分方程中所含的 y 和 y' 都是一次的.

当 $Q(x)\not\equiv 0$ 时,(6.13)式称为**一阶线性非齐次微分方程**;当 $Q(x)\equiv 0$ 时,即

$$\frac{\mathrm{d}y}{\mathrm{d}x}+P(x)y=0 \qquad (6.14)$$

称为与一阶线性非齐次微分方程(6.13)相对应的**一阶线性齐次微**

分方程.

形如(6.13)的线性微分方程用如下的**常数变易法**求解.

首先,求线性齐次微分方程(6.14)的通解.

方程(6.14)是可分离变量的微分方程.分离变量

$$\frac{\mathrm{d}y}{y} = -P(x)\mathrm{d}x.$$

上式两端积分,可得通解

$$\ln y = -\int P(x)\mathrm{d}x + \ln C,$$

即
$$y = C\mathrm{e}^{-\int P(x)\mathrm{d}x}, \tag{6.15}$$

其中 C 是任意常数.

其次,求线性非齐次微分方程(6.13)的通解.

在线性齐次微分方程的通解(6.15)式中,将任意常数 C 换成 x 的函数 $u(x)$,这里 $u(x)$ 是一个待定的函数,即设微分方程(6.13)式有如下形式的解

$$y = u(x)\mathrm{e}^{-\int P(x)\mathrm{d}x}. \tag{6.16}$$

将其代入微分方程(6.13)式,它应满足该微分方程,并由此来确定 $u(x)$,这样就得到了微分方程(6.13)的解.

为此,将(6.16)式对 x 求导,得

$$\frac{\mathrm{d}y}{\mathrm{d}x} = \mathrm{e}^{-\int P(x)\mathrm{d}x} \cdot \frac{\mathrm{d}}{\mathrm{d}x}u(x) - u(x)P(x)\mathrm{e}^{-\int P(x)\mathrm{d}x}.$$

把上式和(6.16)式均代入微分方程(6.13)式中,有

$$\mathrm{e}^{-\int P(x)\mathrm{d}x} \cdot \frac{\mathrm{d}}{\mathrm{d}x}u(x) - u(x)P(x)\mathrm{e}^{-\int P(x)\mathrm{d}x}$$
$$+ P(x)u(x)\mathrm{e}^{-\int P(x)\mathrm{d}x} = Q(x),$$

即
$$\mathrm{d}u(x) = Q(x)\mathrm{e}^{\int P(x)\mathrm{d}x}\mathrm{d}x.$$

两端积分,便得到待定的函数 $u(x)$:

$$u(x) = \int Q(x)\mathrm{e}^{\int P(x)\mathrm{d}x}\mathrm{d}x + C.$$

于是,一阶线性非齐次微分方程(6.13)的通解是

$$y = e^{-\int P(x)dx}\left(\int Q(x)e^{\int P(x)dx}dx + C\right), \quad (6.17)$$

或

$$y = e^{-\int P(x)dx}\int Q(x)e^{\int P(x)dx}dx + Ce^{-\int P(x)dx}. \quad (6.17')$$

观察(6.17′)式可知,线性非齐次微分方程(6.13)的通解是由其一个特解与其相应的齐次微分方程(6.14)的通解组成.

在(6.17′)式中,第二项是齐次微分方程(6.14)的通解;而第一项则是当 $C=0$ 时的非齐次微分方程(6.13)的特解.若将(6.17′)的第一项记作 y^*,第二项记作 y_C,则非齐次微分方程(6.13)的通解是

$$y = y_C + y^*.$$

例5 求微分方程 $\dfrac{dy}{dx} + 2xy = 2xe^{-x^2}$ 的通解.

解 这是一阶线性非齐次微分方程,其中

$$P(x) = 2x, \quad Q(x) = 2xe^{-x^2}.$$

先求与所给方程相对应的线性齐次微分方程 $\dfrac{dy}{dx} + 2xy = 0$ 的通解.分离变量,并积分,可得通解

$$\frac{dy}{y} = -2xdx,$$
$$\ln y = -x^2 + \ln C,$$

即
$$y = Ce^{-x^2}.$$

其次,求所给微分方程的通解.设其有如下形式的解

$$y = u(x)e^{-x^2},$$

则
$$\frac{dy}{dx} = -2xe^{-x^2}u(x) + e^{-x^2}\frac{d}{dx}u(x).$$

将 y 和 y' 的表示式代入原方程中,有

$$e^{-x^2}\frac{d}{dx}u(x) = 2xe^{-x^2}.$$

消去 e^{-x^2},分离变量,积分可得

$$u(x) = x^2 + C.$$

于是,原微分方程的通解是

$$y = (x^2 + C)e^{-x^2}.$$

若将上式写成

$$y = Ce^{-x^2} + x^2 e^{-x^2},$$

显然,其中的第一项是齐次微分方程的通解,第二项是当取 $C=0$ 时的非齐次微分方程一个特解.

例 6 求微分方程

$$x^2 dy + (y - 2xy - 2x^2)dx = 0$$

满足初始条件 $y|_{x=1} = 2+e$ 的特解.

解 将方程两端被 $x^2 dx$ 除,得

$$\frac{dy}{dx} + \frac{1-2x}{x^2} y - 2 = 0,$$

或

$$\frac{dy}{dx} + \frac{1-2x}{x^2} y = 2.$$

这是一阶线性非齐次微分方程,其中 $P(x) = \frac{1-2x}{x^2}$, $Q(x) = 2$.

用通解公式(6.17)求解. 由于

$$\int P(x) dx = \int \frac{1-2x}{x^2} dx = -\frac{1}{x} - \ln x^2 \,[①],$$

所以

$$e^{\int P(x) dx} = e^{-\frac{1}{x} - \ln x^2} = \frac{1}{x^2} e^{-\frac{1}{x}},$$

$$e^{-\int P(x) dx} = e^{\frac{1}{x} + \ln x^2} = x^2 e^{\frac{1}{x}}.$$

又

$$\int Q(x) e^{\int P(x) dx} dx = \int 2 \frac{1}{x^2} e^{-\frac{1}{x}} dx = 2 e^{-\frac{1}{x}},$$

于是,原微分方程的通解

$$y = x^2 e^{\frac{1}{x}} (2 e^{-\frac{1}{x}} + C) = x^2 (2 + C e^{\frac{1}{x}}).$$

由 $x=1$ 时,$y=2+e$ 确定任意常数 C. 把初始条件代入上式得

[①] 这里不写积分常数,下同.

$$2 + e = 2 + Ce, \quad C = 1.$$

所求的特解是

$$y = x^2(2 + e^{\frac{1}{x}}).$$

例 7 求微分方程 $\dfrac{dy}{dx} = \dfrac{y}{3x + y^4}$ 的通解.

解 这不是形如(6.13)的一阶线性微分方程. 若将方程两端的分子与分母颠倒, 则有

$$\frac{dx}{dy} = \frac{3x}{y} + y^3,$$

或

$$\frac{dx}{dy} - \frac{3}{y}x = y^3. \tag{6.18}$$

在此方程中, 若将 y 看做是自变量, x 作为 y 的函数, 它关于未知函数 x 及其导数 $\dfrac{dx}{dy}$ 是线性的, 且自由项是 y 的函数, 这是一阶线性非齐次微分方程, 其中

$$P(y) = -\frac{3}{y}, \quad Q(y) = y^3.$$

先求齐次微分方程的通解. 由

$$\frac{dx}{dy} - \frac{3}{y}x = 0,$$

分离变量, 积分得

$$\frac{dx}{x} = 3\frac{dy}{y},$$

$$\ln x = 3\ln y + \ln C,$$

故通解是

$$x = Cy^3.$$

再求非齐次微分方程的通解. 设

$$x = u(y)y^3,$$

则

$$\frac{dx}{dy} = 3y^2 u(y) + y^3 \frac{d}{dy}u(y).$$

将 $x, \dfrac{dx}{dy}$ 的表示式代入微分方程(6.18)中, 有

$$y^3 \frac{\mathrm{d}}{\mathrm{d}y} u(y) = y^3.$$

约去 y^3，分离变量，积分得

$$u(y) = y + C.$$

于是，所求微分方程的通解是

$$x = y^3(y + C).$$

习 题 6.2

1. 微分方程 $y' - \dfrac{1}{x} = 0$ ( ).

(A) 不是可分离变量的微分方程；
(B) 是一阶齐次微分方程；
(C) 是一阶线性非齐次微分方程；
(D) 是一阶线性齐次微分方程.

2. 求下列微分方程的通解或给定初始条件下的特解：

(1) $x^2 \mathrm{d}x + (x^3 + 5)\mathrm{d}y = 0$；　　(2) $\mathrm{e}^{x+y}\mathrm{d}x + \mathrm{d}y = 0$；

(3) $2\ln x\, \mathrm{d}x + x\, \mathrm{d}y = 0$；　　(4) $(1+\mathrm{e}^x) yy' = \mathrm{e}^x$；

(5) $y^2 \sin x\, \mathrm{d}x + \cos^2 x \ln y\, \mathrm{d}y = 0$；

(6) $\dfrac{\mathrm{d}y}{\mathrm{d}x} + yx^2 = 0$，$y|_{x=0} = 1$；

(7) $y' = (1-y)\cos x$，$y|_{x=\frac{\pi}{6}} = 0$；

(8) $y' \sin x = y \ln y$，$y|_{x=\frac{\pi}{2}} = \mathrm{e}$；

(9) $\ln y' = x$；　　(10) $\mathrm{e}^{y'} = x$.

3. 求下列微分方程的通解或在给定条件下的特解：

(1) $y' = \mathrm{e}^{-\frac{y}{x}} + \dfrac{y}{x}$；　　(2) $xy' = y + \sqrt{x^2 - y^2}$；

(3) $y' = \dfrac{y}{x}(1 + \ln y - \ln x)$；　　(4) $y^2 + x^2 y' = xyy'$；

(5) $\left(x + y\cos \dfrac{y}{x}\right)\mathrm{d}x - x\cos \dfrac{y}{x} \mathrm{d}y = 0$；

(6) $y' = \dfrac{x}{y} + \dfrac{y}{x}$，$y|_{x=-1} = 2$；

(7) $(x^3+y^3)dx - xy^2 dy = 0$, $y|_{x=1} = 0$;

(8) $\dfrac{dy}{dx} = \dfrac{y}{x} + \tan\dfrac{y}{x}$, $y|_{x=6} = \pi$.

4. 求下列微分方程的通解或给定条件下的特解：

(1) $y' + 2y = e^{-x}$;   (2) $y' + 2xy = e^{-x^2}$;

(3) $y' - 2xy = 2xe^{x^2}$;   (4) $xy' - 2y = x^3\cos x$;

(5) $x^2 + xy' = y$, $y|_{x=1} = 0$;

(6) $y' + y\cos x = \cos x$, $y|_{x=0} = 1$;

(7) $(2x - y^2)y' = 2y$;   (8) $y' = \dfrac{y}{2y\ln y + y - x}$.

5. 设 y_1 和 y_2 是方程 $y' + P(x)y = Q(x)$ 的两个不同的解：

(1) 试证：$y = y_1 + C(y_2 - y_1)$ 是该方程的通解，其中 C 是任意常数；

(2) 问常数 α 和 β 之间有怎样的关系时，才能使线性组合 $\alpha y_1 + \beta y_2$ 成为该方程的解？

(3) 试证：如果 y_3 是异于 y_1 和 y_2 的第三个特解，则比式 $\dfrac{y_2 - y_1}{y_3 - y_1}$ 是常数.

6. 设 y_1 是一阶线性齐次方程 $y' + P(x)y = 0$ 的解；y_2 是对应的一阶线性非齐次方程 $y' + P(x)y = Q(x)$ 的解. 证明：$y = Cy_1 + y_2$ (C 是任意常数) 也是 $y' + P(x)y = Q(x)$ 的解.

7. 设 y_1 是微分方程 $y' + P(x)y = Q_1(x)$ 的一个解，y_2 是微分方程 $y' + P(x)y = Q_2(x)$ 的一个解. 试证：$y = y_1 + y_2$ 是微分方程 $y' + P(x)y = Q_1(x) + Q_2(x)$ 的解.

§6.3 可降阶的二阶微分方程

二阶微分方程的一般形式为
$$F(x, y, y', y'') = 0,$$
若能解出 y''，则有

$$y'' = f(x, y, y').$$

本节讲授二阶微分方程中两种特殊类型的解法.

一、$y'' = f(x)$ 型微分方程

这种二阶微分方程不显含未知函数 y 及其一阶导数,是最简单的二阶微分方程,通过两次积分便可得到通解.

例1 求微分方程 $y'' = xe^{-x}$ 的通解.

解 将已给方程积分一次,得

$$y' = \int xe^{-x} dx + C_1 = -xe^{-x} - e^{-x} + C_1.$$

再积分一次,便得到所求的通解

$$\begin{aligned} y &= \int (-xe^{-x} - e^{-x} + C_1) dx + C_2 \\ &= -(-xe^{-x} - e^{-x}) + e^{-x} + C_1 x + C_2 \\ &= (x+2)e^{-x} + C_1 x + C_2. \end{aligned}$$

二、$y'' = f(x, y')$ 型微分方程

这种微分方程中不显含未知函数 y. 我们可以先求出 y',然后再求出 y,即通过变量替换

$$y' = p = p(x), \quad 则 \quad y'' = \frac{dp}{dx} = p'(x).$$

原方程就降为关于自变量 x 和未知函数 p 的一阶微分方程

$$p' = f(x, p).$$

可用前述求解一阶微分方程的方法求得 p;由 $y' = p$,再积分就得到未知函数 y.

例2 求微分方程

$$(x^2 + 1)y'' = 2xy'$$

满足初始条件 $y|_{x=0} = 1$,$y'|_{x=0} = 3$ 的特解.

解 这是不显含未知函数 y 的二阶微分方程. 设

$$y' = p = p(x), \quad 则 \quad y'' = \frac{dp}{dx} = p'.$$

将 y', y'' 的表示式代入原方程,得

$$(x^2 + 1)p' = 2xp.$$

这是以 x 为自变量,p 为未知函数的一阶微分方程. 分离变量, 并积分, 有

$$\frac{dp}{p} = \frac{2x}{1+x^2}dx,$$
$$\ln p = \ln(1 + x^2) + \ln C_1,$$

于是

$$p = C_1(1 + x^2), \quad 即 \quad y' = C_1(1 + x^2).$$

由条件 $y'|_{x=0}=3$ 确定任意常数 C_1:

$$3 = C_1(1 + 0), \quad C_1 = 3.$$

由此

$$y' = 3(1 + x^2).$$

对上式再积分,得

$$y = 3x + x^3 + C_2.$$

由条件 $y|_{x=0}=1$,可得 $C_2=1$. 故所求特解为

$$y = x^3 + 3x + 1.$$

例 3 求微分方程 $xy''=2y'+x^3+x$ 的通解.

解 这是 $y''=f(x,y')$ 型微分方程. 设

$$y' = p(x), \quad 则 \quad y'' = p'(x).$$

将 y', y'' 的表示式代入原方程,得

$$xp' = 2p + x^3 + x,$$

或

$$\frac{dp}{dx} - \frac{2}{x}p = x^2 + 1.$$

这是一阶线性非齐次微分方程.

用通解公式求解. 由于

$$\int P(x)dx = \int -\frac{2}{x}dx = -2\ln x,$$

所以
$$e^{\int P(x)dx} = e^{-2\ln x} = \frac{1}{x^2},$$
$$e^{-\int P(x)dx} = e^{2\ln x} = x^2.$$

又
$$\int Q(x)e^{\int P(x)dx}dx = \int (x^2+1)\frac{1}{x^2}dx = x - \frac{1}{x},$$

于是，由通解公式(6.17)，得
$$y' = p = x^2\left(x - \frac{1}{x} + C_1\right) = x^3 - x + C_1 x^2.$$

对上式再积分一次，得所求方程的通解
$$y = \frac{1}{4}x^4 - \frac{1}{2}x^2 + \frac{C_1}{3}x^3 + C_2.$$

习 题 6.3

1. 求下列微分方程的通解：
(1) $y''=x+\sin x$； (2) $y''=2x\ln x$；
(3) $xy''=y'$； (4) $y'=x\ln x \cdot y''$；
(5) $xy''=y'+x^2$； (6) $y''=1+y'^2$.

2. 求下列微分方程满足初始条件的特解：
(1) $y''(x+2)^5=1$，$y|_{x=-1}=\frac{1}{12}$，$y'|_{x=-1}=-\frac{1}{4}$；
(2) $y''+y'+2=0$，$y|_{x=0}=0$，$y'|_{x=0}=-2$.

§6.4 二阶常系数线性微分方程

二阶常系数线性微分方程的一般形式是
$$y'' + py' + qy = f(x), \tag{6.19}$$
其中 y''，y' 和 y 都是一次的；p，q 为实常数；$f(x)$ 是 x 的已知连续函数，称为方程的**自由项**。

当 $f(x) \equiv 0$ 时，与微分方程(6.19)相对应的微分方程是
$$y'' + py' + qy = 0. \tag{6.20}$$

通常称(6.19)式为**二阶常系数线性非齐次微分方程**；称(6.20)式为与(6.19)相对应的**二阶常系数线性齐次微分方程**.

一、二阶常系数线性齐次微分方程的解法

定理 6.1(齐次线性微分方程解的定理)

(1) 若函数 $y_1(x)$ 和 $y_2(x)$ 都是二阶线性齐次微分方程 (6.20) 的解，则

$$y = C_1 y_1(x) + C_2 y_2(x)$$

也是该方程的解，其中 C_1, C_2 是任意常数.

(2) 若函数 $y_1(x)$ 和 $y_2(x)$ 都是二阶线性齐次微分方程 (6.20) 的解，且 $\dfrac{y_1(x)}{y_2(x)}$ 不等于常数，则

$$y_C = C_1 y_1(x) + C_2 y_2(x)$$

是该方程的通解，其中 C_1, C_2 是任意常数.

证 (1) 因为 y_1 和 y_2 都是微分方程(6.20)的解，所以有

$$y_1'' + p y_1' + q y_1 = 0,$$
$$y_2'' + p y_2' + q y_2 = 0.$$

由

$$y = C_1 y_1 + C_2 y_2,$$

得

$$y' = C_1 y_1' + C_2 y_2',$$
$$y'' = C_1 y_1'' + C_2 y_2''.$$

将 y, y' 和 y'' 的表达式代入(6.20)式中，得

$$C_1 y_1'' + C_2 y_2'' + p(C_1 y_1' + C_2 y_2') + q(C_1 y_1 + C_2 y_2)$$
$$= C_1(y_1'' + p y_1' + q y_1) + C_2(y_2'' + p y_2' + q y_2) = 0,$$

即 $y = C_1 y_1 + C_2 y_2$ 是微分方程(6.20)式的解.

(2) 由(1)，已知 $y_C = C_1 y_1 + C_2 y_2$ 一定是微分方程(6.20)的解.

假若 $\dfrac{y_1}{y_2} = k$，k 是常数，即 $y_1 = k y_2$，则

$$C_1y_1 + C_2y_2 = (C_1k + C_2)y_2 = Cy_2,$$

其中 $C = C_1k + C_2$；于是 $C_1y_1 + C_2y_2$ 中,实际上仅含一个任意常数,因而它不是微分方程(6.20)式的通解.

而当 $\dfrac{y_1}{y_2}$ 不等于常数时,微分方程(6.20)的解

$$y_C = C_1y_1 + C_2y_2$$

中含两个任意常数,故 y_C 是二阶线性齐次微分方程(6.20)式的通解. □

若函数 $y_1(x)$ 和 $y_2(x)$ 是微分方程(6.20)的两个特解,且满足 $\dfrac{y_1(x)}{y_2(x)} \neq k$($k$ 是常数),则这两个解称为**线性无关**的.由定理 6.1 可知,求二阶线性齐次微分方程(6.20)的通解,就归结为求它的两个线性无关的特解.

例如,容易验证函数 $y_1 = \cos x$ 和 $y_2 = \sin x$ 是二阶线性齐次微分方程

$$y'' + y = 0$$

的两个线性无关的特解,则函数

$$y_C = C_1\cos x + C_2\sin x \quad (C_1, C_2 \text{ 是任意常数})$$

就是该方程的通解.

在微分方程

$$y'' + py' + qy = 0$$

中,由于 p 和 q 都是常数,通过观察可以看出:若某一函数 $y = y(x)$,它与其一阶导数 y'、二阶导数 y'' 之间仅相差一个常数因子时,则可能是该方程的解.

我们已经知道,函数 $y = e^{rx}$(r 是常数)具有这一特性.由此,设函数 $y = e^{rx}$ 是方程(6.20)的解,其中 r 是待定的常数.这时将

$$y = e^{rx}, \quad y' = re^{rx}, \quad y'' = r^2e^{rx}$$

代入方程(6.20),有

$$e^{rx}(r^2 + pr + q) = 0.$$

因 $e^{rx} \neq 0$,若上式成立,必有
$$r^2 + pr + q = 0, \qquad (6.21)$$
这是关于 r 的二次代数方程. 显然,若常数 r 满足(6.21)式时,则 $y = e^{rx}$ 一定是二阶线性齐次方程(6.20)的解.

代数方程(6.21)完全由微分方程(6.20)所确定,称代数方程(6.21)为微分方程(6.20)或微分方程(6.19)的**特征方程**;特征方程的根称为**特征根**.

由上述分析,求二阶常系数线性齐次微分方程(6.20)的解的问题就**转化为求它的特征方程的根的问题**.

特征方程(6.21)有两个根 r_1 和 r_2. 按二次方程(6.21)的判别式 $\Delta = p^2 - 4q$ 的三种情况,其特征根有三种情况,从而微分方程(6.20)的通解有如下三种情况.

1. 当 $\Delta > 0$ 时,特征根为相异实根: $r_1 \neq r_2$

因 $y_1 = e^{r_1 x}$, $y_2 = e^{r_2 x}$ 是微分方程(6.20)的两个特解,且它们线性无关:
$$\frac{y_1}{y_2} = e^{(r_1 - r_2)x} \text{ 不是常数},$$
所以,微分方程(6.20)的通解是
$$y_C = C_1 e^{r_1 x} + C_2 e^{r_2 x} \quad (C_1, C_2 \text{ 是任意常数}).$$

2. 当 $\Delta = 0$ 时,特征根为重根: $r = r_1 = r_2$

因 $r = r_1 = r_2 = -\dfrac{p}{2}$, $y_1 = e^{rx}$ 是微分方程(6.20)的一个特解. 这时,我们来验证 $y_2 = xe^{rx}$ 也是微分方程(6.20)的一个特解. 事实上,将
$$y_2 = xe^{rx},$$
$$y_2' = e^{rx} + rxe^{rx},$$
$$y_2'' = re^{rx} + re^{rx} + r^2 xe^{rx} = 2re^{rx} + r^2 xe^{rx}$$
代入方程(6.20),并注意到 $r = -\dfrac{p}{2}$,有

$$2re^{rx} + r^2xe^{rx} + p(e^{rx} + rxe^{rx}) + qxe^{rx}$$
$$= e^{rx}[(r^2 + pr + q)x + 2r + p] = 0.$$

又 $y_1 = e^{rx}$ 与 $y_2 = xe^{rx}$ 显然线性无关,所以,微分方程(6.20)的通解是

$$y_C = (C_1 + C_2 x)e^{rx} \quad (C_1, C_2 \text{ 是任意常数}).$$

3. 当 $\Delta < 0$ 时,特征根为共轭复数:$r_1 = \alpha + i\beta$, $r_2 = \alpha - i\beta$

$y_1 = e^{(\alpha + i\beta)x}$ 和 $y_2 = e^{(\alpha - i\beta)x}$ 是微分方程(6.20)的两个特解,但它们是复数形式. 这时,可以验证

$$y_1 = e^{\alpha x}\cos\beta x, \quad y_2 = e^{\alpha x}\sin\beta x$$

是微分方程(6.20)的两个实数形式的特解,且它们线性无关,从而微分方程(6.20)的通解是

$$y_C = e^{\alpha x}(C_1\cos\beta x + C_2\sin\beta x) \quad (C_1, C_2 \text{ 是任意常数}).$$

例1 求微分方程 $y'' + y' - 2y = 0$ 的通解.

解 这是二阶常系数线性齐次微分方程. 特征方程是

$$r^2 + r - 2 = 0 \quad \text{即} \quad (r - 1)(r + 2) = 0.$$

特征根是 $r_1 = 1$, $r_2 = -2$, 所以微分方程的通解是

$$y_C = C_1 e^x + C_2 e^{-2x} \quad (C_1, C_2 \text{ 是任意常数}).$$

例2 求微分方程 $y'' - 2y' + y = 0$ 的通解.

解 特征方程是

$$r^2 - 2r + 1 = 0, \quad \text{即} \quad (r - 1)^2 = 0.$$

特征根是相同实根 $r = 1$, 所以微分方程的通解是

$$y_C = (C_1 + C_2 x)e^x \quad (C_1, C_2 \text{ 是任意常数}).$$

例3 求微分方程 $y'' - 4y' + 5y = 0$ 的通解.

解 特征方程是

$$r^2 - 4r + 5 = 0.$$

它有一对共轭复根, $r_1 = 2 + i$, $r_2 = 2 - i$, 故微分方程的通解是

$$y_C = e^{2x}(C_1\cos x + C_2\sin x),$$

其中 C_1, C_2 是任意常数.

例4 求微分方程 $y''-12y'+36y=0$ 满足初始条件 $y|_{x=0}=1, y'|_{x=0}=0$ 的特解.

解 先求微分方程的通解.特征方程是
$$r^2 - 12r + 36 = 0.$$
特征根 $r_1=r_2=6$ 是重根,方程的通解
$$y_C = (C_1 + C_2 x)e^{6x}.$$

为求特解,对通解求导,得
$$y_C' = (6C_1 + C_2 + 6C_2 x)e^{6x}.$$
将初始条件 $y|_{x=0}=1$ 代入通解的表示式中,将 $y'|_{x=0}=0$ 代入 y_C' 的表示式中,有
$$\begin{cases} 1 = (C_1 + C_2 \cdot 0)e^{6 \cdot 0}, \\ 0 = (6C_1 + C_2 + 6C_2 \cdot 0)e^{6 \cdot 0}, \end{cases}$$
可解得 $C_1=1, C_2=-6$.于是,所求特解为
$$y = (1 - 6x)e^{6x}.$$

二、二阶常系数线性非齐次微分方程的解法

下面讲授二阶常系数线性非齐次微分方程
$$y'' + py' + qy = f(x)$$
的求解方法.

定理 6.2(非齐次线性微分方程解的结构定理)

若 $y^*(x)$ 是二阶非齐次微分方程(6.19)的一个特解,$y_C(x)$ 是与该微分方程相对应的齐次微分方程(6.20)的通解,则微分方程(6.19)的通解是
$$y = y_C(x) + y^*(x).$$
本定理的证明留给读者.

由定理 6.2 可知,求二阶常系数线性非齐次微分方程(6.19)的通解,只要求出该方程的一个特解 y^* 和与该方程相对应的齐次微分方程

$$y'' + py' + qy = 0$$

的通解 y_C 即可.

由于我们已经会求齐次微分方程(6.20)的通解 y_C;现在的问题就是如何求出非齐次微分方程(6.19)的一个特解 y^*.

下面将直接给出方程(6.19)的右端 $f(x)$ 取常见形式时求特解 y^* 的方法. 这种方法是根据自由项 $f(x)$ 的形式,断定方程(6.19)应该具有某种特定形式的特解. 特解的形式确定了,将其代入所给方程,使方程成为恒等式;然后再根据恒等关系定出这个具体函数. 这就是通常称之为的**待定系数法**. 这种方法不用求积分就可求出特解 y^* 来.

1. $f(x)$ 为 $P_m(x)$ 型

$P_m(x)$ 为 x 的 m 次多项式,即

$$P_m(x) = a_0 x^m + a_1 x^{m-1} + \cdots + a_{m-1} x + a_m.$$

对于二阶常系数线性非齐次方程

$$y'' + py' + qy = P_m(x),$$

由于 p,q 为常数,且多项式的一阶导数、二阶导数 y', y'' 仍为多项式,可以验证,该方程有如下形式的特解

$$y^* = x^k Q_m(x),$$

其中 $Q_m(x)$ 与 $P_m(x)$ 是同次多项式,其系数是待定的;k 的取值为:

(1) 当 $q \neq 0$ 时,这时,数 0 不是特征方程(6.21)的根,取 $k = 0$,即

$$y^* = Q_m(x) = b_0 x^m + b_1 x^{m-1} + \cdots + b_{m-1} x + b_m.$$

(2) 当 $q = 0, p \neq 0$ 时,这时,数 0 是特征方程(6.21)的一重特征根,取 $k = 1$,即

$$y^* = x Q_m(x).$$

(3) 当 $q = 0, p = 0$ 时,这时,数 0 是特征方程(6.21)的二重根,取 $k = 2$,即

$$y^* = x^2 Q_m(x).$$

实际上,这时,微分方程形如
$$y'' = f(x),$$
只要积分两次,便可得到方程的通解.

例 5 求微分方程 $y''+y'-2y=x^2$ 的一个特解.

解 这是二阶常系数线性非齐次微分方程,其自由项
$$f(x) = P_2(x) = x^2$$
是二次多项式,且 $q \neq 0$.

设特解
$$y^* = Q_2(x) = ax^2 + bx + c,$$
则
$$y^{*\prime} = 2ax + b,$$
$$y^{*\prime\prime} = 2a.$$

把 $y^*, y^{*\prime}, y^{*\prime\prime}$ 的表示式代入原微分方程,有
$$2a + 2ax + b - 2(ax^2 + bx + c) = x^2,$$
即
$$-2ax^2 + (2a-2b)x + (2a+b-2c) = x^2.$$

比较等式两端 x 同次幂的系数,得
$$\begin{cases} -2a = 1, \\ 2a - 2b = 0, \\ 2a + b - 2c = 0. \end{cases}$$

可解得
$$a = -\frac{1}{2}, \quad b = -\frac{1}{2}, \quad c = -\frac{3}{4}.$$

于是,所求的特解为
$$y^* = -\frac{1}{2}x^2 - \frac{1}{2}x - \frac{3}{4}.$$

例 6 求微分方程 $y''+9y'=x-4$ 的通解.

解 这是二阶常系数线性非齐次微分方程,其自由项
$$f(x) = P_1(x) = x - 4$$
是一次多项式,且 $q = 0$.

先求已知微分方程对应的齐次微分方程的通解.

特征方程是
$$r^2 + 9r = 0.$$
特征根是 $r_1=0$, $r_2=-9$. 于是,齐次微分方程的通解为
$$y_C = C_1 + C_2 e^{-9x},$$
其中 C_1, C_2 是任意常数.

再求非齐次微分方程的特解.

因 $f(x) = x - 4 = P_1(x)$ 是一次多项式,且 $q=0$. 设特解
$$y^* = x(ax + b),$$
则 $\qquad y^{*\prime} = 2ax + b, \quad y^{*\prime\prime} = 2a.$

将其代入原微分方程,得
$$2a + 9(2ax + b) = x - 4,$$
即 $\qquad 18ax + 2a + 9b = x - 4.$

比较等式两端 x 同次幂的系数,可得
$$a = \frac{1}{18}, \quad b = -\frac{37}{81},$$
故所求的一个特解为
$$y^* = x\left(\frac{1}{18}x - \frac{37}{81}\right).$$

综上所述,所给微分方程的通解是
$$y = y_C + y^* = C_1 + C_2 e^{-9x} + x\left(\frac{1}{18}x - \frac{37}{81}\right).$$

2. $f(x)$ 为 $Ae^{\alpha x}$ 型

这里 A, α 均为常数. 对二阶常系数线性非齐次方程
$$y'' + py' + qy = Ae^{\alpha x},$$
由于 p, q 为常数,且指数函数的导数仍为指数函数,可以验证,该方程有如下形式的特解
$$y^* = ax^k e^{\alpha x},$$
其中 a 是待定常数,k 的取值为:

(1) 当 α 不是特征方程(6.21)的根时,取 $k=0$,待定特解
$$y^* = ae^{\alpha x}.$$
(2) 当 α 是特征方程(6.21)的一重根时,取 $k=1$,待定特解
$$y^* = axe^{\alpha x}.$$
(3) 当 α 是特征方程(6.21)的二重根时,取 $k=2$,待定特解
$$y^* = ax^2e^{\alpha x}.$$

例 7 求微分方程 $y''+2y'=4e^{3x}$ 的特解.

解 自由项 $f(x)=4e^{3x}$ 为 $Ae^{\alpha x}$ 型,其中 $A=4, \alpha=3$. 因 $\alpha=3$ 不是特征方程 $r^2+2r=0$ 的特征根. 设特解
$$y^* = ae^{3x},$$
则
$$y^{*\prime} = 3ae^{3x}, \quad y^{*\prime\prime} = 9ae^{3x}.$$
将 $y^{*\prime}, y^{*\prime\prime}$ 的表示式代入原微分方程,有
$$9ae^{3x} + 6ae^{3x} = 4e^{3x},$$
即
$$15a = 4, \quad a = \frac{4}{15}.$$

故微分方程的特解
$$y^* = \frac{4}{15}e^{3x}.$$

例 8 已知微分方程 $y''-2y'+y=e^x$,求

(1) 该方程的特解;

(2) 该方程的通解;

(3) 该方程满足初始条件 $y|_{x=0}=1$, $y'|_{x=0}=2$ 的特解.

解 (1) 自由项 $f(x)=e^x$ 为 Ae^x 型,其中 $A=1, \alpha=1$,且 $\alpha=1$ 是特征方程 $r^2-2r+1=0$ 的重根. 故设特解
$$y^* = ax^2e^x.$$
求出 $y^{*\prime}, y^{*\prime\prime}$ 代入原微分方程,有

$$\begin{array}{r|l}
1 & y^* = ax^2\mathrm{e}^x \\
-2 & y^{*\prime} = ax^2\mathrm{e}^x + 2ax\mathrm{e}^x \\
+) \quad 1 & y^{*\prime\prime} = ax^2\mathrm{e}^x + 2ax\mathrm{e}^x + 2ax\mathrm{e}^x + 2a\mathrm{e}^x \\
\hline
\mathrm{e}^x = & 2a\mathrm{e}^x
\end{array}$$

比较上面等式两边 e^x 的系数,得 $a = \dfrac{1}{2}$,即特解是

$$y^* = \frac{1}{2}x^2\mathrm{e}^x.$$

(2) 与已给方程相对应的齐次方程的通解已由例 2 求出

$$y_C = (C_1 + C_2 x)\mathrm{e}^x,$$

于是,所求微分方程的通解是

$$y = y_C + y^* = (C_1 + C_2 x)\mathrm{e}^x + \frac{1}{2}x^2\mathrm{e}^x.$$

(3) 为求满足初始条件的特解,上述通解先对 x 求导

$$y' = (C_1 + C_2 x)\mathrm{e}^x + C_2\mathrm{e}^x + \frac{1}{2}x^2\mathrm{e}^x + x\mathrm{e}^x.$$

将初始条件 $y|_{x=0} = 1$,$y'|_{x=0} = 2$ 分别代入通解及 y' 的表示式中,得

$$\begin{cases} C_1 = 1, \\ C_1 + C_2 = 2, \end{cases} \quad \text{即} \quad \begin{cases} C_1 = 1, \\ C_2 = 1. \end{cases}$$

从而,所求满足初始条件的特解

$$y = (1 + x)\mathrm{e}^x + \frac{1}{2}x^2\mathrm{e}^x.$$

3. $f(x)$ 为 $A\cos\beta x + B\sin\beta x$ 型

这里 A, B, β 均为常数,且 $\beta > 0$,A 与 B 不同时为零. 对于二阶常系数线性非齐次方程

$$y'' + py' + qy = A\cos\beta x + B\sin\beta x,$$

由于 p, q 为常数,且正弦函数的导数是余弦函数、余弦函数的导数是正弦函数,可以推得,该方程有如下形式的特解

$$y^* = x^k(a\cos\beta x + b\sin\beta x),$$

其中 a,b 是待定常数；k 的取值为：

（1）当 $\pm i\beta$ 不是特征方程(6.21)式的根时，取 $k=0$，待定特解

$$y^* = a\cos\beta x + b\sin\beta x.$$

（2）当 $\pm i\beta$ 是特征方程的根时，取 $k=1$，待定特解

$$y^* = x(a\cos\beta x + b\sin\beta x).$$

例 9 求微分方程 $y''-2y'+y=\cos x$ 的特解.

解 这是二阶常系数线性非齐次微分方程，其自由项

$$f(x)=\cos x=A\cos\beta x+B\sin\beta x,$$

其中 $A=1,B=0,\beta=1$.

由于 $\pm i\beta=\pm i$ 不是特征方程 $r^2-2r+1=0$ 的根，设特解

$$y^* = a\cos x + b\sin x.$$

求出 $y^{*\prime}, y^{*\prime\prime}$ 并代入原微分方程，有

$$\begin{array}{r|l}
1 & y^* = a\cos x + b\sin x \\
-2 & y^{*\prime} = b\cos x - a\sin x \\
+)\ 1 & y^{*\prime\prime} = -a\cos x - b\sin x \\
\hline
\end{array}$$
$$\cos x = -2b\cos x + 2a\sin x$$

因为上面的等式是恒等式，分别比较等式两端 $\cos x, \sin x$ 的系数，可得

$$a=0,\quad b=-\frac{1}{2}.$$

故所求特解

$$y^* = -\frac{1}{2}\sin x.$$

例 10 求微分方程 $y''+9y=\sin 3x$ 的特解.

解 这是二阶常系数线性非齐次微分方程，其自由项

$$f(x)=\sin 3x=A\cos\beta x+B\sin\beta x,$$

其中 $A=0,B=1,\beta=3$.

由于 $\pm i\beta = \pm 3i$ 是特征方程 $r^2+9=0$ 的根,设特解
$$y^* = x(a\cos 3x + b\sin 3x).$$
求出 $y^{*\prime}$ 和 $y^{*\prime\prime}$ 并代入原微分方程,有

$$
\begin{array}{r|l}
9 & y^* = \quad ax\cos 3x + bx\sin 3x \\
0 & y^{*\prime} = \quad 3bx\cos 3x - 3ax\sin 3x + a\cos 3x + b\sin 3x \\
+)\ 1 & y^{*\prime\prime} = -9ax\cos 3x - 9bx\sin 3x + 6b\cos 3x - 6a\sin 3x \\
\hline
& \sin 3x = \qquad\qquad\qquad\qquad\qquad 6b\cos 3x - 6a\sin 3x
\end{array}
$$

因为这是恒等式,分别比较等式两端 $\cos x$, $\sin x$ 的系数,可得
$$\begin{cases} -6a = 1, \\ 6b = 0, \end{cases} \quad 即 \quad \begin{cases} a = -\dfrac{1}{6}, \\ b = 0. \end{cases}$$
于是,所求特解
$$y^* = -\frac{1}{6}x\cos 3x.$$

4. $f(x)$ 为 $e^{\alpha x}(A\cos\beta x + B\sin\beta x)$ 型

这里 A, B, α, β 均为常数,且 $\beta > 0$,A 与 B 不同时为零. 对于二阶常系数线性非齐次方程
$$y'' + py' + qy = e^{\alpha x}(A\cos\beta x + B\sin\beta x),$$
由于 p, q 为常数,可以推得,该方程有如下形式的特解
$$y^* = x^k e^{\alpha x}(a\cos\beta x + b\sin\beta x),$$
其中 a, b 是待定常数,k 的取值为:

(1) 当 $\alpha \pm i\beta$ 不是特征方程(6.21)的根时,取 $k=0$,待定特解
$$y^* = e^{\alpha x}(a\cos\beta x + b\sin\beta x).$$

(2) 当 $\alpha \pm i\beta$ 是特征方程(6.21)的根时,取 $k=1$,待定特解
$$y^* = xe^{\alpha x}(a\cos\beta x + b\sin\beta x).$$

例 11 求微分方程 $y'' - y' = e^x \sin x$ 的特解.

解 这是二阶常系数线性非齐次微分方程,其自由项
$$f(x) = e^x \sin x = e^{\alpha x}(A\cos\beta x + B\sin\beta x),$$

其中 $A=0, B=1, \alpha=1, \beta=1$.

由于 $\alpha \pm i\beta = 1 \pm i$ 不是特征方程 $r^2 - r = 0$ 的根,设特解
$$y^* = e^x(a\cos x + b\sin x).$$

求出 $y^{*\prime}, y^{*\prime\prime}$ 并代入原微分方程,有

$$
\begin{array}{r|l}
-1 & y^{*\prime} = e^x(a\cos x + b\sin x) - e^x(a\sin x - b\cos x) \\
1 & y^{*\prime\prime} = e^x(a\cos x + b\sin x) - 2e^x(a\sin x - b\cos x) \\
+) & \qquad\qquad -e^x(a\cos x + b\sin x) \\
\hline
\end{array}
$$

$$e^x \sin x = e^x[(b-a)\cos x - (a+b)\sin x]$$

比较上面恒等式两端的 $e^x\cos x, e^x\sin x$ 的系数,得

$$\begin{cases} a + b = -1, \\ b - a = 0, \end{cases} \quad \text{即} \quad \begin{cases} a = -\dfrac{1}{2}, \\ b = -\dfrac{1}{2}. \end{cases}$$

从而,所求特解
$$y^* = e^x\left(-\frac{1}{2}\cos x - \frac{1}{2}\sin x\right).$$

例 12 求微分方程 $y'' - 4y' + 5y = e^{2x}(\sin x + 2\cos x)$ 的通解.

解 二阶齐次微分方程的通解已由例 3 求得
$$y_C = e^{2x}(C_1\cos x + C_2\sin x).$$

所给微分方程的自由项
$$f(x) = e^{2x}(\sin x + 2\cos x),$$

这里自由项 $f(x)$ 为 $e^{\alpha x}(A\cos\beta x + B\sin\beta x)$ 型,其中 $A=2, B=1, \alpha=2, \beta=1$.

由于 $\alpha \pm i\beta = 2 \pm i$ 是特征方程的根,设特解
$$y^* = xe^{2x}(a\cos x + b\sin x).$$

求出 $y^{*\prime}, y^{*\prime\prime}$ 并代入原微分方程,通过比较系数,可得 $a = -\dfrac{1}{2}$,

$b=1$. 于是特解

$$y^* = xe^{2x}\left(-\frac{1}{2}\cos x + \sin x\right).$$

从而,原微分方程的通解

$$y = y_C + y^* = e^{2x}\left(C_1\cos x + C_2\sin x - \frac{1}{2}x\cos x + x\sin x\right).$$

习 题 6.4

1. 已知二阶常系数线性齐次微分方程的特征方程,试写出对应的线性齐次微分方程:

(1) $9r^2 - 6r + 1 = 0$; (2) $r^2 + 3r + 2 = 0$;

(3) $2r^2 - 3r - 5 = 0$; (4) $r^2 + \sqrt{3}r = 0$.

2. 已知二阶常系数线性齐次微分方程的特征根,试写出对应的微分方程及其通解:

(1) $r_1 = 1$, $r_2 = 2$; (2) $r_1 = 1$, $r_2 = 1$;

(3) $r_1 = 3 - 2i$, $r_2 = 3 + 2i$.

3. 已知二阶常系数线性齐次微分方程两个线性无关的特解,试写出原微分方程:

(1) 1, e^x; (2) e^{-x}, e^x;

(3) e^{2x}, xe^{2x}; (4) $\cos 3x$, $\sin 3x$.

4. 单项选择题:

(1) 具有形如 $y = C_1 e^{\gamma_1 x} + C_2 e^{\gamma_2 x}$ 的通解的微分方程是(   ).

(A) $y'' - 4y' = 0$; (B) $y'' + 4y' = 0$;

(C) $y'' - 4y = 0$; (D) $y'' + 4y = 0$.

(2) 具有形如 $y = (C_1 + C_2 x)e^{\gamma x}$ 的通解的微分方程是(   ).

(A) $y'' + 8y' + 16y = 0$; (B) $y'' - 4y' - 4y = 0$;

(C) $y'' - 6y' + 8y = 0$; (D) $y'' - 3y' + 2y = 0$.

(3) 具有形如 $y = e^{\alpha x}(C_1 \cos \beta x + C_2 \sin \beta x)$ 的通解的微分方程

是（　　）.

    (A) $y''-6y'+9y=0$；   (B) $y''-6y'+13y=0$；
    (C) $y''+9y'=0$；   (D) $y''-9y'=0$.

5. 求下列微分方程的通解或在给定条件下的特解：

    (1) $3y''-2y'-8y=0$；   (2) $y''+2y'+y=0$；
    (3) $4y''-8y'+5y=0$；   (4) $y''+2y'+5y=0$；
    (5) $y''-4y'+3y=0$, $y|_{x=0}=6$, $y'|_{x=0}=10$；
    (6) $y''-2y'+2y=0$, $y|_{x=0}=0$, $y'|_{x=0}=1$；
    (7) $y''-2y'+3y=0$, $y|_{x=0}=1$, $y'|_{x=0}=3$；
    (8) $y''+3y=0$, $y|_{x=0}=2$, $y'|_{x=0}=3\sqrt{3}$.

6. 求下列非齐次线性微分方程的特解：

    (1) $y''-4y=e^{2x}$；   (2) $2y''+5y'=5x^2-2x-1$；
    (3) $y''+y=4\sin 2x$；   (4) $y''+3y'+2y=e^{-x}\cos x$.

7. 解下列微分方程：

    (1) $y''+2y'+y=-2$；   (2) $y''-4y'+4y=x^2$；
    (3) $y''+8y'=8x$；   (4) $y''+2y'+2y=1+x$；
    (5) $2y''+y'-y=2e^x$；   (6) $y''+4y'+4y=8e^{-2x}$；
    (7) $y''+y=\sin x$；   (8) $y''+2y'+5y=-\dfrac{17}{2}\cos 2x$；
    (9) $y''+2y'+5y=e^{-x}\sin 2x$；
    (10) $y''+2y'=4e^x(\sin x+\cos x)$.

8. 设 y_1 是微分方程 $y''+py'+qy=f_1(x)$ 的一个特解，y_2 是方程 $y''+py'+qy=f_2(x)$ 的一个特解，其中 p,q 是常数. 试证: $y=y_1+y_2$ 是微分方程 $y''+py'+qy=f_1(x)+f_2(x)$ 的一个特解.

9. 利用 8 题的结论解下列微分方程：

    (1) $y''-y'-2y=4x-2e^x$；
    (2) $y''-3y'=18x-10\cos x$；
    (3) $y''+y'+y=e^{3x}+x^2$；

(4) $y'' + 4y = x + 1 + \sin x$.

§6.5 微分方程应用举例

微分方程在各个领域中有着广泛的应用.用微分方程解决应用问题的程序是：

(1) 分析题意,建立表达题意的微分方程及相应的初始条件,这是最关键的一步；

(2) 求解微分方程,依问题要求,求出通解或满足初始条件的特解；

(3) 依据问题的需要,用所求得的解对实际问题做出解释.

一、几何应用问题

例1 一曲线通过点(2,3),且在两坐标轴间的任意切线段被切点所平分,求此曲线方程.

解 (1) 建立微分方程并确定初始条件.

设所求曲线方程为 $y = f(x)$,点 $P(x,y)$ 为曲线上任一点,按导数的几何意义,过点 $P(x,y)$ 处作曲线的切线,则切线斜率为 $y' = f'(x)$. 于是过点 $P(x,y)$ 处的切线方程为

$$Y - y = y'(X - x),$$

其中 X, Y 为切线上动点的坐标.

在切线方程中,令 $Y = 0$,得 $X = x - \dfrac{y}{y'}$,即切线与 x 轴的交点为 $A\left(x - \dfrac{y}{y'}, 0\right)$ (图6-1). 由于点 P 平分线段 AB,所以点 P 的横坐标等于点 A 的横坐标之半,即有

$$x = \frac{1}{2}\left(x - \frac{y}{y'}\right),$$

由此,得到曲线 $y = f(x)$ 满足的微分方程

$$xy' + y = 0. \quad (6.22)$$

依题设,初始条件为 $y|_{x=2}=3$.

(2) 解微分方程.

(6.22)式是可分离变量的微分方程.分离变量、积分,得

$$\ln y = -\ln x + \ln C \text{ 或 } xy = C.$$

将 $y|_{x=2}=3$ 代入上述通解中,有

$$2 \cdot 3 = C, \quad 即 \quad C = 6,$$

于是,所求曲线方程为

$$y = \frac{6}{x}.$$

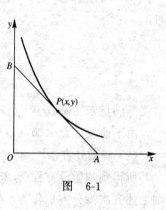

图 6-1

由所得曲线方程知,这是等轴双曲线在第一象限内的分支.

例2 一曲线过点 $A(0,1)$,该曲线在任意点上的切线、切点和原点的连线及 y 轴围成一等腰三角形,该三角形的底边是切线上从切点到 y 轴的线段,求此曲线.

解 求此曲线,就是求此曲线方程.

(1) 建立微分方程并确定初始条件.

设所求曲线方程为 $y=f(x)$,过曲线上任意一点 $P(x,y)$ 作曲线的切线,则切线方程为

$$Y - y = y'(X - x),$$

其中 X,Y 为切线上动点的坐标.

在切线方程中,令 $X=0$,得切线在 y 轴上的截距

$$Y = y - xy'.$$

若切线与 y 轴的交点为 N,则依题意,有(图 6-2)

$$|\overline{ON}| = |\overline{OP}|,$$

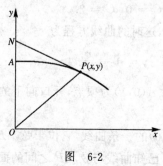

图 6-2

即

$$y - xy' = \sqrt{x^2 + y^2} \quad \text{或} \quad \frac{\mathrm{d}y}{\mathrm{d}x} = \frac{y}{x} - \sqrt{1 + \left(\frac{y}{x}\right)^2}.$$

(6.23)

这就是满足未知函数 $y = f(x)$(即曲线方程)的微分方程.

由于曲线过点 $A(0,1)$,可知,初始条件为 $y|_{x=0} = 1$.

(2) 解微分方程.

所得到的微分方程(6.23)式是一阶齐次微分方程. 令 $y = vx$, 则上述齐次微分方程化为

$$v + x\frac{\mathrm{d}v}{\mathrm{d}x} = v - \sqrt{1 + v^2}.$$

分离变量,并积分,有

$$\frac{1}{\sqrt{1 + v^2}} \mathrm{d}v = -\frac{\mathrm{d}x}{x},$$

$$\ln(v + \sqrt{1 + v^2}) = -\ln x + \ln C,$$

$$v + \sqrt{1 + v^2} = \frac{C}{x}.$$

将 $v = \frac{y}{x}$ 代入上式,得原微分方程的通解

$$x^2 = C(C - 2y).$$

将初始条件 $x = 0$ 时, $y = 1$ 代入通解中,有

$$0 = C(C - 2), \quad \text{即} \quad C = 0, C = 2.$$

显然,仅当 $C = 2$ 时,所求的解有意义,这时的曲线方程为

$$x^2 = 2(2 - 2y), \quad \text{即} \quad y = 1 - \frac{x^2}{4}.$$

由所得到的曲线方程知,这是以 $A(0,1)$ 为顶点,开口向下的抛物线.

例 3 连接两点 $A(0,1)$ 和 $B(1,0)$ 的一条曲线,它位于弦 AB 的上方. $P(x,y)$ 为曲线上任意一点,已知曲线与弦 AP 之间的面

积为 x^3,求曲线方程.

解 (1) 建立微分方程并确定初始条件.

设所求曲线 $\overset{\frown}{APB}$ 的方程为 $y=f(x)$(图 6-3). 为求得曲线 $\overset{\frown}{AP}$ 与弦 AP 之间的面积,过点 P 作 $PC \perp x$ 轴,则

$$\text{梯形 } OCPA \text{ 的面积} = \frac{1}{2}x(1+y).$$

由定积分的几何意义

$$\text{曲边梯形 } OCPA \text{ 的面积} = \int_0^x y\,dx.$$

依题设,有

$$\int_0^x y\,dx - \frac{1}{2}x(1+y) = x^3.$$

上式两边对 x 求导,并整理得一阶线性微分方程

$$y' - \frac{1}{x}y = -6x - \frac{1}{x}.$$

由题设知,初始条件是

$$y|_{x=0} = 1, \quad y|_{x=1} = 0^{①}.$$

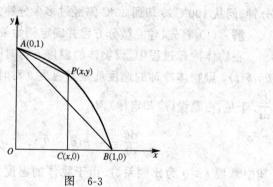

图 6-3

---

① 一阶微分方程的初始条件是一个,而这里按题设可得出两个. 本例,最后确定任意常数 C 的条件是 $y|_{x=1}=0$,而由条件 $y|_{x=0}=1$ 不能确定任意常数的取值. 实际上,还是一个条件.

(2) 解微分方程.

在上述一阶线性微分方程中,
$$P(x) = -\frac{1}{x}, \quad Q(x) = -6x - \frac{1}{x}.$$

由一阶线性微分方程的通解公式,得
$$y = e^{\int \frac{1}{x}dx}\left[C - \int\left(6x + \frac{1}{x}\right)e^{-\int \frac{1}{x}dx}dx\right]$$
$$= Cx - 6x^2 + 1.$$

由初始条件 $y|_{x=1}=0$ 可确定出 $C=5$. 故所求曲线方程为
$$y = -6x^2 + 5x + 1.$$

*二、物理应用问题

例 4 已知物体冷却的速度正比于物体的温度与周围环境温度之差.

(1) 求温度为 θ_0 的物体放到保持 θ_a 度的环境中($\theta_0 > \theta_a$),物体的温度 θ 与时间 t 的函数关系;

(2) 室温为 20℃ 时,一物体由 100℃ 冷却到 60℃ 需经过 20 分钟,问从 100℃ 冷却到 30℃ 需经过多少分钟?

解 (1) 首先,建立微分方程并确定初始条件.

在物体冷却过程中,设物体的温度 θ 与时间 t 的函数关系为 $\theta = \theta(t)$,则物体冷却的速度就是其温度 θ 对时间 t 的变化率,即 $\dfrac{d\theta}{dt}$. 于是,由题设(冷却定律),有

$$\frac{d\theta}{dt} = -k(\theta - \theta_a), \tag{6.24}$$

其中常数 $k>0$ 为比例系数. 由于物体的温度 θ 是时间 t 的减函数,即 $\dfrac{d\theta}{dt}<0$,所以在上式的右端加一个负号.

(6.24)式就是物体冷却过程中,温度 $\theta(t)$ 所满足的微分方程. 依题设,$\theta(t)$ 应满足的初始条件是 $\theta|_{t=0}=\theta_0$.

其次，解微分方程．

(6.24)式是可分离变量的微分方程．分离变量

$$\frac{\mathrm{d}\theta}{\theta - \theta_a} = -k\mathrm{d}t,$$

积分，得

$$\ln(\theta - \theta_a) = -kt + \ln C,$$
$$\theta = Ce^{-kt} + \theta_a.$$

将初始条件 $\theta|_{t=0} = \theta_0$ 代入上式，得 $C = \theta_0 - \theta_a$．所以，物体温度与时间的函数关系为

$$\theta = \theta(t) = (\theta_0 - \theta_a)e^{-kt} + \theta_a.$$

(2) 由上述结果和题设知，θ 随 t 的变化规律为

$$\theta(t) = (100 - 20)e^{-kt} + 20 = 80e^{-kt} + 20,$$

其中 k 为未知常数．

由题设 $\theta|_{t=20} = 60$，将其代入上式，得

$$60 = 80e^{-k \cdot 20} + 20.$$

由此解出 $k = \frac{1}{20}\ln 2$．于是

$$\theta(t) = 80e^{-\frac{\ln 2}{20}t} + 20.$$

再按题目要求，将 $\theta(t) = 30$ 代入上式左端

$$30 = 80e^{-\frac{\ln 2}{20}t} + 20,$$

即

$$\frac{1}{8} = e^{-\frac{\ln 2}{20}t},$$

可解得 $t = 60$．故物体由 100℃ 冷却到 30℃ 需经过 60 分钟．

最后，对所得到的解作出解释．

由物体温度 θ 与时间 t 的函数关系式

$$\theta = (\theta_0 - \theta_a)e^{-kt} + \theta_a$$

可知，物体的冷却是按指数规律变化的(图 6-4)，随着时间 t 的延续，物体的温度最初下降较快，而后逐渐变慢，最终要趋于环境温度．

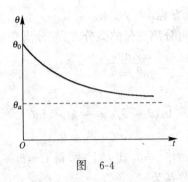

图 6-4

例5 设跳伞员从跳伞塔起跳开始下落,在离开跳伞塔时,跳伞员的速度为零;在下落过程中所受空气的阻力与速度成正比.求跳伞员在下落过程中速度和时间的函数关系.

解 (1) 建立微分方程并确定初始条件.

设下落过程中,速度 v 与时间 t 的函数关系为 $v=v(t)$.

跳伞员在离开跳伞塔时,下落速度为零,他之所以能够下落是受重力的作用,重力的大小为 mg,方向与速度 v 的方向一致,其中 m 是跳伞员的质量,g 是重力加速度.他在下落过程中,又受到空气的阻力,按题设,阻力的大小为 kv(k 为比例系数),方向与 v 的方向相反.从而跳伞员在下落过程中所受的外力为

$$F = mg - kv.$$

根据牛顿第二定律

$$F = ma,$$

其中 a 为加速度,即 $a = \dfrac{\mathrm{d}v}{\mathrm{d}t}$. 于是,跳伞员在下落过程中,速度 $v(t)$ 所满足的微分方程是

$$m\frac{\mathrm{d}v}{\mathrm{d}t} = mg - kv. \tag{6.25}$$

依题设,初始条件是 $v|_{t=0} = 0$.

(2) 解微分方程.

(6.25)式所表示的方程是一阶线性微分方程,但由于未知函数 v 及其导数 $\dfrac{\mathrm{d}v}{\mathrm{d}t}$ 的系数都为常数且自由项也为常数,这又是一个可分离变量的微分方程.分离变量,得

$$\frac{\mathrm{d}v}{mg-kv}=\frac{1}{m}\mathrm{d}t.$$

两端积分,得

$$-\frac{1}{k}\ln(mg-kv)=\frac{t}{m}+\ln C_1,$$

即

$$v=\frac{mg}{k}+Ce^{-\frac{k}{m}t}.$$

将初始条件 $v|_{t=0}=0$ 代入上式,得 $C=-\dfrac{mg}{k}$.于是,所求的速度 v 与时间 t 的函数关系为

$$v=\frac{mg}{k}(1-e^{-\frac{k}{m}t}).$$

(3) 对所得到的解作出解释.

由于 $k>0,m>0$,所以 $e^{-\frac{k}{m}t}$ 是 t 的减函数,且当 $t\to+\infty$ 时,$e^{-\frac{k}{m}t}\to 0$.由关系式

$$v=\frac{mg}{k}(1-e^{-\frac{k}{m}t})$$

可知,跳伞员离开跳伞塔下落后,是加速运动,但随着时间 t 的延续,他所受的阻力越来越大,故在下落过程中,速度 v 逐渐接近于等速 $\left(v=\dfrac{mg}{k}\right)$ 运动.

例 6 有一个 $30\times30\times12$ m³ 的车间,空气中含有 1.12% 的 CO_2.现用一台通风能力为每分钟 1500 m³ 的鼓风机通入只含 0.04% 的 CO_2 的新鲜空气;同时把混合后的空气排出,排出去的速度也是每分钟 1500 m³.问鼓风机开动 10 分钟后,车间中 CO_2 的百分比降到多少?

解 (1) 建立微分方程并确定初始条件.

用微元法建立微分方程.

车间中 CO_2 的百分比 x 是时间 t 的函数,设时刻 t 时 CO_2 的百分比为 $x(t)$. 考虑任一时刻 t, 任取小区间 $[t, t+dt]$, 在 dt 时间内, CO_2 的改变量有关系式:

车间中减少的量 = 通入车间中的量 − 车间中排出的量.

由于在 t 到 $t+dt$ 这一段时间内,车间中 CO_2 百分比的改变量为 dx, 所以上述等式的数量表示为

$$30 \times 30 \times 12 \cdot dx = (1500 \cdot 0.04\% - 1500 \cdot x)dt.$$

经整理,得 $x(t)$ 所满足的微分方程

$$\frac{dx}{dt} = \frac{5}{36} \cdot 0.04\% - \frac{5}{36}x. \tag{6.26}$$

依题设,初始条件是 $t=0$ 时, $x=1.12\%$.

(2) 解微分方程.

(6.26)式所表示的方程是一阶线性微分方程,可用分离变量法求解. 分离变量,得

$$\frac{dx}{0.04\% - x} = \frac{5}{36}dt.$$

两端积分,可得

$$x(t) = Ce^{-\frac{5}{36}t} + 0.04\%.$$

由条件 $t=0$ 时, $x=1.12\%$, 可得 $C=1.08\%$. 于是,得到车间中 CO_2 的百分比 x 与时间 t 的函数关系为

$$x(t) = 1.08\% \cdot e^{-\frac{5}{36}t} + 0.04\%.$$

当 $t=10$ 时,

$$x(10) = 1.08\% e^{-\frac{25}{18}} + 0.04\% = 0.3093\%,$$

即鼓风机开动 10 分钟后,车间中 CO_2 的百分比降到 0.3093%.

三、经济应用问题

例7 设一机械设备在任意时刻 t 以常数比率贬值.若设备全新时价值 10000 元,5 年末价值 6000 元,求该设备在出厂 20 年末的价值.

解 (1) 建立微分方程并确定初始条件.

设机械设备在任意时刻 t(单位:年)的价值为 P,则 $P=P(t)$.按函数增长率的意义,贬值率为负增长率.若记常数 $k>0$, $-k$ 为常数贬值率,则依题意,有

$$\frac{1}{P}\frac{\mathrm{d}P}{\mathrm{d}t}=-k \quad \text{或} \quad \frac{\mathrm{d}P}{\mathrm{d}t}=-kP. \tag{6.27}$$

题设初始条件是 $P|_{t=0}=10000$,即这是初值问题

$$\begin{cases} \dfrac{\mathrm{d}P}{\mathrm{d}t}=-kP, \\ P|_{t=0}=10000. \end{cases}$$

(2) 解微分方程.

(6.27)式是可分离变量的微分方程,易解得

$$P=C\mathrm{e}^{-kt} \quad (C \text{ 是任意常数}).$$

由 $P|_{t=0}=10000$ 可得 $C=10000$.于是,设备的价值 P 与时间 t 的函数关系为

$$P=10000\mathrm{e}^{-kt},$$

其中,贬值率 $-k$ 尚是未知的.

为确定贬值率 $-k$,由 $t=5$ 时,$P=6000$ 得

$$6000=10000\mathrm{e}^{-5k}, \quad \text{即} \quad \mathrm{e}^{-5k}=\frac{3}{5}.$$

而 20 年末机械设备的价值是 $t=20$ 时,P 的值,即

$$P=10000\mathrm{e}^{-20k}=10000(\mathrm{e}^{-5k})^4$$

$$=10000\left(\frac{3}{5}\right)^4=1296(\text{元}).$$

例 8 设商品的需求函数与供给函数分别为
$$Q_d = a - bP \quad (a, b > 0),$$
$$Q_s = -c + dP \quad (c, d > 0).$$

又价格 P 由市场调节:视价格 P 随时间 t 变化,且在任意时刻价格的变化率与当时的过剩需求成正比.若商品的初始价格为 P_0,试确定价格 P 与时间 t 的函数关系.

分析 该问题要求的是一个函数
$$P = P(t)$$
在假设价格 P 由市场调节,把 P 看做是时间 t 的函数的情况下,确定 P 与 t 的函数关系.

已知条件是

(i) 已知需求函数与供给函数
$$Q_d = a - bP,$$
$$Q_s = -c + dP.$$

(ii) 价格的变化率与当时的过剩需求成正比

$Q_d - Q_s$(需求量与供给量之差)称为**过剩需求**或**超额需求**;若以 $\alpha > 0$ 作比例系数,则有
$$\frac{\mathrm{d}P}{\mathrm{d}t} = \alpha(Q_d - Q_s).$$

(iii) 初始价格,即 $t = 0$ 时的价格
$$P|_{t=0} = P_0.$$

解释

(i) 需求函数 $Q_d = a - bP$ 是单调减函数;

供给函数 $Q_s = -c + dP$ 是单调增函数.

(ii) 价格由市场调节.

市场均衡:供给量与需求量相等时,市场处于均衡状态,即
$$Q_d = Q_s.$$

均衡价格:$Q_d = Q_s$ 时的价格为均衡价格.由

$$a - bP = -c + dP$$

得均衡价格(图 6-5)

$$\overline{P} = \frac{a+c}{b+d}.$$

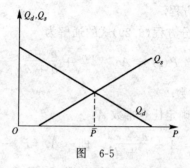

图 6-5

市场不均衡时,$Q_d \neq Q_s$. 商品价格 P 由需求供给的相对力量来支配:

当 $Q_d > Q_s$ 时,供不应求,价格上涨;

当 $Q_d < Q_s$ 时,供过于求,价格下降.

这样,市场由不均衡欲达到均衡,必须经过适当的调整. 在这个调整过程中,价格 P 可看做是时间 t 的函数. 并假设在任意时刻价格 P 的变化率与当时的过剩需求成正比.

解 (1) 建立微分方程并确定初始条件.

设所求函数为 $P = P(t)$.

由已知条件,有

$$\frac{\mathrm{d}P}{\mathrm{d}t} = \alpha(Q_d - Q_s), \qquad (6.28)$$

其中 $\alpha > 0$ 是比例系数,$Q_d - Q_s$ 是过剩需求.

又 $Q_d = a - bP$,$Q_s = -c + dP$,将其代入方程(6.28)中,得

$$\frac{\mathrm{d}P}{\mathrm{d}t} = \alpha(a - bP + c - dP),$$

整理得

$$\frac{dP}{dt} + \alpha(b+d)P = \alpha(a+c). \tag{6.29}$$

这是一阶线性微分方程.

该问题的初始条件是 $P(0)=P_0$.

(2) 解微分方程.

容易求得微分方程(6.29)式的通解为

$$P(t) = A\mathrm{e}^{-\alpha(b+d)t} + \frac{a+c}{b+d},$$

其中 A 为任意常数.

由初始条件确定任意常数 A:

$$P_0 = A + \frac{a+c}{b+d}, \quad 即 \quad A = P_0 - \overline{P}.$$

若记 $k=\alpha(b+d)$,微分方程的特解为

$$P(t) = (P_0 - \overline{P})\mathrm{e}^{-kt} + \overline{P}. \tag{6.30}$$

这就是所求的函数,其中 $\overline{P}$ 是常数,为均衡价格;$(P_0-\overline{P})\mathrm{e}^{-kt}$ 为 t 的函数.

(3) 对所得的解作出解释.

由于 $P_0, \overline{P}, k$ 都是正常数,当 $t\to+\infty$ 时,$(P_0-\overline{P})\mathrm{e}^{-kt}\to 0$.

(i) 若 $P_0=\overline{P}$,由微分方程的特解(6.30)式看出:

显然有 $P(t)=\overline{P}$.即初始价格恰好是均衡价格时,市场立即处于均衡,商品以常数价格销售.

(ii) 若 $P_0>\overline{P}$,由微分方程的特解(6.30)式看出:

因 $(P_0-\overline{P})\mathrm{e}^{-kt}>0(\mathrm{e}^{-kt}>0)$,当 $t\to+\infty$ 时,$P(t)\to\overline{P}_+$.即初始价格大于均衡价格时,价格 P 随时间变化,$P(t)$ 从大于均衡价格趋于均衡价格(图 6.6).

(iii) 若 $P_0<\overline{P}$,由微分方程的特解(6.30)式看出:

因 $(P_0-\overline{P})\mathrm{e}^{-kt}<0$,当 $t\to+\infty$ 时,$P(t)\to\overline{P}_-$.即初始价格小于均衡价格时,$P(t)$ 从小于均衡价格趋于均衡价格(图 6-6).

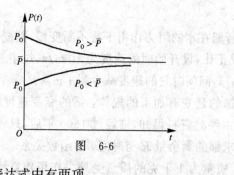

图 6-6

在 $P(t)$ 的表达式中有两项

$$P(t) = (P_0 - \overline{P})e^{-kt} + \overline{P},$$

其中 $\overline{P}$ 是均衡价格,是常数;$(P_0-\overline{P})e^{-kt}$ 随时间 t 变化,可理解为均衡偏差.

习 题 6.5

1. 设曲线上任一点切线的斜率,都是这点与坐标原点间所连直线斜率的 n 倍,求此曲线方程.

2. 一曲线过点 $(1,2)$,且在曲线上任意点处的法线在坐标轴之间的线段被该点所平分,求曲线方程.

3. 证明:任一点的法线都通过同一点的曲线是圆.

4. 若曲线上任意一点 $P(x,y)(x>0)$ 到原点的距离,恒等于该点处的切线在 y 轴上的截距,且曲线过点 $M\left(\dfrac{1}{2},0\right)$,求此曲线方程.

5. 设由坐标原点向曲线的切线所作垂线的长,等于该切线切点的横坐标,求此曲线方程.

6. 曲线上任一点的横坐标与过这点的法线在横轴上截距的乘积,等于该点到坐标原点距离平方的二倍,求此曲线方程.

*7. 某种液体的总量为 A,起化学反应的速度与该液体尚未起化学反应的存留量成正比,试求这物质起化学反应的量 x 与时间

t 的关系.

*8. 行船在水的阻力作用下将不断变慢,其变慢的速度与船行的速度成正比,设开始时的速度为 10 m/s,过了 5 秒钟,它的速度减为 8 m/s,问何时它的速度减少到 1 m/s?

*9. 镭的衰变有如下的规律:镭的衰变速度与它的现存量 R 成正比,由经验资料得知,镭经过 1600 年后,只剩下原始量 R_0 的一半,试求镭的剩余量 R 与时间 t 的函数关系.

*10. 质量为 1 千克的质点受外力作用作直线运动.已知力和时间成正比,与质点运动的速度成反比.在 $t=10$ s 时,速度等于 50 m/s,外力为 4 N.问从运动开始经过了一分钟后,质点的速度是多少?

11. 设某物品的需求价格弹性 $E=-\dfrac{5}{\sqrt{Q}}$,且当 $Q=100$ 时,$P=1$,试求价格函数:将价格 P 表示为需求 Q 的函数.

12. 设边际成本与产出单位数 Q 加一常数 a 成正比,与总成本 C 成反比,且固定成本为 C_0,求总成本函数 $C=C(Q)$.

13. 某制造公司根据经验发现,其设备的运行和维修成本 C 与大修间隔时间 t 的关系如下:

$$\dfrac{dC}{dt}-\dfrac{b-1}{t}C=-\dfrac{ab}{t^2},$$

其中 a,b 是常数,$a>0,b>1$. 又当 $t=t_0$ 时,$C=C_0$,求函数 $C=C(t)$.

14. 制造和销售成本 C 与件数 Q 之间的关系用如下方程表示

$$\dfrac{dC}{dQ}+aC=b+kQ,$$

其中 a,b,k 都是常数. 又当 $Q=0$ 时,$C=0$,求函数 $C=C(Q)$.

第七章 向量代数与空间解析几何

正像平面解析几何对于学习一元函数微积分是必不可少的工具一样,为了学习多元函数微积分,空间解析几何也是必不可少的知识.所以在学习多元函数微积分内容前我们先介绍空间解析几何的基本内容.空间解析几何是通过空间坐标系,用代数的方法研究空间的几何问题.本章中我们首先建立空间直角坐标系,并简要介绍向量代数.向量是研究空间解析几何的重要手段,在力学、物理学及其他科学技术中得到了广泛应用,也是学习线性代数时作为"向量空间"这一抽象代数概念的一个具体模型.我们将以向量为工具讨论空间的平面和直线,此外还介绍一些空间的曲面和空间曲线的知识.

§7.1 空间直角坐标系

在平面上建立了直角坐标系后,平面上的点与一对有序实数一一对应.同样,为了把空间的点与一组实数对应,我们把平面直角坐标系推广为空间直角坐标系.

一、空间直角坐标系

以空间一定点 O 为共同原点,作三条互相垂直的数轴 Ox, Oy,Oz,按右手规则确定它们的正方向:右手的拇指、食指、中指伸开,使其互相垂直,则拇指、食指、中指分别指向 Ox 轴、Oy 轴、Oz 轴的正方向.这就建立了空间直角坐标系 $Oxyz$(图 7-1).

点 O 称为**坐标原点**,Ox,Oy,Oz 轴简称为 x 轴、y 轴、z 轴,又分别称为**横轴、纵轴、竖轴**,统称为**坐标轴**.每两个坐标轴确定一个平面,称为**坐标平面**:由 x 轴与 y 轴确定的平面称为 xy 平面,由 y 轴与 z 轴确定的平面称为 yz 平面,由 z 轴与 x 轴确定的平面称为 zx 平面. 三个坐标平面将空间分成八个部分,称为八个**卦限**.

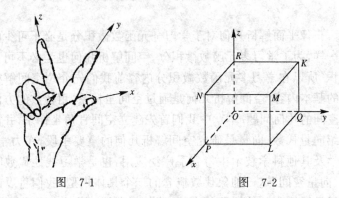

图 7-1 图 7-2

建立了空间直角坐标系 $Oxyz$ 后,空间中的任意一点 M 与有序的三个数的数组 (x,y,z) 就有一一对应关系. 事实上,过点 M 作三个平面分别垂直于 x 轴、y 轴、z 轴,它们与各轴的交点依次为 P,Q,R,这三点在 x 轴、y 轴、z 轴上的坐标依次为 x,y,z,于是,空间一点 M 就惟一地确定了有序数组 (x,y,z). 反之,已知有序数组 (x,y,z),可在 x 轴上取坐标为 x 的点 P,在 y 轴上取坐标为 y 的点 Q,在 z 轴取坐标为 z 的点 R,然后过点 P,Q,R 分别作 x 轴、y 轴、z 轴的垂直平面,这三个平面惟一的交点 M 便是有序数组 (x,y,z) 所确定的空间的一点(图 7-2).

这三个数 x,y,z 分别称为点 M 的**横坐标**、**纵坐标**、**竖坐标**,记作 $M(x,y,z)$.

显然,原点 O 的坐标为 $(0,0,0)$;x 轴上点的坐标为 $(x,0,0)$,y 轴上点的坐标为 $(0,y,0)$,z 轴上点的坐标为 $(0,0,z)$;xy 平面上点的坐标为 $(x,y,0)$,yz 平面上点的坐标为 $(0,y,z)$,zx 平面上点的坐标为 $(x,0,z)$.

例1 设有空间的点 $M(a,b,c)$,写出点 M 分别关于 xy 平面、x 轴和原点对称点的坐标.

解 设自点 M 向 xy 平面作垂线的垂足为 L(图 7-2),则点 M 关于 xy 平面对称的点 M_1 是在 ML 的延长线上,且与 ML 等距离的点,故 M_1 的坐标为 $M_1(a,b,-c)$.

设点 M 关于 x 轴对称的点为 M_2,由于 M 和 M_2 都在垂直于 x 轴的平面上,该平面上点的横坐标都相等,故 M 和 M_2 的横坐标相等,连接 M 和 M_2 的线段与 x 轴垂直且被交点平分,故 M_2 的坐标为 $M_2(a,-b,-c)$.

设点 M 关于原点 O 对称的点为 M_3,则线段 MM_3 被点 O 所平分,故 M_3 的坐标为 $M_3(-a,-b,-c)$.

二、两点间的距离

设 $M_1(x_1,y_1,z_1)$ 和 $M_2(x_2,y_2,z_2)$ 为空间任意两点,在图 7-3 中看,因 $\triangle M_1M_2N$ 为直角三角形,又

$$|M_1N| = |M_1'M_2'| = \sqrt{(x_2-x_1)^2+(y_2-y_1)^2},$$
$$|NM_2| = |z_2-z_1|,$$

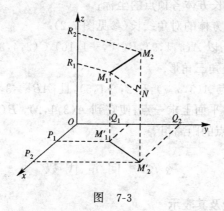

图 7-3

故可推得点 M_1 和 M_2 之间的距离

$$|M_1M_2| = \sqrt{(x_2-x_1)^2+(y_2-y_1)^2+(z_2-z_1)^2}. \tag{7.1}$$

特别地,点 $M(x,y,z)$ 到原点的距离

$$|OM| = \sqrt{x^2+y^2+z^2}.$$

例 2 已知空间中三个点的坐标: $A(1,2,3)$, $B(-3,0,1)$, $C(-1,-1,-2)$, 求 $\triangle ABC$ 的各边边长.

解 由(7.1)式,三角形各边边长分别为

$|AB| = \sqrt{(-3-1)^2+(0-2)^2+(1-3)^2} = \sqrt{24}$,
$|BC| = \sqrt{(-1+3)^2+(-1-0)^2+(-2-1)^2} = \sqrt{14}$,
$|AC| = \sqrt{(-1-1)^2+(-1-2)^2+(-2-3)^2} = \sqrt{38}$.

习 题 7.1

1. 写出点 $M(3,-1,4)$ 关于各坐标面、坐标轴对称点的坐标.

2. 分别求点 $M(1,-3,4)$ 到原点、y 轴和 xy 平面的距离.

3. 过点 $M(2,1,3)$ 作三个平行于坐标面的平面,它们与坐标面围成一个长方体:

(1) 写出长方体各顶点的坐标;

(2) 求长方体的对角线长(参见图 7-2).

4. 证明: 以 $A(4,1,9)$, $B(10,-1,16)$, $C(2,4,3)$ 为顶点的三角形是等腰直角三角形.

5. 已知点 $A(3,a,7)$, $B(2,-1,5)$, 且 $|AB|=3$, 求 a 的值.

6. 在 yz 平面上求一点,使它到 $A(3,1,2)$, $B(4,-2,-2)$, $C(0,5,1)$ 三点的距离相等.

*§7.2 向 量 代 数

一、向量及其表示

我们常遇到的量有两类,一类是只有大小没有方向的量,如长

度、面积、体积、温度等等,这类量称为**数量**.另一类是不但有大小而且有方向的量,如力、速度、位移等等,这类量称为**向量**(或**矢量**).

我们用有方向的线段(称为**有向线段**)来表示向量.有向线段的长度表示向量的大小,有向线段的方向表示向量的方向.如以 A 为起点 B 为终点的向量,记为 $\overrightarrow{AB}$(图 7-4).为方便,也常用黑体字体 $\boldsymbol{a},\boldsymbol{b},\boldsymbol{c},\cdots$ 表示向量.向量的大小称为向量的**模**或**长度**,向量 $\boldsymbol{a}$ 的长度记为 $|\boldsymbol{a}|$.模等于 1 的向量称为**单位向量**.与向量 $\boldsymbol{a}$ 同方向的单位向量记为 $\boldsymbol{a}^0$.模等于 0 的向量称为**零向量**,记为 $\boldsymbol{0}$,零向量没有确定的方向.

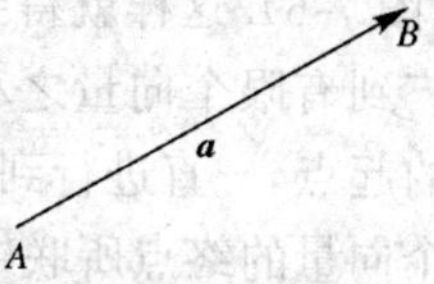

图 7-4

如果向量 $\boldsymbol{a}$ 与 $\boldsymbol{b}$ 大小相等,方向相同,就称 $\boldsymbol{a}$ 与 $\boldsymbol{b}$ **相等**,记为 $\boldsymbol{a}=\boldsymbol{b}$.这里我们不管这两个向量的起点是否相同.这就是说,一个向量在保持大小和方向不变的情况下可以在空间自由移动,故称之为**自由向量**.为保持方向不变,向量在空间只能作平行移动(称为**平移**).本书所讨论的向量均为自由向量.

二、向量的加、减法

在物理学中,作用在同一质点上两个力的合力可由平行四边形法则或三角形法则求得,据此,我们规定向量的**加法**如下:

以两个向量 $\boldsymbol{a},\boldsymbol{b}$ 为邻边所作的平行四边形的对角线 $\boldsymbol{c}$ 所表示的向量称为向量 $\boldsymbol{a}$ 与 $\boldsymbol{b}$ 之和(图 7-5),记为 $\boldsymbol{c}=\boldsymbol{a}+\boldsymbol{b}$.

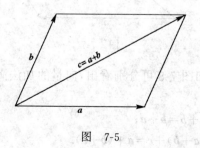

图 7-5

确定两向量之和的这个法则称为**平行四边形法则**.

由于平行四边形的对边平行且相等,所以若以向量 a 的终点作为向量 b 的起点,则由 a 的起点到 b 的终点的向量就是向量 c(图 7-6).这样就得到向量加法的**三角形法则**.这个法则还可以推广到有限个向量之和,只要将前一个向量的终点作为后一个向量的起点,一直进行到最后一个向量.从第一个向量的起点到最后一个向量的终点所联结的向量即为这多个向量之和,如图 7-7.

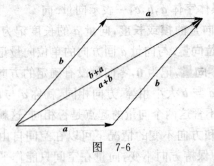

图 7-6

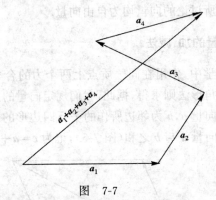

图 7-7

由图 7-6 和图 7-8 可分别看出,向量的加法满足交换律和结合律:

交换律 $a+b=b+a$;

结合律 $(a+b)+c=a+(b+c)$.

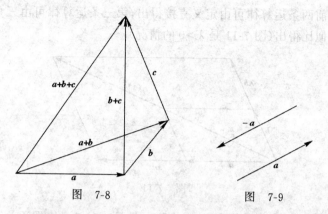

图 7-8　　　　　　　　　图 7-9

与 a 的模相等而方向相反的向量称为 a 的**负向量**,记作 $-a$ (图 7-9).由此规定两个向量 a 与 b 的差为

$$a-b=a+(-b).$$

由三角形法则不难得到,若将 a,b 的起点放到一起,则自 b 的终点到 a 的终点所作的向量就是 $a-b$ (见图 7-10).

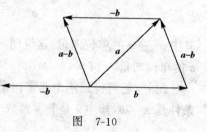

由两个向量的差,显然有
$a-a=a+(-a)=0$.

图 7-10

三、数与向量的乘积

实数 λ 与向量 a 的乘积 λa 规定为这样一个向量,它的模 $|\lambda a|=|\lambda||a|$,它的方向,当 $\lambda>0$ 时, λa 与 a 方向一致;当 $\lambda<0$ 时, λa 与 a 方向相反;当 $\lambda=0$ 时, λa 是零向量.

数乘向量满足结合律与分配律,即

$$\mu(\lambda a)=\lambda(\mu a)=(\lambda\mu)a,$$
$$(\lambda+\mu)a=\lambda a+\mu a,$$
$$\lambda(a+b)=\lambda a+\lambda b,$$

其中 λ,μ 都是实数.

前两条运算律可由定义直接得出,第三条运算律可由三角形的相似比得出(图 7-11 是 $\lambda>0$ 的情况).

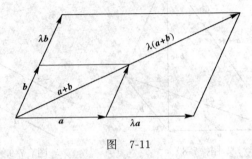

图 7-11

根据数乘向量的定义,a 的负向量是 -1 与 a 的乘积,$-a = -1 \cdot a$. 对任意向量 a,有
$$a = |a|a^0,$$
从而
$$a^0 = \frac{a}{|a|},$$
其中 a^0 是 a 的单位向量. 这说明,任一非零向量除以它的模,就是 a 的单位向量.

此外,还可得到两个非零向量 a 与 b 平行(也称共线)的**充要条件**是 $a = \lambda b$,其中 λ 是非零常数. a 与 b 平行可记作 $a /\!/ b$.

四、向量的坐标表示法

在空间直角坐标系中,与 x, y, z 轴正向同方向的单位向量分别记为 i, j, k,并称它们为这一坐标系的**基本向量**. 设向量 a 的起点是坐标原点 O,终点为 $M(x, y, z)$,点 M 在 xy 平面上的投影为 M',点 M 在 x, y, z 轴上的投影分别为 P, Q, R(图 7-12),则点 P 的坐标为 $(x, 0, 0)$,故知 $\overrightarrow{OP} = xi$;同理 $\overrightarrow{OQ} = yj$;$\overrightarrow{OR} = zk$. 由向量加法的三角形法则有
$$\overrightarrow{OM} = \overrightarrow{OP} + \overrightarrow{PM'} + \overrightarrow{M'M}.$$
而 $\overrightarrow{PM'} = \overrightarrow{OQ}$,$\overrightarrow{M'M} = \overrightarrow{OR}$,所以

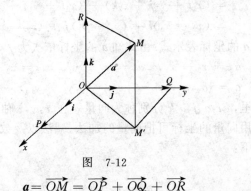

图 7-12

$$a = \overrightarrow{OM} = \overrightarrow{OP} + \overrightarrow{OQ} + \overrightarrow{OR}$$
$$= x\boldsymbol{i} + y\boldsymbol{j} + z\boldsymbol{k}. \tag{7.2}$$

我们称(7.2)式为向量 a 的**坐标表示式**，x,y,z 称为向量 a 的**坐标**，记作

$$a = \{x, y, z\},$$

其中 x,y,z 正是向量 $\overrightarrow{OM}$ 终点 M 的坐标.

当向量的起点不是坐标原点时，向量仍可以用坐标表示. 设 a 的起点是 $M_1(x_1, y_1, z_1)$，终点是 $M_2(x_2, y_2, z_2)$，下面推导向量 $a = \overrightarrow{M_1 M_2}$ 的坐标表示式. 由图 7-13，根据向量的减法，有

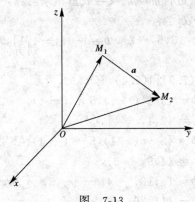

图 7-13

$$a = \overrightarrow{M_1M_2} = \overrightarrow{OM_2} - \overrightarrow{OM_1}$$
$$= (x_2\boldsymbol{i} + y_2\boldsymbol{j} + z_2\boldsymbol{k}) - (x_1\boldsymbol{i} + y_1\boldsymbol{j} + z_1\boldsymbol{k})$$
$$= (x_2 - x_1)\boldsymbol{i} + (y_2 - y_1)\boldsymbol{j} + (z_2 - z_1)\boldsymbol{k},$$

这就是 $\boldsymbol{a}$ 的坐标表示式. 由此知 $\boldsymbol{a}$ 的坐标依次为

$$a_x = x_2 - x_1, \quad a_y = y_2 - y_1, \quad a_z = z_2 - z_1,$$

故 $\quad \boldsymbol{a} = \{a_x, a_y, a_z\} = \{x_2 - x_1, y_2 - y_1, z_2 - z_1\}.$

这里，$a_x\boldsymbol{i}, a_y\boldsymbol{j}, a_z\boldsymbol{k}$ 分别称为向量 $\boldsymbol{a}$ 在 x, y, z 轴上的**分向量**.

利用向量的坐标可把向量的加法、减法以及数乘向量的运算表示如下：

设
$$\boldsymbol{a} = \{a_x, a_y, a_z\}, \quad \boldsymbol{b} = \{b_x, b_y, b_z\},$$

即 $\quad \boldsymbol{a} = a_x\boldsymbol{i} + a_y\boldsymbol{j} + a_z\boldsymbol{k}, \quad \boldsymbol{b} = b_x\boldsymbol{i} + b_y\boldsymbol{j} + b_z\boldsymbol{k},$

则
$$\boldsymbol{a} \pm \boldsymbol{b} = (a_x\boldsymbol{i} + a_y\boldsymbol{j} + a_z\boldsymbol{k}) \pm (b_x\boldsymbol{i} + b_y\boldsymbol{j} + b_z\boldsymbol{k})$$
$$= (a_x \pm b_x)\boldsymbol{i} + (a_y \pm b_y)\boldsymbol{j} + (a_z \pm b_z)\boldsymbol{k},$$
$$\lambda\boldsymbol{a} = \lambda(a_x\boldsymbol{i} + a_y\boldsymbol{j} + a_z\boldsymbol{k})$$
$$= (\lambda a_x)\boldsymbol{i} + (\lambda a_y)\boldsymbol{j} + (\lambda a_z)\boldsymbol{k},$$

其中 λ 为实数. 上述两式也可表示为

$$\boldsymbol{a} \pm \boldsymbol{b} = \{a_x \pm b_x, a_y \pm b_y, a_z \pm b_z\}, \tag{7.3}$$
$$\lambda\boldsymbol{a} = \{\lambda a_x, \lambda a_y, \lambda a_z\}. \tag{7.4}$$

由此可见，对向量进行加减法及与数量相乘运算，只需对向量的坐标进行相应的代数运算.

例1 设 $\boldsymbol{a} = \{3, 5, -2\}$，$\boldsymbol{b} = \{-1, -4, 1\}$，求 $\boldsymbol{a} + \boldsymbol{b}$，$\boldsymbol{a} - \boldsymbol{b}$，$2\boldsymbol{a} - 5\boldsymbol{b}$.

解 由公式(7.3)和(7.4)，有
$$\boldsymbol{a} + \boldsymbol{b} = \{3 + (-1), 5 + (-4), -2 + 1\}$$
$$= \{2, 1, -1\},$$
$$\boldsymbol{a} - \boldsymbol{b} = \{3 - (-1), 5 - (-4), -2 - 1\}$$
$$= \{4, 9, -3\},$$
$$2\boldsymbol{a} - 5\boldsymbol{b} = \{6, 10, -4\} - \{-5, -20, 5\}$$
$$= \{11, 30, -9\}.$$

五、向量的模与方向余弦的坐标表示式

设向量 $\boldsymbol{a}=\{a_x,a_y,a_z\}$,将它的起点移到坐标原点 O,则它的终点坐标为 (a_x,a_y,a_z),由两点间的距离公式知

$$|\boldsymbol{a}| = \sqrt{a_x^2 + a_y^2 + a_z^2}. \tag{7.5}$$

这就是说,向量的**模**等于向量坐标平方和之**平方根**.

向量 $\boldsymbol{a}$ 的方向可以用 $\boldsymbol{a}$ 与坐标轴正向的夹角 α,β,γ 来确定(图 7-14). α,β,γ 称为向量 $\boldsymbol{a}$ 的**方向角**,它们满足:

$$0\leqslant\alpha\leqslant\pi, \quad 0\leqslant\beta\leqslant\pi, \quad 0\leqslant\gamma\leqslant\pi.$$

方向角的余弦 $\cos\alpha,\cos\beta,\cos\gamma$ 称为向量 $\boldsymbol{a}$ 的**方向余弦**.

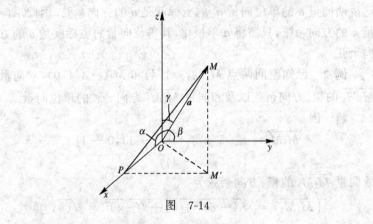

图 7-14

如图 7-14,$\triangle OPM$ 是直角三角形,所以

$$\cos\alpha = \frac{|\overrightarrow{OP}|}{|\overrightarrow{OM}|} = \frac{a_x}{|\boldsymbol{a}|} = \frac{a_x}{\sqrt{a_x^2 + a_y^2 + a_z^2}}. \tag{7.6}$$

类似地,有

$$\cos\beta = \frac{a_y}{|\boldsymbol{a}|} = \frac{a_y}{\sqrt{a_x^2 + a_y^2 + a_z^2}}, \tag{7.7}$$

$$\cos\gamma = \frac{a_z}{|\boldsymbol{a}|} = \frac{a_z}{\sqrt{a_x^2 + a_y^2 + a_z^2}}. \tag{7.8}$$

上述三式,是方向余弦的坐标表示式.由此可知,方向余弦所满足的关系式是
$$\cos^2\alpha + \cos^2\beta + \cos^2\gamma = 1.$$
这表明,任意向量的三个方向角 α,β,γ 不是独立的.

由向量 $\boldsymbol{a}$ 的方向余弦组成的向量

$$\{\cos\alpha,\cos\beta,\cos\gamma\} = \left\{\frac{a_x}{|\boldsymbol{a}|}, \frac{a_y}{|\boldsymbol{a}|}, \frac{a_z}{|\boldsymbol{a}|}\right\}$$

$$= \frac{1}{|\boldsymbol{a}|}\{a_x, a_y, a_z\}$$

$$= \frac{\boldsymbol{a}}{|\boldsymbol{a}|} = \boldsymbol{a}^0.$$

这说明向量 $\boldsymbol{a}$ 的单位向量 $\boldsymbol{a}^0$ 的坐标就是 $\boldsymbol{a}$ 的方向余弦.因此求向量 $\boldsymbol{a}$ 的方向余弦,只需将 $\boldsymbol{a}$ 单位化,其单位向量的坐标就是 $\boldsymbol{a}$ 的方向余弦.

例 2 已知空间两点 $M_1(2,-1,4)$ 和 $M_2(-3,4,0)$,求向量 $\overrightarrow{M_1M_2}$ 的模、方向余弦以及和向量 $\overrightarrow{M_1M_2}$ 方向一致的单位向量.

解 因
$$\overrightarrow{M_1M_2} = \{-3-2, 4-(-1), 0-4\}$$
$$= \{-5, 5, -4\},$$
故向量 $\overrightarrow{M_1M_2}$ 的模、方向余弦为
$$|\overrightarrow{M_1M_2}| = \sqrt{(-5)^2 + 5^2 + (-4)^2} = \sqrt{66},$$
$$\cos\alpha = \frac{-5}{\sqrt{66}}, \quad \cos\beta = \frac{5}{\sqrt{66}}, \quad \cos\gamma = \frac{-4}{\sqrt{66}}.$$
它的单位向量是 $\left\{\dfrac{-5}{\sqrt{66}}, \dfrac{5}{\sqrt{66}}, \dfrac{-4}{\sqrt{66}}\right\}.$

例 3 若向量 $\boldsymbol{a}$ 与三坐标轴的夹角相等,即 $\alpha=\beta=\gamma$,求它的方向余弦.

解 由 $\cos^2\alpha + \cos^2\beta + \cos^2\gamma = 1$ 及 $\alpha=\beta=\gamma$ 有 $3\cos^2\alpha=1$,故
$$\cos\alpha = \cos\beta = \cos\gamma = \pm\frac{\sqrt{3}}{3}.$$

例4 设点 M 的竖坐标 z 大于 0,$|\overrightarrow{OM}|=6$,向量 $\overrightarrow{OM}$ 与 x 轴的夹角 $\alpha=120°$,与 y 轴的夹角 $\beta=60°$,求向量 $\overrightarrow{OM}$ 与 z 轴的夹角 γ 及 $\overrightarrow{OM}$ 的坐标.

解 由 $\cos^2\alpha+\cos^2\beta+\cos^2\gamma=1$ 得
$$\begin{aligned}\cos^2\gamma &= 1-\cos^2\alpha-\cos^2\beta \\ &= 1-\cos^2 120°-\cos^2 60° \\ &= 1-\frac{1}{4}-\frac{1}{4}=\frac{1}{2},\end{aligned}$$

所以
$$\cos\gamma=\pm\frac{\sqrt{2}}{2},$$

即 $\gamma=45°$ 或 $135°$.

由于 $z>0$,$\overrightarrow{OM}$ 与 z 轴的夹角为锐角,故所求的夹角 $\gamma=45°$.
由方向余弦的坐标表示式,得向量 $\overrightarrow{OM}$ 的坐标
$$\begin{aligned}a_x &= |\overrightarrow{OM}|\cos\alpha = 6\cos 120°=-3, \\ a_y &= |\overrightarrow{OM}|\cos\beta = 6\cos 60°=3, \\ a_z &= |\overrightarrow{OM}|\cos\gamma = 6\cos 45°=3\sqrt{2},\end{aligned}$$

于是
$$\overrightarrow{OM}=\{-3,3,3\sqrt{2}\}.$$

六、两向量的数量积

由物理学知道,物体在常力 $\boldsymbol{F}$ 的作用下,得到位移 $\boldsymbol{S}$,则这个力 $\boldsymbol{F}$ 所作的功为
$$W=|\boldsymbol{F}|\cdot|\boldsymbol{S}|\cos(\widehat{\boldsymbol{F},\boldsymbol{S}}),$$

其中 $(\widehat{\boldsymbol{F},\boldsymbol{S}})$ 表示向量 $\boldsymbol{F}$ 与 $\boldsymbol{S}$ 间的夹角. 向量之间的这种运算关系在其他实际问题中也会遇到,于是将其抽象为向量间的数量积,其定义为:

定义7.1 向量 $\boldsymbol{a}$ 和 $\boldsymbol{b}$ 的模与它们之间夹角余弦的乘积称为向量 $\boldsymbol{a}$ 与 $\boldsymbol{b}$ 的**数量积**(也称**点积**或**内积**),记作 $\boldsymbol{a}\cdot\boldsymbol{b}$,即
$$\boldsymbol{a}\cdot\boldsymbol{b}=|\boldsymbol{a}|\cdot|\boldsymbol{b}|\cos(\widehat{\boldsymbol{a},\boldsymbol{b}}). \tag{7.9}$$

按这个定义,上面所讲的功 W 是力 $\boldsymbol{F}$ 与位移 $\boldsymbol{S}$ 的数量积,即
$$W = \boldsymbol{F} \cdot \boldsymbol{S}.$$

定义 7.2 $|\boldsymbol{a}|\cos(\widehat{\boldsymbol{a},\boldsymbol{b}})$ 称为向量 $\boldsymbol{a}$ 在向量 $\boldsymbol{b}$ 上的**投影**,记作 $\mathrm{Prj}_b\,\boldsymbol{a}$,即
$$\mathrm{Prj}_b\,\boldsymbol{a} = |\boldsymbol{a}|\cos(\widehat{\boldsymbol{a},\boldsymbol{b}}).$$
$|\boldsymbol{b}|\cos(\widehat{\boldsymbol{a},\boldsymbol{b}})$ 称为向量 $\boldsymbol{b}$ 在向量 $\boldsymbol{a}$ 上的投影,记作 $\mathrm{Prj}_a\,\boldsymbol{b}$,即
$$\mathrm{Prj}_a\,\boldsymbol{b} = |\boldsymbol{b}|\cos(\widehat{\boldsymbol{a},\boldsymbol{b}}).$$
这样,两向量的数量积也可表示为
$$\boldsymbol{a} \cdot \boldsymbol{b} = |\boldsymbol{b}|\mathrm{Prj}_b\,\boldsymbol{a} = |\boldsymbol{a}|\mathrm{Prj}_a\,\boldsymbol{b},$$
即两向量的数量积等于其中一个向量的模与另一个向量在此向量上的投影的乘积.

由数量积的定义可以推得:

(1) $\boldsymbol{a} \cdot \boldsymbol{a} \stackrel{\mathrm{def}}{=\!=\!=} \boldsymbol{a}^2 = |\boldsymbol{a}|^2$,所以
$$\boldsymbol{i} \cdot \boldsymbol{i} = \boldsymbol{j} \cdot \boldsymbol{j} = \boldsymbol{k} \cdot \boldsymbol{k} = 1.$$

(2) 两个非零向量 $\boldsymbol{a},\boldsymbol{b}$ 互相垂直的**充要条件**是 $\boldsymbol{a} \cdot \boldsymbol{b} = 0$.

这是因为,若 $\boldsymbol{a} \perp \boldsymbol{b}$,则 $(\widehat{\boldsymbol{a},\boldsymbol{b}}) = \dfrac{\pi}{2}$,$\cos(\widehat{\boldsymbol{a},\boldsymbol{b}}) = 0$,故 $\boldsymbol{a} \cdot \boldsymbol{b} = 0$. 反之,若 $\boldsymbol{a} \cdot \boldsymbol{b} = 0$,因 $|\boldsymbol{a}| \neq 0$,$|\boldsymbol{b}| \neq 0$,则 $\cos(\widehat{\boldsymbol{a},\boldsymbol{b}}) = 0$,从而 $\boldsymbol{a} \perp \boldsymbol{b}$.

由此可知
$$\boldsymbol{i} \cdot \boldsymbol{j} = \boldsymbol{j} \cdot \boldsymbol{k} = \boldsymbol{k} \cdot \boldsymbol{i} = 0.$$

规定零向量与任意向量都垂直,这样,结论(2)中非零向量的条件可以去掉.

此外,从定义 7.1 不难推出,向量的数量积满足以下运算规律:

(1) 交换律 $\boldsymbol{a} \cdot \boldsymbol{b} = \boldsymbol{b} \cdot \boldsymbol{a}$;

(2) 分配律 $\boldsymbol{a} \cdot (\boldsymbol{b} + \boldsymbol{c}) = \boldsymbol{a} \cdot \boldsymbol{b} + \boldsymbol{a} \cdot \boldsymbol{c}$;

(3) 与数 λ 相乘的结合律 $\lambda(\boldsymbol{a} \cdot \boldsymbol{b}) = (\lambda\boldsymbol{a}) \cdot \boldsymbol{b} = \boldsymbol{a} \cdot (\lambda\boldsymbol{b})$.

根据这些运算规律可以推出数量积的坐标表示式:设

$$a = a_x\boldsymbol{i} + a_y\boldsymbol{j} + a_z\boldsymbol{k}, \quad \boldsymbol{b} = b_x\boldsymbol{i} + b_y\boldsymbol{j} + b_z\boldsymbol{k},$$

则
$$\begin{aligned}\boldsymbol{a} \cdot \boldsymbol{b} &= (a_x\boldsymbol{i} + a_y\boldsymbol{j} + a_z\boldsymbol{k}) \cdot (b_x\boldsymbol{i} + b_y\boldsymbol{j} + b_z\boldsymbol{k})\\ &= a_x\boldsymbol{i} \cdot (b_x\boldsymbol{i} + b_y\boldsymbol{j} + b_z\boldsymbol{k})\\ &\quad + a_y\boldsymbol{j} \cdot (b_x\boldsymbol{i} + b_y\boldsymbol{j} + b_z\boldsymbol{k})\\ &\quad + a_z\boldsymbol{k} \cdot (b_x\boldsymbol{i} + b_y\boldsymbol{j} + b_z\boldsymbol{k})\\ &= a_x b_x \boldsymbol{i} \cdot \boldsymbol{i} + a_x b_y \boldsymbol{i} \cdot \boldsymbol{j} + a_x b_z \boldsymbol{i} \cdot \boldsymbol{k}\\ &\quad + a_y b_x \boldsymbol{j} \cdot \boldsymbol{i} + a_y b_y \boldsymbol{j} \cdot \boldsymbol{j} + a_y b_z \boldsymbol{j} \cdot \boldsymbol{k}\\ &\quad + a_z b_x \boldsymbol{k} \cdot \boldsymbol{i} + a_z b_y \boldsymbol{k} \cdot \boldsymbol{j} + a_z b_z \boldsymbol{k} \cdot \boldsymbol{k}\\ &= a_x b_x + a_y b_y + a_z b_z,\end{aligned}$$

于是，数量积的坐标表示式为
$$\boldsymbol{a} \cdot \boldsymbol{b} = a_x b_x + a_y b_y + a_z b_z. \tag{7.10}$$

当 $\boldsymbol{a} \cdot \boldsymbol{b}$ 为非零向量时，由(7.9)得到两向量间夹角余弦
$$\cos(\widehat{\boldsymbol{a},\boldsymbol{b}}) = \frac{\boldsymbol{a} \cdot \boldsymbol{b}}{|\boldsymbol{a}| \cdot |\boldsymbol{b}|}.$$

由(7.5)和(7.10)式有
$$\cos(\widehat{\boldsymbol{a},\boldsymbol{b}}) = \frac{a_x b_x + a_y b_y + a_z b_z}{\sqrt{a_x^2 + a_y^2 + a_z^2}\sqrt{b_x^2 + b_y^2 + b_z^2}}. \tag{7.11}$$

从这个公式可以得到，两个向量 $\boldsymbol{a} \cdot \boldsymbol{b}$ 垂直的**充要条件**是
$$a_x b_x + a_y b_y + a_z b_z = 0.$$

例5 设 $\boldsymbol{a} = \{1, 2, -2\}$，$\boldsymbol{b} = \{-4, 1, 1\}$，求：

(1) $\boldsymbol{a} \cdot \boldsymbol{b}$； (2) $|\boldsymbol{a}|, |\boldsymbol{b}|, (\widehat{\boldsymbol{a},\boldsymbol{b}})$； (3) $\text{Prj}_{\boldsymbol{b}} \boldsymbol{a}$.

解 (1) 由数量积的坐标表示式，有
$$\boldsymbol{a} \cdot \boldsymbol{b} = 1 \times (-4) + 2 \times 1 + (-2) \times 1 = -4.$$

(2) $|\boldsymbol{a}| = \sqrt{1^2 + 2^2 + (-2)^2} = 3$,
$|\boldsymbol{b}| = \sqrt{(-4)^2 + 1^2 + 1^2} = 3\sqrt{2}$.

由
$$\cos(\widehat{\boldsymbol{a},\boldsymbol{b}}) = \frac{\boldsymbol{a} \cdot \boldsymbol{b}}{|\boldsymbol{a}| \cdot |\boldsymbol{b}|} = \frac{-4}{3 \times 3\sqrt{2}} = \frac{-2\sqrt{2}}{9}$$

67

得 $(\widehat{a,b}) = \arccos \dfrac{-2\sqrt{2}}{9} \approx 108.32°.$

(3) $\text{Prj}_b a = |a|\cos(\widehat{a,b}) = -\dfrac{2\sqrt{2}}{3}.$

例 6 已知 $|a|=2$, $|b|=1$, $(\widehat{a,b})=\dfrac{\pi}{3}$, 求向量 $m=2a+b$ 与向量 $n=a-4b$ 的夹角.

解 为求 $(\widehat{m,n})$, 先求 $m \cdot n$, $|m|$, $|n|$.

$$\begin{aligned}
m \cdot n &= (2a+b) \cdot (a-4b) \\
&= 2a \cdot a - 8a \cdot b + a \cdot b - 4b \cdot b \\
&= 2|a|^2 - 7a \cdot b - 4|b|^2 \\
&= 2|a|^2 - 7|a| \cdot |b|\cos(\widehat{a,b}) - 4|b|^2 \\
&= 2 \cdot 2^2 - 7 \cdot 2 \cdot 1 \cdot \cos\dfrac{\pi}{3} - 4 \cdot 1^2 = -3,
\end{aligned}$$

$|m|^2 = m \cdot m = (2a+b) \cdot (2a+b) = 21,\quad |m| = \sqrt{21},$

$|n|^2 = n \cdot n = (a-4b) \cdot (a-4b) = 12,\quad |n| = \sqrt{12}.$

由 $\cos(\widehat{m,n}) = \dfrac{m \cdot n}{|m||n|} = \dfrac{-3}{\sqrt{21}\sqrt{12}} = \dfrac{-1}{2\sqrt{7}}$

得 $(\widehat{m,n}) = \arccos\left(\dfrac{-1}{2\sqrt{7}}\right).$

例 7 已知点 $M_1(1,-1,2)$, $M_2(3,3,1)$, $M_3(3,1,3)$, 求与向量 $\overrightarrow{M_1M_2}$, $\overrightarrow{M_2M_3}$ 都垂直的单位向量.

解 由已知条件, 得

$\overrightarrow{M_1M_2} = \{2,4,-1\},\quad \overrightarrow{M_2M_3} = \{0,-2,2\}.$

设与 $\overrightarrow{M_1M_2}, \overrightarrow{M_2M_3}$ 都垂直的单位向量为 $a=\{x,y,z\}$, 则有

$$\begin{cases} x^2+y^2+z^2 = 1, & (7.12) \\ 2x+4y-z = 0, & (7.13) \\ -2y+2z = 0. & (7.14) \end{cases}$$

由(7.14)式得 $y=z$, 代入(7.13)式有 $2x+3y=0$, 故 $x=-\dfrac{3}{2}y.$ 将

其代入(7.12)式有

$$x^2 + y^2 + z^2 = \frac{9}{4}y^2 + y^2 + y^2 = \frac{17}{4}y^2 = 1,$$

所以 $y = \pm \dfrac{2}{\sqrt{17}}$，从而

$$x = \mp \frac{3}{\sqrt{17}}, \quad z = \pm \frac{2}{\sqrt{17}},$$

于是所求单位向量 $\boldsymbol{a} = \pm \dfrac{1}{\sqrt{17}}\{-3, 2, 2\}$.

七、两向量的向量积

在很多实际问题中还要用到两个向量的另一种乘法运算，如物体受力作用而产生的力矩，磁场中通电导线受到的力等。在这些问题中，两个向量运算的结果是一个向量，其方向垂直于这两个向量所在的平面并由右手法则确定，它们的大小等于这两个向量的模与向量间夹角的正弦之乘积。

下面给出两个向量的向量积的定义。

定义 7.3 设有向量 $\boldsymbol{a}, \boldsymbol{b}$，若向量 $\boldsymbol{c}$ 满足：

(1) $|\boldsymbol{c}| = |\boldsymbol{a}| \cdot |\boldsymbol{b}| \sin(\widehat{\boldsymbol{a}, \boldsymbol{b}})$；

(2) $\boldsymbol{c}$ 垂直于 $\boldsymbol{a}, \boldsymbol{b}$ 所决定的平面，它的正方向由右手法则确定，如图 7-15 所示。即当右手的食指、中指分别指向 $\boldsymbol{a}, \boldsymbol{b}$ 的正向时，拇指所指的方向即为 $\boldsymbol{c}$ 的正方向，则称向量 $\boldsymbol{c}$ 是 $\boldsymbol{a}$ 与 $\boldsymbol{b}$ 的**向量积**(也称**叉积**或**外积**)，记作

$$\boldsymbol{c} = \boldsymbol{a} \times \boldsymbol{b}.$$

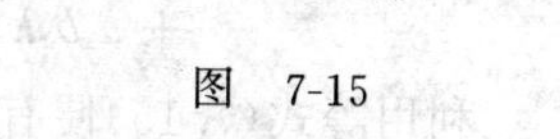

图 7-15

由定义 7.3 知：

(1) 因为 $|\boldsymbol{a}| \cdot |\boldsymbol{b}| \sin(\widehat{\boldsymbol{a}, \boldsymbol{b}})$ 是以 $\boldsymbol{a}, \boldsymbol{b}$ 为邻边的平行四边形的面积(图 7-15)，所以向量 $\boldsymbol{a}$ 与向量 $\boldsymbol{b}$ 的向量积 $\boldsymbol{a} \times \boldsymbol{b}$ 的**几何意义**是：$\boldsymbol{a} \times \boldsymbol{b}$ 是一个向量，它的大小等于以 $\boldsymbol{a}$ 和 $\boldsymbol{b}$ 为边的平行四边形

面积,它垂直于该平行四边形所在的平面,并按右手法则决定 c 的正向.

(2) 两个非零向量 a 与 b 平行的**充要条件**是 $a \times b = 0$.

事实上,若 $a /\!/ b$,则 $(\widehat{a,b}) = 0$ 或 π,由此有 $\sin(\widehat{a,b}) = 0$,故 $|a \times b| = |a| \cdot |b| \sin(\widehat{a,b}) = 0$;从而 $a \times b = 0$. 反之,若 $a \times b = 0$,又 a, b 均为非零向量,于是 $|a \times b| = |a| \cdot |b| \sin(\widehat{a,b}) = 0$,必有 $\sin(\widehat{a,b}) = 0$,故 $a /\!/ b$.

规定,零向量与任意向量平行,它们的向量积为零向量.

(3) $i \times i = j \times j = k \times k = 0,$
$i \times j = k, \ j \times k = i, \ k \times i = j.$ (7.15)

由定义 7.3 还可推出,向量积满足以下运算规律:

(1) $a \times b = -(b \times a)$;
(2) $(\lambda a) \times b = a \times (\lambda b) = \lambda(a \times b)$,$\lambda$ 为数量;
(3) $a \times (b + c) = a \times b + a \times c$.

这里,需注意,由上述(1)式知,向量积不服从交换律,即 $a \times b$ 与 $b \times a$ 不相等,它们是大小相等而方向相反的向量.

向量积的坐标表示式. 设
$$a = a_x i + a_y j + a_z k, \quad b = b_x i + b_y j + b_z k,$$
则由向量积的运算规律得
$$\begin{aligned}
a \times b &= (a_x i + a_y j + a_z k) \times (b_x i + b_y j + b_z k) \\
&= a_x b_x i \times i + a_x b_y i \times j + a_x b_z i \times k \\
&\quad + a_y b_x j \times i + a_y b_y j \times j + a_y b_z j \times k \\
&\quad + a_z b_x k \times i + a_z b_y k \times j + a_z b_z k \times k.
\end{aligned}$$

利用等式(7.15)便有
$$\begin{aligned}
a \times b &= (a_y b_z - a_z b_y) i + (a_z b_x - a_x b_z) j \\
&\quad + (a_x b_y - a_y b_x) k.
\end{aligned} \tag{7.16}$$

这就是向量积的坐标表示式. 为便于记忆,把(7.16)式用三阶行列式来表示:

$$a \times b = \begin{vmatrix} i & j & k \\ a_x & a_y & a_z \\ b_x & b_y & b_z \end{vmatrix}$$

$$= \begin{vmatrix} a_y & a_z \\ b_y & b_z \end{vmatrix} i - \begin{vmatrix} a_x & a_z \\ b_x & b_z \end{vmatrix} j + \begin{vmatrix} a_x & a_y \\ b_x & b_y \end{vmatrix} k. \quad (7.17)$$

从(7.16)式可得到下面的结论:

两个非零向量 a 与 b 平行的充要条件是 $a \times b = 0$,或用坐标表示为:

$$a_y b_z - a_z b_y = 0, \quad a_z b_x - a_x b_z = 0, \quad a_x b_y - a_y b_x = 0. \tag{7.18}$$

当 b_x, b_y, b_z 都不等于 0 时有

$$\frac{a_x}{b_x} = \frac{a_y}{b_y} = \frac{a_z}{b_z}. \tag{7.19}$$

如果 b_x, b_y, b_z 中有的为 0 时,我们仍用(7.19)作为(7.18)式的简便写法. 但约定,相应的分子为 0. 例如, $\frac{a_x}{2} = \frac{a_y}{-3} = \frac{a_z}{0}$ 应理解为

$$3a_x + 2a_y = 0, \quad a_z = 0.$$

例 8 已知 $a = \{3, 2, -5\}$, $b = \{-2, -1, 4\}$,求 $a \times b$.

解 由(7.17)式

$$a \times b = \begin{vmatrix} i & j & k \\ 3 & 2 & -5 \\ -2 & -1 & 4 \end{vmatrix} = 3i - 2j + k.$$

例 9 已知向量 $a = xi + 3j - 2k$ 与 $b = -j + yk$ 平行,求 x, y 的值.

解 由条件(7.19)有

$$\frac{x}{0} = \frac{3}{-1} = \frac{-2}{y},$$

故 $x = 0$, $y = \frac{2}{3}$.

例 10 已知 $a = \{3, -2, 1\}$, $b = \{3, 4, -5\}$,求与 a, b 都垂直

的单位向量.

解 由向量积定义知,$a \times b$ 是与向量 a,b 都垂直的向量,由 $a \times b$ 再乘以它的模的倒数,即得所求的单位向量.

$$c = a \times b = \begin{vmatrix} i & j & k \\ 3 & -2 & 1 \\ 3 & 4 & -5 \end{vmatrix} = 6i + 18j + 18k,$$

$$|c| = \sqrt{36 + 324 + 324} = \sqrt{684} = 6\sqrt{19}.$$

故与 a,b 都垂直的单位向量是

$$c^0 = \pm \frac{1}{6\sqrt{19}} (6i + 18j + 18k)$$

$$= \frac{\pm 1}{\sqrt{19}} (i + 3j + 3k).$$

例 11 已知三角形的顶点为 $A(1,-1,2), B(5,-6,2), C(1,3,-1)$,求 $\triangle ABC$ 的面积 S 和顶点 B 到底边 AC 的高 h.

解 依题设 $\overrightarrow{AB} = \{4,-5,0\}, \overrightarrow{AC} = \{0,4,-3\}$. 根据向量积的几何意义,$\triangle ABC$ 的面积 S 等于 $|\overrightarrow{AB} \times \overrightarrow{AC}|$ 的 $\frac{1}{2}$ 倍. 而

$$\overrightarrow{AB} \times \overrightarrow{AC} = \begin{vmatrix} i & j & k \\ 4 & -5 & 0 \\ 0 & 4 & -3 \end{vmatrix} = \{15, 12, 16\},$$

故 $$S = \frac{1}{2} |\overrightarrow{AB} \times \overrightarrow{AC}| = \frac{1}{2} \sqrt{15^2 + 12^2 + 16^2}$$

$$= \frac{1}{2} \sqrt{625} = \frac{25}{2}.$$

另一方面,$S = \frac{1}{2} h \cdot |\overrightarrow{AC}|$,而 $|\overrightarrow{AC}| = \sqrt{16+9} = 5$,所以

$$h = \frac{2S}{|\overrightarrow{AC}|} = \frac{25}{5} = 5.$$

例 12 已知向量 a,b,c 满足 $a+b+c=0$,证明 $a \times b = b \times c = c \times a$,并说明其几何意义.

证 分别取 a,b 与 $a+b+c$ 的向量积,有

$$a \times (a+b+c) = a \times b + a \times c = a \times 0 = 0,$$
$$b \times (a+b+c) = b \times a + b \times c = b \times 0 = 0,$$

所以
$$a \times b = -(a \times c) = c \times a,$$
$$b \times c = -(b \times a) = a \times b.$$

这就证明了
$$a \times b = b \times c = c \times a.$$

条件 $a+b+c=0$ 说明向量 a,b,c 组成一个三角形 ABC（如图 7-16）。不难看出，$a \times b, b \times c, c \times a$ 的模都等于 $\triangle ABC$ 面积的两倍，它们的方向都垂直于 $\triangle ABC$ 的平面，且有相同的指向，故

$$a \times b = b \times c = c \times a.$$

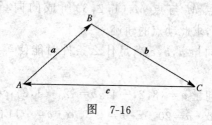

图 7-16

习 题 7.2

1. 已知平行四边形 $ABCD$ 的对角线向量 $\overrightarrow{AC}=a, \overrightarrow{BD}=b$，试用 a,b 表示向量 $\overrightarrow{AB}, \overrightarrow{BC}, \overrightarrow{CD}, \overrightarrow{DA}$.

2. 设 $\alpha = 3i-4j+k, \beta = i+2j-5k$，求 $\alpha+\beta, \alpha-\beta, 3\alpha-\beta$ 的坐标表示式.

3. 已知点 $M_1(5,-2,-1)$ 和点 $M_2(-1,0,2)$，求向量 $\overrightarrow{M_1M_2}$ 的模及方向余弦.

4. 设向量 a 与 x 轴及 y 轴的夹角相等，与 z 轴的夹角是前者的两倍，求 a 的方向余弦.

5. 设一个向量的终点是 $B(2,-1,7)$，此向量在 x 轴、y 轴和 z 轴上的投影依次为 $4,-4$ 和 7，求这个向量的始点 A.

6. 已知 $M_1(0,-2,5)$ 和 $M_2(2,2,0)$，求向量 $\overrightarrow{M_1M_2}$ 的模、方

向余弦和它的单位向量.

7. 已知 $A(2,3,4), B(x,-2,4), |\overrightarrow{AB}|=5$,求 x 的值.

8. 设向量 $\overrightarrow{OP}$ 与 z 轴的夹角为 $30°$,$\overrightarrow{OP}$ 与 x 轴及与 y 轴的夹角相等,且 $|\overrightarrow{OP}|=4$,求 P 点的坐标.

9. 设 $a=\{2,-\sqrt{5},3\}, b=\{3,2,-1\}$,求 $a \cdot b, |a|, |b|$, $\text{Prj}_a b, \text{Prj}_b a$.

10. 求向量 $a=i+j-4k, b=i-2j+2k$ 之间的夹角.

11. 已知 $|a|=4, |b|=5, (\widehat{a,b})=\dfrac{\pi}{4}$,求
$$a \cdot b, \quad (a+b)\cdot(5a-2b).$$

12. 设动点 M 与点 $M_0(1,2,3)$ 所成的向量与向量 $n=\{-2,5,1\}$ 垂直,求此动点的轨迹.

13. 非零向量 a,b,c 满足什么条件时能使等式 $(a \cdot b)c = a(b \cdot c)$ 成立?

14. 已知向量 $a=\{3,2,-4\}, b=\{2,-1,3\}, c=\{1,-3,2\}$,试求满足条件 $\alpha \cdot a=20, \alpha \cdot b=-5, \alpha \cdot c=-11$ 的向量 α.

15. 在 xy 平面上求一向量 b,使其模等于 5,且与已知向量 $a=\{-4,3,7\}$ 垂直.

16. 求与向量 $a=2i-j+2k$ 共线,且 $a \cdot b=-9$ 的向量 b.

17. 求垂直于向量 $a=\{2,2,1\}$ 和 $b=\{4,5,3\}$ 的单位向量.

18. 已知三点 $P_1(1,-1,3), P_2(-2,0,-5), P_3(4,-2,1)$,问这三点是否在一条直线上?

19. 已知 $a=\{2,-3,1\}, b=\{1,-1,3\}, c=\{1,-2,0\}$,求:
(1) $(a \cdot b)c$; (2) $(a+b)\times(b+c)$; (3) $(a\times b)\times c$.

20. 已知空间三角形的三个顶点是 $A(1,1,1), B(2,3,4), C(4,3,2)$,求:
(1) $\angle B$;(2) $\triangle ABC$ 的面积;(3) 顶点 A 到边 BC 的高.

21. 设一平面平行于向量 $3i+j$ 和 $i+j-4k$ 所在的平面,证明向量 $2i-6j-k$ 垂直于这平面.

22. 设 $a\times b=c\times d$, $a\times c=b\times d$, 证明 $a-d$ 与 $b-c$ 平行, 其中 a,b,c,d 均为向量.

23. 单项选择题:

(1) 设 a,b 都是非零向量, 已知 $a\perp b$, 则必有( ).

(A) $|a+b|=|a|+|b|$;　　　(B) $|a+b|\leqslant|a-b|$;

(C) $|a+b|=|a-b|$;　　　(D) $|a+b|\geqslant|a-b|$.

(2) 以下说法中, 正确的是( ).

(A) $i+j+k$ 是单位向量;

(B) $-i$ 不是单位向量;

(C) 两个互相垂直的单位向量的数量积是单位向量;

(D) 两个互相垂直的单位向量的向量积是单位向量.

(3) 设向量 a,b,c 满足关系式 $a+b+c=0$, 则 $a\times b+b\times c+c\times a=$ ( ).

(A) 0;　　(B) $a\times b$;　　(C) $2(a\times b)$;　　(D) $3(a\times b)$.

§7.3 空间曲面与曲线

一、曲面与方程

在空间解析几何中, 把曲面 S 看做是空间点的几何轨迹, 即曲面是具有某种性质的点的集合. 在这曲面上的点就具有这种性质, 不在这曲面上的点就不具有这种性质. 若以 x,y,z 表示该曲面上任意一点的坐标, 则 x,y,z 之间必然满足一种确定的关系, 这样, 含有三个变量的方程

$$F(x,y,z)=0$$

就与空间曲面 S 建立了对应关系.

例如, 球面可以看成是在空间到一定点 $A(a,b,c)$ 的距离等于常数 R 的点的轨迹. 设点 $M(x,y,z)$ 为此轨迹上的任意一点, 则因 $|AM|=R$, 故

$$\sqrt{(x-a)^2+(y-b)^2+(z-c)^2}=R,$$

两边平方得
$$(x-a)^2 + (y-b)^2 + (z-c)^2 = R^2. \qquad (7.20)$$
这就是以点 $A(a,b,c)$ 为球心，R 为半径的**球面方程**. 可以看出，这是 x,y,z 的三元二次方程，将它展开，得到
$$x^2 + y^2 + z^2 - 2ax - 2by - 2cz + a^2 + b^2 + c^2 = R^2.$$
它有两个特点：

(1) x^2, y^2, z^2 的系数相等，且不为 0；

(2) 不包含 xy, yz, zx 的交叉乘积项.

反之，具有这样两个特点的三元二次方程都表示一个球面，可以通过配方法求出球心和半径.

例1 求球面 $x^2 + y^2 + z^2 - 4x + 2y = 0$ 的球心和半径.

解 用配方法将原方程写为
$$(x^2 - 4x + 4) + (y^2 + 2y + 1) + z^2 - 5 = 0,$$
即
$$(x-2)^2 + (y+1)^2 + z^2 = 5,$$
所以，球心的坐标为 $(2, -1, 0)$，半径 $R = \sqrt{5}$.

显然当球心在坐标原点 O 时，球面方程则化为（图 7-17）
$$x^2 + y^2 + z^2 = R^2.$$

从球面方程的例子可以看出，在球面上的点的坐标都满足方程 (7.20)，而不在球面上的点到 A 的距离不等于 R，故它的坐标不满足方程 (7.20). 我们把方程 (7.20) 称为上述球面的方程，而球面就是方程 (7.20) 的图形.

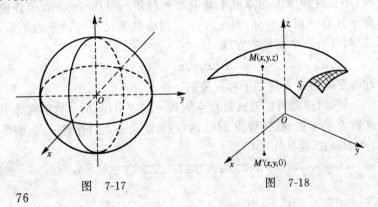

图 7-17　　　　　　　　图 7-18

一般地,若空间曲面 S 与三元方程 $F(x,y,z)=0$ 有下述关系(图 7-18):

(1) 曲面 S 上任一点的坐标 (x,y,z) 都满足方程
$$F(x,y,z) = 0;$$

(2) 不在曲面 S 上的点的坐标 (x,y,z) 都不满足方程
$$F(x,y,z) = 0,$$

则称方程 $F(x,y,z)=0$ 为曲面 S 的**方程**,而曲面 S 称为方程 $F(x,y,z)=0$ 的**图形**.

例2 设有点 $A(2,3,-1)$ 和 $B(0,1,4)$,求线段 AB 的垂直平分面的方程.

解 所求平面是与点 A,B 等距离的点的轨迹.设 $M(x,y,z)$ 为此平面上的任意一点,则因 $|AM|=|BM|$,故

$$\sqrt{(x-2)^2+(y-3)^2+(z+1)^2}$$
$$=\sqrt{(x-0)^2+(y-1)^2+(z-4)^2}.$$

等式两边平方,整理得

$$4x+4y-10z+3=0.$$

这就是所要求的平面方程.它是 x,y,z 的三元一次方程.可以证明,空间中任意一个平面的方程都是三元一次方程

$$Ax+By+Cz+D=0,$$

其中 A,B,C,D 都是常数,且 A,B,C 不全为 0.在 §7.4 中我们将给予详尽的讨论.

二、柱面方程

直线 L 沿曲线 C 平行移动所形成的曲面称为**柱面**.直线 L 称为柱面的**母线**,曲线 C 称为柱面的**准线**.下面我们建立母线平行于 z 轴的柱面方程(图 7-19).

设准线 C 是 xy 平面上的一条曲线,其方程为 $F(x,y)=0$,在

柱面上任取一点 $M(x_0,y_0,z_0)$，过 M 作平行于 z 轴的直线，该直线交 xy 平面于点 M_0，则 M_0 的坐标为 $(x_0,y_0,0)$. 由于 M_0 在准线上，故 $F(x_0,y_0)=0$. 因点 M 和点 M_0 有相同的 x,y 坐标，故 M 的坐标应满足方程 $F(x,y)=0$.

反之，若空间内一点 $M(x_0,y_0,z_0)$ 满足方程 $F(x,y)=0$，即 $F(x_0,y_0)=0$，则 $M(x_0,y_0,z_0)$ 必在过准线 C 上点 (x_0,y_0) 且平行于 z 轴的直线上，于是 M 必在柱面上. 所以，方程 $F(x,y)=0$ 在空间表示母线平行于 z 轴的柱面.

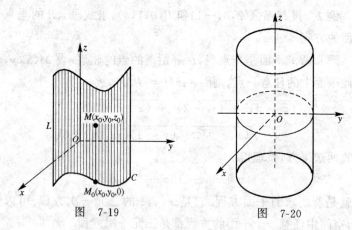

图 7-19　　　　　　　图 7-20

类似地，方程 $F(y,z)=0$ 表示母线平行于 x 轴的柱面；方程 $F(x,z)=0$ 表示母线平行于 y 轴的柱面. 这就是说，柱面的母线平行于某个坐标轴时，柱面方程中不含该坐标.

例如，$x^2+y^2=R^2$ 在空间表示母线平行于 z 轴的柱面，其准线是 xy 平面上以原点为中心，以 R 为半径的圆. 这个柱面称为圆柱面(图 7-20). 方程 $y^2=2px$ 表示抛物柱面，其母线平行于 z 轴，准线是 xy 平面上的抛物线 $y^2=2px$(图 7-21)，方程 $\dfrac{x^2}{a^2}-\dfrac{y^2}{b^2}=1$ 表示双曲柱面，如图 7-22 所示.

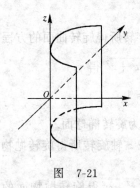
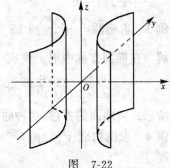

图 7-21   图 7-22

三、旋转曲面

一条平面曲线 C 绕其平面上一条定直线旋转一周所成的曲面称为旋转曲面.下面建立 yz 平面上曲线 C 绕 z 轴旋转一周得到的旋转曲面的方程.假定曲线 C 的方程是 $f(y,z)=0$(图 7-23).

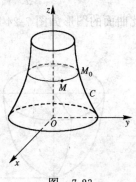

设 $M_0(0,y_0,z_0)$ 是曲线 C 上任意一点,则 $f(y_0,z_0)=0$. 当曲线 C 绕 z 轴旋转时,点 M_0 转到点 $M(x,y,z)$,显然有 $z=z_0$,点 M 到 z 轴的距离 $d=\sqrt{x^2+y^2}=|y_0|$,所以 $y_0=\pm\sqrt{x^2+y^2}$,把 y_0 和 z_0

图 7-23

代入曲线 C 的方程,便得到 $f(\pm\sqrt{x^2+y^2},z)=0$,这就是曲线 C 绕 z 轴旋转所成旋转曲面的方程.

从这个方程可以看出,yz 平面上曲线 $C:f(y,z)=0$ 绕 z 轴旋转,只需在 $f(y,z)$ 中将 y 换成 $\pm\sqrt{x^2+y^2}$,便得到旋转曲面的方程.同理,曲线 C 绕 y 轴旋转,只需在 $f(y,z)$ 中将 z 换成 $\pm\sqrt{x^2+z^2}$,便得到旋转曲面的方程,即 $f(y,\pm\sqrt{x^2+z^2})=0$. xy 平面上曲线 $C:f(x,y)=0$ 绕 x 轴旋转而成的旋转曲面的方程为 $f(x,\pm\sqrt{y^2+z^2})=0$,绕 y 轴旋转而成的旋转曲面方程为

$$f(\pm\sqrt{x^2+z^2},y)=0.$$

例3 求椭圆 $\dfrac{x^2}{a^2}+\dfrac{y^2}{b^2}=1$ 绕 y 轴旋转所得旋转曲面的方程.

解 在椭圆方程中把 x 换成 $\pm\sqrt{x^2+z^2}$ 得

$$\frac{x^2+z^2}{a^2}+\frac{y^2}{b^2}=1,$$

即为所求旋转曲面的方程,这种曲面称为旋转椭球面.

例4 求抛物线 $y^2=2pz(p>0)$ 绕 z 轴旋转所得旋转抛物面的方程.

解 在 $y^2=2pz$ 中将 y 换成 $\pm\sqrt{x^2+y^2}$ 得旋转抛物面的方程:

$$x^2+y^2=2pz \quad (p>0).$$

此曲面的图形如图 7-24 所示.

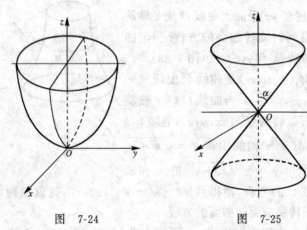

图 7-24   图 7-25

例5 求直线 $z=ky$ 绕 z 轴旋转所得的圆锥面方程.

解 将 y 换成 $\pm\sqrt{x^2+y^2}$ 即得此圆锥面方程:

$$z=\pm k\sqrt{x^2+y^2}.$$

两边平方得

$$z^2=k^2(x^2+y^2).$$

设直线 $z=ky$ 与 z 轴间的夹角为 $\alpha\left(0<\alpha<\dfrac{\pi}{2}\right)$（图 7-25），则 $k=\dfrac{z}{y}=\cot\alpha$，角 α 称为圆锥面的**半顶角**.

*四、空间曲线

空间曲线可以看成是两个曲面的交线. 设两个曲面 S_1 和 S_2 的方程分别为 $F(x,y,z)=0$ 和 $G(x,y,z)=0$，则 S_1 与 S_2 的交线 C 的方程是方程组

$$\begin{cases} F(x,y,z) = 0, \\ G(x,y,z) = 0. \end{cases}$$

这称为空间曲线 C 的**一般方程**.

例 6 下列方程组各表示什么曲线？

(1) $\begin{cases} x^2+y^2+z^2=R^2, \\ z=0; \end{cases}$ (2) $\begin{cases} x^2+y^2=R^2, \\ z=0; \end{cases}$

(3) $\begin{cases} x^2+y^2+z^2=R^2, \\ x^2+y^2=R^2. \end{cases}$

解 (1) 第一个方程表示以原点为球心，半径为 R 的球面，第二个方程表示 xy 坐标平面，它们的交线是 xy 平面上以原点为圆心，以 R 为半径的圆 C.

(2) 第一个方程表示以 xy 平面上的圆 C 为准线，母线平行于 z 轴的圆柱面，而 $z=0$ 则代表 xy 平面，故它们的交线仍是圆 C.

(3) 这是(1)中的球面与(2)中的柱面的交线，显然仍是圆 C.

由此例可以看出，用两个曲面方程表示一条曲线的方式不是惟一的.

将曲线 C 上动点的坐标 x,y,z 都表示成另一个变量 t 的函数：

$$\begin{cases} x = x(t), \\ y = y(t), \\ z = z(t). \end{cases} \qquad (7.21)$$

对于给定的 t 值,就得到相应的一组 x,y,z 值,即对应于曲线 C 上的一个点. 当 t 在某个范围内变化时,就得到曲线 C 上的全部点. 方程组(7.21)称为空间曲线 C 的**参数方程**,变量 t 称为**参数**.

例7 点 M 在半径为 r 的圆柱面 $x^2+y^2=r^2$ 上以匀角速度 ω 绕 z 轴旋转,同时又以匀速度 v 沿平行于 z 轴的母线向上移动,求 M 点的运动轨迹方程.

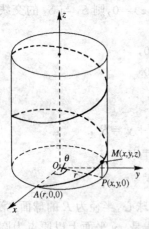

图 7-26

解 取坐标系如图 7-26 所示. 设动点由 $A(r,0,0)$ 出发,经过时间 t 运动到点 $M(x,y,z)$. 点 M 在 xy 平面上的投影为 P,点 P 一定在圆柱面的准线上,故 P 点的坐标为 $P(x,y,0)$,由于动点 M 以角速度 ω 绕 z 轴旋转,所以 $\angle AOP=\omega t$,从而

$$x=r\cos\omega t, \quad y=r\sin\omega t.$$

当动点由 A 运动到 M 时,它沿 z 轴方向从 P 上升到 M,故 $PM=vt$,即

$$z=vt.$$

于是得到曲线的参数方程为

$$\begin{cases} x=r\cos\omega t, \\ y=r\sin\omega t, \\ z=vt. \end{cases}$$

这曲线称为螺旋线. 也可以用其他变量作参数,如令 $\omega t=\theta$,并记 $\dfrac{v}{\omega}=b$,则螺旋线的参数方程可写成:

$$x=r\cos\theta, \quad y=r\sin\theta, \quad z=b\theta.$$

五、几个常见的二次曲面

在空间解析几何中把三元二次方程表示的曲面称为二次曲面. 前面讨论过的球面、圆柱面、旋转椭球面、旋转抛物面、圆锥面等都是二次曲面. 下面再介绍几种常见的二次曲面的方程. 为了讨

论方程所表示的曲面的形状,常用**截痕法**,即用坐标面和平行于坐标面的平面去截所给曲面,考察截痕的形状,综合后就得到曲面形状的概貌.

1. 椭球面

由方程

$$\frac{x^2}{a^2} + \frac{y^2}{b^2} + \frac{z^2}{c^2} = 1$$

所表示的曲面称为**椭球面**. 由该方程知

$$\frac{x^2}{a^2} \leqslant 1, \quad \frac{y^2}{b^2} \leqslant 1, \quad \frac{z^2}{c^2} \leqslant 1,$$

即 $-a \leqslant x \leqslant a, -b \leqslant y \leqslant b, -c \leqslant z \leqslant c.$

这说明椭球面包含在以平面 $x=\pm a, y=\pm b, z=\pm c$ 所围成的长方体内,a,b,c 称为椭球面的**半轴**.

用坐标面 $x=0, y=0, z=0$ 分别截椭球面,其截痕分别是这三个坐标面上的椭圆:

$$\frac{y^2}{b^2} + \frac{z^2}{c^2} = 1, \quad \frac{x^2}{a^2} + \frac{z^2}{c^2} = 1, \quad \frac{x^2}{a^2} + \frac{y^2}{b^2} = 1.$$

用平面 $z=z_1(|z_1|<c)$ 去截这个椭球面,其截痕是椭圆

$$\frac{x^2}{a^2} + \frac{y^2}{b^2} = 1 - \frac{z_1^2}{c^2}.$$

因 $1 - \frac{z_1^2}{c^2} > 0$,故可改写成

$$\frac{x^2}{a^2\left(1 - \frac{z_1^2}{c^2}\right)} + \frac{y^2}{b^2\left(1 - \frac{z_1^2}{c^2}\right)} = 1.$$

这是平面 $z=z_1$ 上的椭圆,两个半轴分别为 $a\sqrt{1-\frac{z_1^2}{c^2}}$ 与 $b\sqrt{1-\frac{z_1^2}{c^2}}$. 当 $|z_1|$ 逐渐增大时,椭圆截面相应缩小;当 $|z_1|=c$ 时缩成一点.类似地可讨论用平面 $x=x_1$ 或 $y=y_1(|x_1|<a, |y_1|<b)$ 去截椭球面.

综合上面的讨论,可知椭球面的形状如图 7-27 所示.

当 a,b,c 中有两个相等时,便得到旋转椭球面;当 $a=b=c$ 时,便得到球面.

2. 单叶双曲面

方程

$$\frac{x^2}{a^2}+\frac{y^2}{b^2}-\frac{z^2}{c^2}=1$$

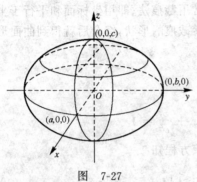

图 7-27

所确定的曲面称为**单叶双曲面**. 用截痕法可得到曲面的形状如图 7-28 所示.

方程

$$\frac{x^2}{a^2}-\frac{y^2}{b^2}+\frac{z^2}{c^2}=1$$

和

$$-\frac{x^2}{a^2}+\frac{y^2}{b^2}+\frac{z^2}{c^2}=1$$

都表示**单叶双曲面**.

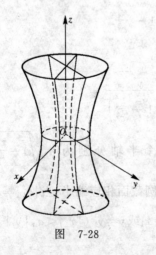

图 7-28

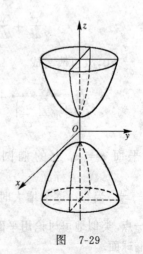

图 7-29

3. 双叶双曲面

由方程

$$\frac{x^2}{a^2} + \frac{y^2}{b^2} - \frac{z^2}{c^2} = -1$$

所确定的曲面称为**双叶双曲面**,其图形如图 7-29 所示.

4. 椭圆抛物面

由方程

$$z = \frac{x^2}{a^2} + \frac{y^2}{b^2}$$

所确定的曲面称为**椭圆抛物面**,其形状如图 7-30 所示.

5. 双曲抛物面

由方程

$$z = -\frac{x^2}{a^2} + \frac{y^2}{b^2}$$

所确定的曲面称为**双曲抛物面**,也称**马鞍面**,其形状如图 7-31 所示.

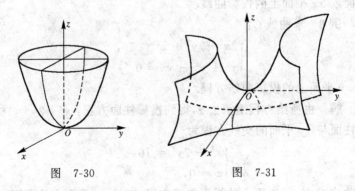

图 7-30   图 7-31

*六、曲线在坐标面上的投影

设有空间曲线 C 和平面 π,以 C 上各点向平面 π 作垂线,垂足所构成的曲线 C_1 称为曲线 C 在平面 π 上的**投影曲线**. 以 C_1 为准线,母线垂直于平面 π 的柱面称为曲线 C 关于平面 π 的**投影柱**

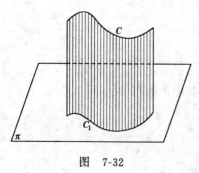

图 7-32

面. 曲线 C_1 实际上就是投影柱面与平面 π 的交线(图 7-32).

设曲线 C 的方程为
$$\begin{cases} F(x,y,z) = 0, \\ G(x,y,z) = 0. \end{cases}$$
在这个方程组中消去 z,得到一个不含 z 的方程 $H(x,y)=0$,它表示母线平行于 z 轴的柱面. 由于 $H(x,y)=0$ 是从曲线 C 的方程组中消去 z 得到的,所以 C 上点的坐标一定满足这个方程,这说明,此柱面必包含曲线 C,所以它是曲线 C 关于 xy 坐标面的投影柱面. 这样,曲线 C 在 xy 平面上的投影曲线的方程为
$$\begin{cases} H(x,y) = 0, \\ z = 0. \end{cases}$$

同理,从曲线 C 的方程组中消去 x 或 y 可以得到曲线 C 在 yz 平面或 xz 平面上的投影曲线.

例8 求曲线 C:
$$\begin{cases} 2x^2 + y^2 + z^2 = 16, \\ x^2 + z^2 - y^2 = 0 \end{cases}$$
在 xy 平面上的投影曲线方程.

解 由所给方程组消去 z,得到投影柱面方程:$x^2+2y^2=16$,此柱面与 xy 平面的交线方程为
$$\begin{cases} x^2 + 2y^2 = 16, \\ z = 0, \end{cases}$$
即曲线 C 在 xy 平面上的投影曲线方程,它是 xy 平面上的椭圆.

习 题 7.3

1. 求球面 $x^2+y^2+z^2-2x+4y-4z-7=0$ 的球心和半径.
2. 将 xy 平面上的双曲线 $4x^2-9y^2=36$ 分别绕 x 轴、y 轴旋

转一周,求所生成的旋转曲面的方程.

3. 指出下列方程所表示的曲面的名称：

(1) $x^2+z^2=R^2$；　　(2) $x^2=y^2+z^2$；　　(3) $y^2=2z$；

(4) $-\dfrac{x^2}{4}+\dfrac{y^2}{9}=1$；　　(5) $x^2-\dfrac{y^2}{4}+z^2=1$.

*4. 求曲线 $\begin{cases} z=x^2+y^2, \\ z=2-(x^2+y^2) \end{cases}$ 在 xy 平面上的投影曲线方程.

*5. 求球面 $x^2+y^2+z^2=9$ 与平面 $x+z=1$ 的交线在 xy 平面上的投影曲线方程.

*6. 求两球面 $x^2+y^2+z^2=1$ 和 $x^2+(y-1)^2+(z-1)^2=1$ 的交线在 xy 平面上的投影曲线方程.

7. 指出下列方程所表示的曲面的名称：

(1) $x^2+\dfrac{y^2}{9}+\dfrac{z^2}{9}=1$；　　(2) $x^2+y^2-\dfrac{z^2}{4}=1$；

(3) $x^2+\dfrac{y^2}{4}-\dfrac{z^2}{9}=0$；　　(4) $\dfrac{x^2}{4}+\dfrac{y^2}{9}=z$；

(5) $x^2-y^2-z^2=1$；　　(6) $x^2-y^2=z$.

8. 单项选择题：

(1) 方程 $x^2=0$ 的图形是(　　).

(A) yOz 平面；　　　　(B) 一条直线；

(C) 原点；　　　　　　(D) 三个坐标平面.

(2) 设球面 $x^2+y^2+z^2+Dx+Ey+Fz+G=0$ 与三个坐标平面都相切,则方程中的系数应满足条件(　　).

(A) $D=E=F=0$；　　　　(B) $D^2+E^2+F^2+6G=0$；

(C) $D^2+E^2+F^2=6G$；　　(D) $G=0$.

*§7.4　平面及其方程

本节将以向量为工具建立直角坐标系下的平面方程,并讨论与平面有关的一些问题.

一、平面的点法式方程

和平面 π 垂直的非零向量称为平面 π 的**法向量**. 已知平面 π 上一点 $M_0(x_0,y_0,z_0)$ 和它的法向量 $\boldsymbol{n}=\{A,B,C\}$,则平面 π 惟一地被确定(图 7-33).

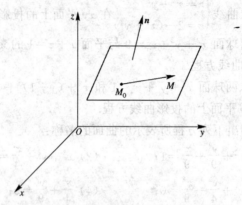

图 7-33

设 $M(x,y,z)$ 为平面 π 上任意一点,则向量 $\overrightarrow{M_0M}$ 必位于平面 π 上,故必与法向量 $\boldsymbol{n}$ 垂直. 从而有 $\boldsymbol{n}\cdot\overrightarrow{M_0M}=0$. 而 $\boldsymbol{n}=\{A,B,C\}$, $\overrightarrow{M_0M}=\{x-x_0,y-y_0,z-z_0\}$,故

$$A(x-x_0)+B(y-y_0)+C(z-z_0)=0. \qquad (7.22)$$

这就是过点 $M_0(x_0,y_0,z_0)$ 且以 $\boldsymbol{n}=\{A,B,C\}$ 为法向量的**平面方程**. 显然,平面 π 上的点的坐标都满足方程(7.22),而不在 π 上的点的坐标一定不满足方程(7.22),因为这样的点与 M_0 所连成的向量与 $\boldsymbol{n}$ 不垂直. 方程(7.22)称为平面的**点法式方程**.

例 1 设平面 π 的法向量 $\boldsymbol{n}=\{2,-1,3\}$,且过已知点 $M_0(3,1,-2)$,求平面 π 的方程.

解 根据(7.22)式,所求平面方程为

$$2(x-3)-(y-1)+3(z+2)=0,$$

即
$$2x-y+3z+1=0.$$

例2 求过三点 $P_1(a,0,0), P_2(0,b,0), P_3(0,0,c)$ 的平面方程 (a,b,c 均不为 0).

解 为了求出此平面的方程,须先求出此平面的法向量. 而法向量 $\boldsymbol{n}$ 与平面上的向量 $\overrightarrow{P_1P_2}$ 及 $\overrightarrow{P_1P_3}$ 都垂直, 而向量 $\overrightarrow{P_1P_2}=\{-a,b,0\}$, $\overrightarrow{P_1P_3}=\{-a,0,c\}$. 可取

$$\boldsymbol{n}=\overrightarrow{P_1P_2}\times\overrightarrow{P_1P_3}=\begin{vmatrix} \boldsymbol{i} & \boldsymbol{j} & \boldsymbol{k} \\ -a & b & 0 \\ -a & 0 & c \end{vmatrix}$$

$$=\{bc, ac, ab\},$$

于是,所求平面方程为

$$bc(x-a)+ac(y-0)+ab(z-0)=0,$$

即
$$\frac{x}{a}+\frac{y}{b}+\frac{z}{c}=1. \qquad (7.23)$$

方程(7.23)称为平面的**截距式方程**,a,b,c 分别称为这个平面在三个坐标轴上的**截距**.

二、平面的一般式方程

方程(7.22)也可写成

$$Ax+By+Cz-(Ax_0+By_0+Cz_0)=0.$$

令 $D=-(Ax_0+By_0+Cz_0)$,则又可写成

$$Ax+By+Cz+D=0. \qquad (7.24)$$

它是 x,y,z 的三元一次方程. 这就是说,任一平面都可用三元一次方程表示. 反之,任何一个三元一次方程都表示一个平面. 事实上,任取一组满足方程(7.24)的数 x_0,y_0,z_0,即有

$$Ax_0+By_0+Cz_0+D=0,$$

与(7.24)相减,得

$$A(x-x_0)+B(y-y_0)+C(z-z_0)=0.$$

这是通过点 $M_0(x_0,y_0,z_0)$ 且以 $\boldsymbol{n}=\{A,B,C\}$ 为法向量的平面方程. 所以方程(7.24)表示一个平面. 通常把(7.24)称为平面的**一般**

式方程.

下面对方程中的系数 A,B,C,D 的一些特殊情形所表示的平面的特点作简单的讨论.

(1) 如果 $D=0$,则方程成为
$$Ax + By + Cz = 0.$$
显然点 $(0,0,0)$ 满足此方程,故它是通过坐标原点的平面.

(2) 如果 A,B,C 中有一个为 0,例如 $C=0$,这时方程成为
$$Ax + By + D = 0.$$
它的法向量为 $\{A,B,0\}$,所以它与 z 轴垂直,因而此平面平行于 z 轴;它与 xy 平面的交线的方程是
$$\begin{cases} Ax + By + D = 0, \\ z = 0. \end{cases}$$

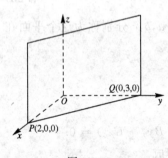

图 7-34

可见,方程
$$Ax + By + D = 0$$
在空间表示一个通过 xy 平面上的直线 $Ax+By+D=0$ 且平行于 z 轴的平面. 如方程 $3x+2y-6=0$ 表示如图 7-34 所示的平面.

同理,方程
$$By + Cz + D = 0,$$
$$Ax + Cz + D = 0$$
分别表示平行于 x 轴、y 轴的平面.

(3) 如果 $D=0$,A,B,C 中有一个为 0,例如,$A=D=0$,则方程成为
$$By + Cz = 0.$$
由前面的讨论知,这是通过 x 轴的平面. 同理
$$Ax + By = 0, \quad Ax + Cz = 0$$
分别表示通过 z 轴、y 轴的平面.

(4) 如果 A,B,C 中有两个为 0,例如,$A=B=0$,则方程成为

$Cz + D = 0.$

它的法向量为$\{0,0,C\}$,这是平行于 z 轴的向量,所以方程 $Cz+D=0$ 表示与 xy 坐标面平行的平面. 此方程又可改写为 $z = -\dfrac{D}{C}$,即此平面在 z 轴上的截距为 $-\dfrac{D}{C}$. 如方程 $2z-1=0$ 表示图 7-35 所示的平面.

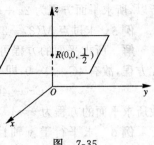

图 7-35

同理,方程 $Ax+D=0$, $By+D=0$ 分别表示平行于 yz 坐标面, xz 坐标面的平面.

(5) 如果 $D=0$, A,B,C 中有两个为 0,例如 $A=C=D=0$,则方程成为 $By=0$,即

$$y = 0.$$

这是 xz 坐标面. 同理, $x=0$ 和 $z=0$ 分别表示 yz 坐标面和 xy 坐标面.

综上所述,平面方程中如果缺 x,y,z 中某一项,则平面就平行于所缺项的坐标轴 ($D=0$ 时为通过该坐标轴的平面);如果缺 x,y,z 中两项,则平面就平行于那两项所决定的坐标面 ($D=0$ 时为该坐标面).

例 3 求过点 $(1,1,-1)$ 且平行于平面 $3x-y+z+5=0$ 的平面方程.

解 因为所求平面与平面 $3x-y+z+5=0$ 平行,则后者的法向量 $\boldsymbol{n}=\{3,-1,1\}$ 也是所求平面的法向量,于是

$$3(x-1) - (y-1) + (z+1) = 0,$$

即 $3x-y+z-1=0$ 为所求平面方程.

例 4 求过 y 轴且通过点 $(1,-3,-2)$ 的平面方程.

解 平面过 y 轴,则它的方程可设为 $Ax+Cz=0$,所给的点 $(1,-3,-2)$ 应满足此方程. 故有 $A-2C=0$,即 $A=2C$. 将其代入所设方程得

$$2Cx + Cz = 0, \quad C \neq 0,$$

所以,所求平面方程为 $2x+z=0$.

例5 求过点 $M(3,-2,4)$ 且与 xy 坐标面平行的平面方程.

解 所求平面的方程可设为 $Cz+D=0$,点 M 的坐标应满足此方程,故有 $4C+D=0$,即 $D=-4C$,代入所设方程有
$$Cz-4C=0, \quad C\neq 0,$$
故所求平面的方程为 $z=4$.

例6 求平行于 y 轴且通过点 $P_1(1,-5,1)$ 及点 $P_2(3,2,-2)$ 的平面方程.

解 由于平面平行于 y 轴,故可设它的方程为 $Ax+Cz+D=0$,把 P_1,P_2 的坐标代入此方程,得
$$\begin{cases} A+C+D=0, \\ 3A-2C+D=0. \end{cases}$$
两式相减得 $2A-3C=0$,即 $C=\dfrac{2}{3}A$.

又 $D=-A-C=-A-\dfrac{2}{3}A=-\dfrac{5}{3}A$,于是有
$$Ax+\frac{2}{3}Az-\frac{5}{3}A=0.$$
因 $A\neq 0$,故所求平面方程为 $3x+2z-5=0$.

三、平面外一点到平面的距离

已知平面 π:$Ax+By+Cz+D=0$(A,B,C 不同时为 0)及平面外一点 $M(x_1,y_1,z_1)$,求点 M 到平面 π 的距离.

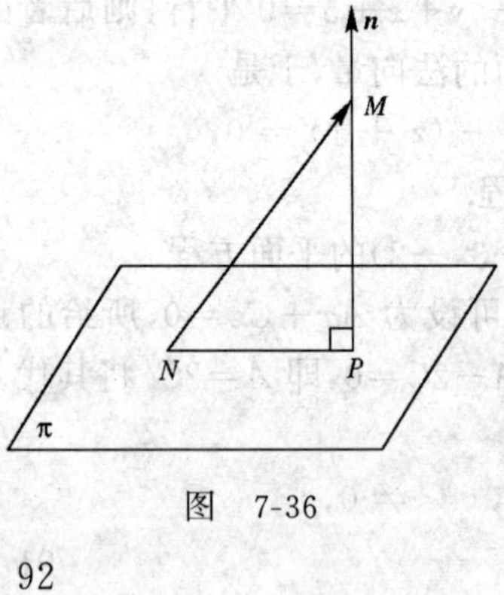

在平面 π 上任意选取一点 $N(x_0,y_0,z_0)$,则向量 $\overrightarrow{NM}=\{x_1-x_0,y_1-y_0,z_1-z_0\}$,$\overrightarrow{NM}$ 在法向量 $\boldsymbol{n}=\{A,B,C\}$ 上的投影 MP(见图 7-36)的绝对值便是点 M 到平面 π 的距离 $d=|MP|$.

图 7-36

$$MP = \text{Prj}_n \overrightarrow{NM} = \frac{\overrightarrow{NM} \cdot \boldsymbol{n}}{|\boldsymbol{n}|}$$

$$= \frac{A(x_1 - x_0) + B(y_1 - y_0) + C(z_1 - z_0)}{\sqrt{A^2 + B^2 + C^2}}$$

$$= \frac{Ax_1 + By_1 + Cz_1 - (Ax_0 + By_0 + Cz_0)}{\sqrt{A^2 + B^2 + C^2}}.$$

因点 $N(x_0, y_0, z_0)$ 在平面 π 上,故 $Ax_0 + By_0 + Cz_0 + D = 0$,于是

$$MP = \frac{Ax_1 + By_1 + Cz_1 + D}{\sqrt{A^2 + B^2 + C^2}},$$

由此,得点 $M(x_1, y_1, z_1)$ 到平面 $Ax + By + Cz + D = 0$ 的**距离公式**

$$d = \frac{|Ax_1 + By_2 + Cz_1 + D|}{\sqrt{A^2 + B^2 + C^2}}. \tag{7.25}$$

例 7 求点 $(3, 4, 5)$ 到平面 $2x - 5y + 6z - 1 = 0$ 的距离.

解 由公式(7.25)有

$$d = \frac{|2 \times 3 - 5 \times 4 + 6 \times 5 - 1|}{\sqrt{2^2 + (-5)^2 + 6^2}} = \frac{15}{\sqrt{65}}.$$

四、两平面间的夹角

两平面的**法向量之间的夹角**称为这**两个平面间的夹角**.
已知两个平面

$$\pi_1: A_1 x + B_1 y + C_1 z + D_1 = 0,$$
$$\pi_2: A_2 x + B_2 y + C_2 z + D_2 = 0.$$

它们的法向量分别为 $\boldsymbol{n}_1 = \{A_1, B_1, C_1\}, \boldsymbol{n}_2 = \{A_2, B_2, C_2\}$. 设 $\boldsymbol{n}_1$ 与 $\boldsymbol{n}_2$ 的夹角为 θ,则由公式(7.11)有

$$\cos\theta = \frac{A_1 A_2 + B_1 B_2 + C_1 C_2}{\sqrt{A_1^2 + B_1^2 + C_1^2}\sqrt{A_2^2 + B_2^2 + C_2^2}}. \tag{7.26}$$

这就是两平面夹角的**余弦公式**.

从公式(7.26)可得出两平面相互垂直或平行的**充要条件**:
两平面**互相垂直**的**充要条件**是

$$A_1A_2 + B_1B_2 + C_1C_2 = 0. \tag{7.27}$$

两平面**互相平行**的**充要条件**是

$$\frac{A_1}{A_2} = \frac{B_1}{B_2} = \frac{C_1}{C_2}. \tag{7.28}$$

例 8 求平面 $\pi_1: 2x-y+z-7=0$ 和 $\pi_2: x+y+2z-11=0$ 间的夹角 θ.

解 由公式(7.26)有

$$\cos\theta = \frac{2\times 1 + (-1)\times 1 + 1\times 2}{\sqrt{4+1+1}\sqrt{1+1+4}} = \frac{3}{6} = \frac{1}{2},$$

故 $\theta = \frac{\pi}{3}$.

例 9 求经过点 $M(5,-2,3)$ 且与平面 π_1 和 π_2 都垂直的平面方程,其中 $\pi_1: x+2y-z=0$, $\pi_2: 3x-4y+2z-7=0$.

解法一 设所求平面方程为

$$A(x-5) + B(y+2) + C(z-3) = 0,$$

它与 π_1, π_2 都垂直,故有

$$\begin{cases} A + 2B - C = 0, & (7.29) \\ 3A - 4B + 2C = 0. & (7.30) \end{cases}$$

由(7.29)式,$C=A+2B$,代入(7.30)式

$$3A - 4B + 2(A+2B) = 5A = 0, \quad 即 \quad A = 0,$$

于是 $C=2B$,从而所设平面方程成为

$$B(y+2) + 2B(z-3) = 0.$$

因 $B \neq 0$,则 $y+2z-4=0$ 即为所求平面方程.

解法二 所求平面与 π_1, π_2 都垂直,则它的法向量 $\boldsymbol{n}$ 与 π_1, π_2 的法向量 $\boldsymbol{n}_1, \boldsymbol{n}_2$ 都垂直,于是可取 $\boldsymbol{n} = \boldsymbol{n}_1 \times \boldsymbol{n}_2$,即

$$\boldsymbol{n} = \begin{vmatrix} \boldsymbol{i} & \boldsymbol{j} & \boldsymbol{k} \\ 1 & 2 & -1 \\ 3 & -4 & 2 \end{vmatrix} = \{0, -5, -10\},$$

于是所求平面方程为

$$-5(y+2) - 10(z-3) = 0,$$

或 $\qquad y+2z-4=0.$

习 题 7.4

1. 已知点 $A(3,-2,2), B(6,-1,0)$,求通过点 A 且与 AB 相垂直的平面.

2. 设平面 π 通过点 $(5,-7,4)$,且在 x,y,z 轴上的截距相等,求平面 π 的方程.

3. 求过点 $A(3,1,2), B(2,-1,3)$ 且与向量 $\boldsymbol{a}=\{3,-1,-4\}$ 平行的平面方程.

4. 求通过三点 $M_1(4,2,1), M_2(-1,-2,2)$ 和 $M_3(0,4,-5)$ 的平面方程.

5. 指出下列方程表示的平面的位置特点:

(1) $x+y-10=0$;   (2) $y-3z=0$;

(3) $y-z=1$;   (4) $z=2x+3$;

(5) $z=x$;   (6) $x+y+z=0$.

6. 求过点 $(3,1,-1)$ 且适合下列条件之一的平面方程:

(1) 平行于平面 $x-5y+6z-18=0$;

(2) 平行于 xy 坐标面;

(3) 通过 x 轴.

7. 求通过 y 轴且与平面 $5x+4y-2z+3=0$ 相垂直的平面.

8. 求下列各对平面间的夹角:

(1) $2x-y+z-7=0$, $x+y+2z-11=0$;

(2) $6x+3y-2z=0$, $x+2y+6z-12=0$;

(3) $2x+y+2z-5=0$, $3x-4y=0$.

9. 求点 $(1,-3,2)$ 到平面 $x-3y+6z-10=0$ 的距离.

10. 在 z 轴上求一点,使它与两平面 $12x+9y+20z-19=0$ 和 $16x-12y+15z-9=0$ 等距离.

11. 求两平行平面间的距离:

(1) $3x+6y-2z+7=0$, $3x+6y-2z+14=0$;

(2) $3x+6y-2z-7=0$, $3x+6y-2z+14=0$.

12. 已知平面 $\pi: 6x+3y+2z+12=0$,求作与 π 平行的平面,并满足下列条件之一:

(1) 至原点的距离为 1;

(2) 点 $(0,2,-1)$ 与这两平面的距离相等.

13. 决定参数 k 的值,使平面 $x+ky-2z=9$ 满足下列条件之一:

(1) 经过点 $(5,-4,-6)$;

(2) 与平面 $2x+4y+3z=3$ 垂直;

(3) 与平面 $2x-3y+z=0$ 成 $\dfrac{\pi}{4}$ 的角;

(4) 与原点相距 3 个单位.

14. 求通过原点且垂直于两个平面 $2x-y+3z-1=0$ 和 $x+2y+z=0$ 的平面的方程.

15. 单项选择题:

(1) 在下面的条件中,**不能**惟一地确定一个平面的条件是( ).

(A) 过已知三点;

(B) 过一已知点且垂直于已知直线;

(C) 过一已知点且平行于已知平面;

(D) 过一已知点且与两个已知的相交平面垂直.

(2) 设有三个平面,$\pi_1: x_1-2y+3z-7=0$,$\pi_2: -2x+4y+z+7=0$;$\pi_3: 5x+3y-2z-5=0$,则这三个平面间关系( )成立.

(A) π_1 与 π_2 平行;　　　(B) π_2 与 π_3 平行;

(C) π_2 与 π_3 不垂直;　　(D) 这三个平面只有一个交点.

*§7.5　空间直线的方程

一、直线的一般式方程

空间直线可以看成两个不平行平面的交线. 两个系数不成比

例的三元一次方程组

$$\begin{cases} A_1x + B_1y + C_1z + D_1 = 0, \\ A_2x + B_2y + C_2z + D_2 = 0 \end{cases} \quad (7.31)$$

表示一条直线. 通常称(7.31)为直线的**一般式方程**.

例如平面 $3x+2y+5z-6=0$ 和平面 $z=0$ 的交线就是 xy 平面上的直线 $3x+2y-6=0$. 可以用两个平面方程的方程组来表示这条直线, 即

$$\begin{cases} 3x + 2y + 5z - 6 = 0, \\ z = 0. \end{cases}$$

二、直线的点向式方程

如果一个向量 $s=\{m,n,p\}$ 平行于一条已知直线 L, 则称 s 为直线 L 的**方向向量**. 已知直线 L 经过一点 $M_0(x_0,y_0,z_0)$ 和它的一个方向向量 s, 则这条直线就惟一地被确定了. 下面我们建立这条直线的方程.

设点 $M(x,y,z)$ 是 L 上的任一点(图 7-37). 显然, 向量 $\overrightarrow{M_0M}$ 与 s 平行, 由向量平行的充要条件得

$$\frac{x-x_0}{m} = \frac{y-y_0}{n} = \frac{z-z_0}{p}. \quad (7.32)$$

可见, L 上所有的点都满足(7.32)式, 而不在 L 上的点不满足(7.32)式, 故(7.32)是所求的直线方程. 通常称为直线的**点向式方程**或**对称式方程**. 数 m,n,p 称为直线 L 的一组**方向数**.

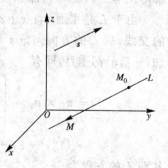

图 7-37

例 1 求经过点 $M_1(3,2,-4)$ 和 $M_2(2,-1,-1)$ 的直线方程.

解 因直线通过 M_1, M_2 两点, 故可取 $\overrightarrow{M_1M_2}$ 作为方向向量, 即 $s=\{-1,-3,3\}$, 故所求的直线

方程为
$$\frac{x-3}{-1}=\frac{y-2}{-3}=\frac{z+4}{3}.$$

在公式(7.32)中,如果 m,n,p 中有一个为 0,这时应理解为相应的分子也等于 0. 如 $m=0$,这时我们仍可把直线方程写成
$$\frac{x-x_0}{0}=\frac{y-y_0}{n}=\frac{z-z_0}{p},$$
但应理解为
$$\begin{cases} x-x_0=0, \\ \dfrac{y-y_0}{n}=\dfrac{z-z_0}{p}. \end{cases}$$

例 2 已知直线 L 的一般式方程
$$\begin{cases} x+2y+z=0, \\ 3x-2y+5z-14=0. \end{cases}$$
求 L 的点向式方程.

解 先在 L 上任意取定一点 $M_0(x_0,y_0,z_0)$,为简单起见可令 $y_0=0$,则
$$\begin{cases} x_0+z_0=0, \\ 3x_0+5z_0=14. \end{cases}$$
解得 $x_0=-7$, $z_0=7$,即 $M_0(-7,0,7)$ 在 L 上.

由于 L 是平面 $\pi_1: x+2y+z=0$ 与 $\pi_2: 3x-2y+5z-14=0$ 的交线,故 L 的方向向量 $\boldsymbol{s}$ 与 π_1,π_2 的法向量 $\boldsymbol{n}_1=\{1,2,1\}$,$\boldsymbol{n}_2=\{3,-2,5\}$ 都垂直,即有
$$\boldsymbol{s}=\boldsymbol{n}_1\times\boldsymbol{n}_2=\begin{vmatrix} \boldsymbol{i} & \boldsymbol{j} & \boldsymbol{k} \\ 1 & 2 & 1 \\ 3 & -2 & 5 \end{vmatrix}$$
$$=\{12,-2,-8\}=2\{6,-1,-4\}.$$
从而 L 的方程为
$$\frac{x+7}{6}=\frac{y}{-1}=\frac{z-7}{-4}.$$

三、直线的参数方程

在直线的点向式方程中,令比值为 t,则

$$\frac{x-x_0}{m} = \frac{y-y_0}{n} = \frac{z-z_0}{p} = t,$$

于是

$$\begin{cases} x = x_0 + mt, \\ y = y_0 + nt, \\ z = z_0 + pt. \end{cases} \tag{7.33}$$

通常称(7.33)为直线的**参数方程**,t 为**参数**.

例 3 求直线 $\dfrac{x-1}{3} = \dfrac{y-3}{-2} = \dfrac{z+2}{1}$ 与平面 $5x-3y+z-16=0$ 的交点.

解 将直线方程改写成参数方程的形式:$x = 1 + 3t$,$y = 3 - 2t$,$z = -2 + t$,代入平面方程中:

$$5(1+3t) - 3(3-2t) + (-2+t) - 16 = 0,$$

解得 $t=1$,把 $t=1$ 代入直线的参数方程中,即得到所求的交点坐标:$x=4$,$y=1$,$z=-1$.

注意,本题也可解三元一次线性方程组:

$$\begin{cases} 5x - 3y + z = 16, \\ \dfrac{x-1}{3} = \dfrac{y-3}{-2}, \\ \dfrac{x-1}{3} = z+2, \end{cases} \quad \text{即} \quad \begin{cases} 5x - 3y + z = 16, \\ 2x + 3y = 11, \\ x - 3z = 7 \end{cases}$$

而得到所求的交点.

四、两直线的夹角

两直线的方向向量的夹角称为**两直线的夹角**. 设有两直线

$$L_1: \frac{x-x_1}{m_1} = \frac{y-y_1}{n_1} = \frac{z-z_1}{p_1},$$

$$L_2: \frac{x-x_2}{m_2} = \frac{y-y_2}{n_2} = \frac{z-z_2}{p_2}.$$

因为 L_1 和 L_2 的方向向量分别为 $s_1=\{m_1,n_1,p_1\}$ 和 $s_2=\{m_2,n_2,p_2\}$，故直线 L_1 与 L_2 的夹角 θ 的余弦为

$$\cos\theta = \frac{m_1m_2+n_1n_2+p_1p_2}{\sqrt{m_1^2+n_1^2+p_1^2}\sqrt{m_2^2+n_2^2+p_2^2}}. \tag{7.34}$$

从两向量平行、垂直的条件立即得出：L_1 与 L_2 互相垂直的充要条件是

$$m_1m_2+n_1n_2+p_1p_2=0. \tag{7.35}$$

L_1 与 L_2 相互平行的充要条件是

$$\frac{m_1}{m_2} = \frac{n_1}{n_2} = \frac{p_1}{p_2}. \tag{7.36}$$

例 4 求直线 $L_1: \dfrac{x-2}{1} = \dfrac{y}{-4} = \dfrac{z+3}{2}$ 和直线 $L_2: \dfrac{x+1}{3} = \dfrac{y-5}{1} = \dfrac{z}{2}$ 的夹角 θ.

解 因两直线的方向向量分别为

$$s_1=\{1,-4,2\}, \quad s_2=\{3,1,2\},$$

故

$$\cos\theta = \frac{1\times 3+(-4)\times 1+2\times 2}{\sqrt{1+16+4}\sqrt{9+1+4}}$$

$$= \frac{3}{\sqrt{21}\sqrt{14}} = \frac{\sqrt{6}}{14}.$$

所以，$\theta=\arccos\dfrac{\sqrt{6}}{14}$.

五、直线与平面的夹角

设有直线 L 和平面 π

$$L: \frac{x-x_0}{m} = \frac{y-y_0}{n} = \frac{z-z_0}{p},$$

$$\pi: Ax + By + Cz + D = 0.$$

过直线 L 作一个和平面 π 垂直的的平面 π_1(图 7-38),π_1 与 π 的交线 L_1 称为**直线 L 在 π 上的投影**. L 和 L_1 间的夹角 φ 称为**直线 L 与平面 π 的夹角**,通常规定 $0 \leqslant \varphi \leqslant \frac{\pi}{2}$. 当且仅当直线平行于平面或在平面内时 $\varphi = 0$. 直线 L 的方向向量 $\boldsymbol{s} = \{m, n, p\}$ 与平面 π 的法向量 $\boldsymbol{n} = \{A, B, C\}$ 的夹角 θ 与角 φ 有关系:$\theta = \frac{\pi}{2} \pm \varphi$. 因为

$$\sin\varphi = \cos\left(\frac{\pi}{2} - \varphi\right) = \left|\cos\left(\frac{\pi}{2} + \varphi\right)\right|,$$

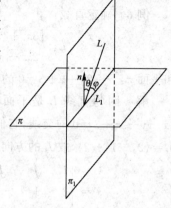

图 7-38

所以 $\sin\varphi = |\cos\theta|$,于是,直线 L 与平面 π 的夹角可由公式

$$\sin\varphi = \frac{|Am + Bn + Cp|}{\sqrt{A^2 + B^2 + C^2}\sqrt{m^2 + n^2 + p^2}} \tag{7.37}$$

确定.

由两向量垂直、平行的条件可得到:

直线 L 与平面 π 垂直的充要条件是

$$\frac{A}{m} = \frac{B}{n} = \frac{C}{p}. \tag{7.38}$$

直线 L 与平面 π 平行的充要条件是

$$Am + Bn + Cp = 0. \tag{7.39}$$

例 5 求直线 $\frac{x-1}{2} = \frac{y-5}{-1} = \frac{z}{1}$ 与平面 $x - 3y + z - 5 = 0$ 的夹角.

解 因直线 L 的方向向量和平面的法向量分别为

$$\boldsymbol{s} = \{2, -1, 1\}, \quad \boldsymbol{n} = \{1, -3, 1\},$$

故 $$\sin\varphi = \frac{2+3+1}{\sqrt{6}\sqrt{11}} = \frac{\sqrt{66}}{11}.$$

所以，直线与平面的夹角为 $\varphi = \arcsin\dfrac{\sqrt{66}}{11}$.

例 6 确定直线
$$L: \begin{cases} 3x+y-z+1=0, \\ 2x-y-2z+3=0 \end{cases}$$
和平面 $\pi: x+2y+z+5=0$ 的位置关系.

解 因为直线 L 是平面 $\pi_1: 3x+y-z+1=0$ 和平面 $\pi_2: 2x-y-2z+3=0$ 的交线，它们的法向量分别为 $\boldsymbol{n}_1 = \{3,1,-1\}$，$\boldsymbol{n}_2 = \{2,-1,-2\}$，故 L 的方向向量

$$\boldsymbol{s} = \begin{vmatrix} \boldsymbol{i} & \boldsymbol{j} & \boldsymbol{k} \\ 3 & 1 & -1 \\ 2 & -1 & -2 \end{vmatrix} = \{-3, 4, -5\}.$$

平面 π 的法向量 $\boldsymbol{n} = \{1,2,1\}$，因 $\boldsymbol{s} \cdot \boldsymbol{n} = 0$，故 $\boldsymbol{s}$ 与 $\boldsymbol{n}$ 间的夹角为 $\dfrac{\pi}{2}$，直线 L 与平面 π 间的夹角 $\varphi = 0$. 容易验证，点 $(1,-1,3)$ 在 L 上但不在 π 上，所以直线 L 与平面 π 的关系是：L 与 π 平行，且 L 不在 π 上.

习 题 7.5

1. 求下列各直线的方程：

   (1) 过点 $(5,2,-4)$ 且平行于向量 $\{3,-\sqrt{2},1\}$；

   (2) 过两点 $(3,-5,4),(2,0,-2)$；

   (3) 过点 $(1,0,-2)$，且与 $(1,-1,2),(2,1,0)$ 两点的连线平行.

2. 将直线的一般式方程 $\begin{cases} x-y+z+2=0, \\ 2x-3y+6z+7=0 \end{cases}$ 化为点向式方程.

3. 求直线 $\begin{cases} 3x+z=4 \\ y+z=9 \end{cases}$ 与 $\begin{cases} 3x-y=4 \\ y+z=1 \end{cases}$ 之间的夹角.

4. 求直线 $\begin{cases} x+2y-z-2=0, \\ x+y-3z-7=0 \end{cases}$ 的方向余弦.

5. 求过点 $M(1,-2,3)$ 并与 x 轴、y 轴分别成 45°、60° 角的直线方程.

6. 确定下列各题中直线和平面的关系：

(1) $\dfrac{x+3}{-2} = \dfrac{y+4}{-7} = \dfrac{z}{3}$ 和 $4x-2y-2z=3$;

(2) $\dfrac{x}{3} = \dfrac{y}{-2} = \dfrac{z}{7}$ 和 $3x-2y+7z=8$;

(3) $\dfrac{x-2}{3} = \dfrac{y+2}{1} = \dfrac{z-3}{-4}$ 和 $x+y+z=3$.

7. 求直线 $\dfrac{x-3}{3} = \dfrac{y+2}{2} = \dfrac{z}{1}$ 与平面 $x-3y+2z=6$ 的交点.

8. 求直线 $\begin{cases} y=-2x+3, \\ z=3x-5 \end{cases}$ 与平面 $3x-2y-4z+6=0$ 的交点.

9. 求过点 $(-1,2,1)$ 且平行于直线 $\begin{cases} x+y-2z-1=0, \\ x+2y-z+1=0 \end{cases}$ 的直线方程.

10. 求过点 $(2,-1,5)$ 且与直线 L_1, L_2 都垂直的直线,其中 L_1, L_2 的方程为:

$$L_1: \dfrac{x-1}{1} = \dfrac{y-2}{2} = \dfrac{z+1}{-1},$$

$$L_2: \dfrac{x+1}{1} = \dfrac{y-3}{-3} = \dfrac{z}{2}.$$

11. 从点 $(5,2,-1)$ 引平面 $2x-y+3z+23=0$ 的垂线,求垂线的方程和垂足的坐标.

12. 求点 $(-1,2,0)$ 在平面 $x+2y-z+1=0$ 上的投影.

13. 求过直线 $\dfrac{x+1}{3} = \dfrac{y-2}{-1} = \dfrac{z}{4}$ 并垂直于平面 $3x+y-z+2=0$ 的平面方程.

14. 求点 $M(-1,2,3)$ 到直线 $\dfrac{x+1}{3}=\dfrac{y-1}{-2}=\dfrac{z-5}{-1}$ 的距离.

15. 单项选择题：

(1) 已知直线 $L_1: \dfrac{x}{2}=\dfrac{y+3}{3}=\dfrac{z}{4}$ 与 $L_2: \dfrac{x-1}{1}=\dfrac{y+2}{1}=\dfrac{z-2}{2}$，则它们的关系是(　　).

(A) 平行；　　(B) 斜交；　　(C) 垂直；　　(D) 异面直线.

(2) 直线 $L_1: \begin{cases} x+2y-z=7 \\ -2x+y+z=7 \end{cases}$ 与 $L_2: \begin{cases} 3x+6y-3z=8 \\ 2x-y-z=0 \end{cases}$ 的关系是(　　).

(A) 平行；　　(B) 垂直；　　(C) 重合；　　(D) 异面直线.

(3) 直线 $L: \dfrac{x-2}{2}=\dfrac{y+1}{-2}=\dfrac{z+3}{1}$ 与平面 $\pi: x+2y-2z-6=0$ 的关系是(　　).

(A) 平行；　　(B) 垂直；　　(C) 斜交；　　(D) 重合.

(4) 设有直线 $L: \dfrac{x-1}{1}=\dfrac{y-3}{-2}=\dfrac{z+1}{1}$，直线外一点 $P(3,3,3)$，则点 P 关于直线 L 对称的点 Q 的坐标是(　　).

(A) $(1,1,1)$；　　　　(B) $(1,-1,-3)$；

(C) $(-3,-3,-3)$；　　(D) $(-1,1,3)$.

第八章 多元函数微积分

前面各章我们讨论的函数只限于一个自变量的函数,称为一元函数.但在许多实际问题中所遇到的往往是两个和多于两个自变量的函数,即多元函数.

多元函数微积分是一元函数微积分的推广,因此,它具有一元函数中的许多性质,但也有些本质上的差别.对于多元函数,我们将着重讨论二元函数,从二元函数向 $n(n>2)$ 元函数推广就再无本质差别.

§8.1 多元函数的基本概念

为讨论多元函数的微分学和积分学,须先介绍多元函数、极限和连续这些基本概念.

在一元函数的定义中,自变量的取值范围即定义域,一般是数轴上的一个区间.对于二元函数,自变量的取值范围要由数轴扩充到 xy 平面上.本节从平面区域讲起.

一、平面区域

1. 平面区域

一般来说,由 xy 平面上的一条或几条曲线所围成的一部分平面或整个平面,称为 xy 平面的**平面区域**.平面区域简称为**区域**.围成区域的曲线称为**区域的边界**,边界上的点称为**边界点**.平面区域一般分类如下:

无界区域:若区域可以延伸到平面的无限远处.

有界区域:若区域可以包围在一个以原点 $(0,0)$ 为中心,以适当大的长为半径的圆内.

闭区域：包括边界在内的区域.

开区域：不包括边界在内的区域.

平面区域用 D 表示. 例如

$D=\{(x,y)|-\infty<x<+\infty,-\infty<y<+\infty\}$ 是无界区域，它表示整个 xy 坐标平面；

$D=\{(x,y)|1<x^2+y^2<4\}$ 是有界开区域（图 8-1，不包括边界）；

$D=\{(x,y)|1\leqslant x^2+y^2\leqslant 4\}$ 是有界闭区域（参阅图 8-1，包括边界）；

$D=\{(x,y)|x+y>0\}$ 是无界开区域（图 8-2），它是以直线 $x+y=0$ 为界的上半平面，不包括直线 $x+y=0$.

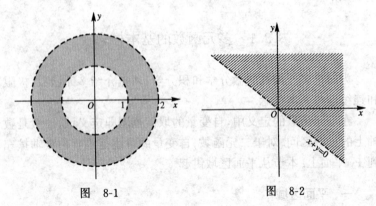

图 8-1　　　　　图 8-2

2. 点 P_0 的 δ 邻域

在 xy 平面上，以点 $P_0(x_0,y_0)$ 为中心，$\delta(\delta>0)$ 为半径的开区域，称为点 $P_0(x_0,y_0)$ 的 δ 邻域. 它可以表示为

$$\left\{(x,y)\left|\sqrt{(x-x_0)^2+(y-y_0)^2}<\delta\right.\right\},$$

或简记作

$$\sqrt{(x-x_0)^2+(y-y_0)^2}<\delta.$$

二、多元函数概念

1. 二元函数定义

例 1　矩形的面积公式
$$A = xy$$
描述了面积 A 与其长 x 和宽 y 这两个变量之间确定的关系. 当长 x、宽 $y(x>0, y>0)$ 取定一对值时, 面积 A 的值就随之确定.

例 2　一定质量的理想气体的压强 P、体积 V 和绝对温度 T 之间有关系式
$$P = R\frac{T}{V},$$
其中 R 为常数. 由该关系式, 每当体积 V、绝对温度 $T(V>0, T>0)$ 取定一对值时, 压强 P 就有一个确定的值与之对应.

例 3　假设生产某种产品需要两种生产要素投入, 产量 Q 与要素的投入量 K 和 L 之间有关系式
$$Q = 8K^{\frac{1}{4}}L^{\frac{1}{2}},$$
这里, 两种要素的投入量 $K, L(K>0, L>0)$ 每给定一对值, 产量 Q 就有一个确定的值与之对应.

以上各例的共同点是: 两个变量每取定一组值时, 按照确定的对应关系可以决定另外一个变量的取值. 对照一元函数概念, 这就是二元函数.

定义 8.1　设 x, y 和 z 是三个变量, D 是一个给定的非空数对集. 若对于每一数对 $(x, y) \in D$, 按照某一确定的对应法则 f, 变量 z 总有惟一确定的数值与之对应, 则称 **z 是 x, y 的函数**, 记作
$$z = f(x, y), \quad (x, y) \in D,$$
其中 x, y 称为**自变量**, z 称为**因变量**; 数对集 D 称为该函数的**定义域**.

定义域 D 是自变量 x, y 的取值范围, 也就是使函数 $z = f(x, y)$ 有意义的数对集. 由此, 若 x, y 取有序数组 $(x_0, y_0) \in D$

时,则称该函数在(x_0,y_0)**有定义**;与(x_0,y_0)对应的 z 的数值称为函数在点(x_0,y_0)的**函数值**,记作 $f(x_0,y_0)$ 或 $z|_{(x_0,y_0)}$. 当(x,y)取遍数对集 D 中的所有数对时,对应的函数值全体构成的数集

$$Z = \{z | z = f(x,y), (x,y) \in D\}$$

称为函数的**值域**.

与一元函数一样,定义域 D、对应法则 f、值域 Z 是确定二元函数的三个因素,而前二者是两个要素. 若函数 f 的对应法则用解析式 $f(x,y)$ 表示,f 的定义域 D 又是使该解析式有意义的点(x,y)的集合,二元函数可简记作

$$z = f(x,y),$$

定义域 D 将省略不写.

一元函数的定义域是数轴上点的集合,一般情况是数轴上的区间. 二元函数的定义域 D 则是 xy 坐标平面上点的集合,一般情况,这种点的集合是 xy 平面上的平面区域.

例如,二元函数

$$z = \ln(4 - x^2 - y^2) + \sqrt{x^2 - 1}$$

的定义域

$$D = \{(x,y) | x^2 + y^2 < 4, |x| \geq 1\}$$

就是 xy 平面上的一个有界区域,在图 8-3 中用有阴影的区域表示.

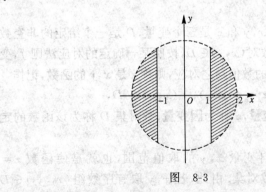

图 8-3

而函数
$$z = 2x + 5y$$
的定义域 D 应是整个 xy 平面,即
$$D = \{(x,y) \mid -\infty < x < +\infty, -\infty < y < +\infty\}.$$
类似的,可以定义三元函数
$$u = f(x,y,z),$$
即三个自变量 x,y,z 按照对应法则 f 对应因变量 u.

例如,长方体的体积 V 就是其长 x、宽 y 和高 h 三个变量的函数,即有
$$V = xyh.$$
二元以及二元以上的函数统称为**多元函数**.

2. 二元函数的几何表示

对函数 $z = f(x,y)$,$(x,y) \in D$,D 是 xy 平面上的区域,给定 D 中一点 $P(x,y)$,就有一个实数 z 与之对应,从而就可确定空间一点 $M(x,y,z)$. 当点 P 在区域 D 中移动,并经过 D 中所有点时,与之对应的动点 M 就在空间形成一张曲面(图 8-4). 由此可知:

二元函数 $z = f(x,y)$,$(x,y) \in D$,其图形是空间直角坐标系下一张空间曲面;该曲面在 xy 平面上的投影区域就是该函数的定义域 D(图 8-5).

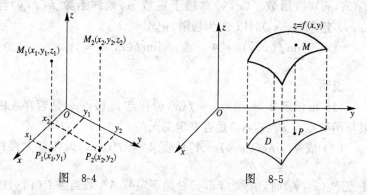

图 8-4   图 8-5

例 4 函数 $z = \sqrt{1-x^2-y^2}$ 的图形是以原点 $(0,0,0)$ 为中心

单位球面的上半球面;该曲面在 xy 平面上的投影是圆形闭区域(图 8-6)
$$D = \{(x,y) | x^2 + y^2 \leqslant 1\},$$
这正是函数的定义域.

三、二元函数的极限与连续性

1. 二元函数的极限

对一元函数,"$x \to x_0$ 时函数 $f(x)$ 的极限",就是讨论当自变量 x 无限接近

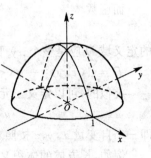

图 8-6

近 x_0 时,函数 $f(x)$ 的变化趋势.同样,二元函数 $z = f(x,y)$ 的极限问题,是讨论当自变量 x,y 无限接近 x_0, y_0 时,即 $x \to x_0$, $y \to y_0$ 时,该函数的变化趋势.

设点 $P_0(x_0, y_0)$ 与点 $P(x,y)$ 是坐标平面上的相异二点,点 P 趋于点 P_0,可记作 $(x,y) \to (x_0, y_0)$,也可记作
$$\rho = |PP_0| = \sqrt{(x-x_0)^2 + (y-y_0)^2} \to 0,$$
即点 P 与点 P_0 之间的距离趋于 0.

定义 8.2 设函数 $z = f(x,y)$ 在点 $P_0(x_0, y_0)$ 的某邻域内有定义(在点 P_0 可以没有定义),若点 $P(x,y)$ 以**任意方式**趋于点 $P_0(x_0, y_0)$ 时,函数 $f(x,y)$ 总趋于定数 A,则称**函数 $f(x,y)$ 当 (x,y) 趋于 (x_0,y_0) 时以 A 为极限**,记作

$$\lim_{\substack{x \to x_0 \\ y \to y_0}} f(x,y) = A \quad \text{或} \quad \lim_{\rho \to 0} f(x,y) = A. \qquad (8.1)$$

说明

(1) 由该定义知,函数 $z = f(x,y)$ 在点 $P_0(x_0,y_0)$ 是否存在极限与函数在点 $P_0(x_0,y_0)$ 是否有定义无关.

(2) 成立"$\lim\limits_{\substack{x \to x_0 \\ y \to y_0}} f(x,y) = A$"是要求"点 $P(x,y)$ 以任意方式趋于点 $P_0(x_0,y_0)$ 时,函数 $f(x,y)$ 总趋于定数 A". 若当点 $P(x,y)$ 以某种特定的方式,例如,沿着某条特定的曲线趋于点 $P_0(x_0,y_0)$

时,函数 $f(x,y)$ 趋于定数 A,不能断定(8.1)式成立.当点 $P(x,y)$ 沿着不同的路径趋于点 $P_0(x_0,y_0)$ 时,若极限都存在,但却不是同一个数值,则可断定函数的极限一定不存在.

例 5 函数 $f(x,y)=(x^2+y^2)\sin\dfrac{1}{x^2+y^2}$ 在点 $(0,0)$ 虽然没有定义,但当 $(x,y)\to(0,0)$ 时,由于 $(x^2+y^2)\to 0$ 且 $\left|\sin\dfrac{1}{x^2+y^2}\right|\leqslant 1$,所以 $f(x,y)$ 的极限存在,且

$$\lim_{\substack{x\to 0\\ y\to 0}}(x^2+y^2)\sin\dfrac{1}{x^2+y^2}=0.$$

例 6 考察函数 $f(x,y)=\dfrac{xy}{x^2+y^2}$ 在点 $(0,0)$ 的极限.

解 由于 $f(0,y)=0$,所以,当点 $P(x,y)$ 沿着直线 $x=0$ 趋于 $(0,0)$ 时,有 $\lim\limits_{y\to 0}f(0,y)=0$.

同样,由于 $f(x,0)=0$,所以,当点 $P(x,y)$ 沿着直线 $y=0$ 趋于 $(0,0)$ 时,也有 $\lim\limits_{x\to 0}f(x,0)=0$.

若点 $P(x,y)$ 沿着直线 $y=kx$ 趋于点 $(0,0)$ 时,因为

$$f(x,y)=f(x,kx)=\dfrac{kx^2}{x^2+(kx)^2}=\dfrac{k}{1+k^2},$$

所以

$$\lim_{\substack{x\to 0\\ y=kx\to 0}}\dfrac{xy}{x^2+y^2}=\dfrac{k}{1+k^2}.$$

由此可见,当点 $P(x,y)$ 沿着不同的直线(即 $y=kx$ 中的 k 取不同的值)趋于原点时,函数 $f(x,y)$ 趋于不同的值.因此,函数 $f(x,y)$ 在点 $(0,0)$ 的极限不存在.

2. 二元函数的连续性

有了二元函数极限的概念,就可以定义二元函数在一点的连续性.

定义 8.3 设函数 $z=f(x,y)$ 在点 $P_0(x_0,y_0)$ 的某邻域内有定义,若

$$\lim_{\substack{x\to x_0\\ y\to y_0}}f(x,y)=f(x_0,y_0),$$

则称函数 $f(x,y)$ **在点** (x_0,y_0) **连续**,称 (x_0,y_0) 为函数的**连续点**.

按该定义,函数 $f(x,y)$ 在点 (x_0,y_0) **连续**,就是在该点处,**极限值恰等于函数值**.

若函数 $f(x,y)$ 在区域 D 内的**每一点都连续**,则称函数**在区域 D 内连续**,或称 $f(x,y)$ 为 D 上的**连续函数**.

例7 函数 $f(x,y)=x^2+xy+y^2$ 在点 $(2,3)$ 是连续的,这是因为 $f(x,y)$ 在点 $(2,3)$ 有定义:$f(2,3)=19$,且
$$\lim_{\substack{x\to 2\\y\to 3}}(x^2+xy+y^2)=19=f(2,3).$$

若函数 $f(x,y)$ 在点 (x_0,y_0) 不满足连续的定义,则称这一点是函数的**不连续点**或**间断点**.

例8 确定函数 $f(x,y)=\sin\dfrac{1}{x^2+y^2-1}$ 的间断点.

解 函数在 $x^2+y^2-1=0$ 时没有定义,所以圆周 $x^2+y^2=1$ 上的所有点都是该函数的间断点,即函数的间断点是一条曲线.

一元连续函数的运算性质、初等函数的连续性和闭区间上连续的性质可以完全平行地推广到二元连续函数.不过,这里的二元连续函数是指二元初等函数,其定义域是指有界闭区域.

习 题 8.1

1. 画出下列区域 D 的图形:
   (1) $D=\{(x,y)\mid 1\leqslant x\leqslant 2, 2\leqslant y\leqslant 4\}$;
   (2) $D=\{(x,y)\mid x>0, y>0, x+y<1\}$;
   (3) $D=\left\{(x,y)\mid 1\leqslant x\leqslant 2, \dfrac{1}{x}\leqslant y\leqslant 2\right\}$;
   (4) $D=\{(x,y)\mid x^2+y^2\leqslant 2x\}$;
   (5) 由直线 $y=x, x=1$ 和 x 轴围成的闭区域;
   (6) 由直线 $y=x, x=2$ 和曲线 $xy=1$ 围成的闭区域.

2. 求下列各函数的函数值:
   (1) $f(x,y)=\dfrac{2xy}{x^2+y^2}$,求 $f(0,1), f(-2,3), f\left(a,\dfrac{1}{a}\right)$,

$f\left(1, \dfrac{y}{x}\right)$;

(2) $f(x,y) = \dfrac{x+y}{xy}$,求 $f(x+y, x-y)$.

3. 设 $f\left(x+y, \dfrac{y}{x}\right) = x^2 - y^2$,求 $f(x,y)$.

4. 证明下列各题:

(1) 设 $f(x,y) = x^2 + y^2 - xy\tan\dfrac{y}{x}$,则 $f(\lambda x, \lambda y) = \lambda^2 f(x,y)$;

(2) 设 $f(K,L) = AK^\alpha L^{1-\alpha} (0 < \alpha < 1)$,则
$$f(\lambda K, \lambda L) = \lambda f(K, L).$$

5. 求下列函数的定义域,并画出定义域的图形:

(1) $f(x,y) = \dfrac{x^2+y^2}{x^2-y^2}$;   (2) $f(x,y) = \dfrac{a^2}{x^2+y^2}$;

(3) $f(x,y) = \sqrt{x^2+y^2-1} + \sqrt{4-x^2-y^2}$;

(4) $f(x,y) = \sqrt{x - \sqrt{y}}$;

(5) $f(x,y) = \ln x + \ln y$;   (6) $f(x,y) = e^{-(x^2+y^2)}$.

6. 求下列函数连续的区域 D:

(1) $f(x,y) = \dfrac{1}{x-y}$;

(2) $f(x,y) = \ln[(16 - x^2 - y^2)(x^2 + y^2 - 4)]$.

§8.2 偏导数与全微分

在一元函数中,我们由函数的变化率问题引入了一元函数的导数概念. 对于二元函数,虽然也有类似的问题,但由于自变量多了一个,问题将变得复杂得多. 这是因为,在 xy 平面上,点 $P_0(x_0, y_0)$ 可以沿着不同方向变动,因而函数 $f(x,y)$ 就有沿着各个方向的变化率. 在这里,我们仅限于讨论,当点 $P_0(x_0, y_0)$ 沿着平行 x 轴和平行 y 轴这两个特殊方向变动时,函数 $f(x,y)$ 的变化率问题. 即固定 y 仅 x 变化时和固定 x 仅 y 变化时,函数 $f(x,y)$

的变化率问题. 这实际上是把二元函数作为一元函数来对待讨论变化率问题. 这就是下面要讨论的偏导数问题.

类似一元函数的微分概念,这里还要讨论二元函数全微分的概念.

一、偏导数

1. 偏导数定义

设函数 $z=f(x,y)$ 在 $P_0(x_0,y_0)$ 的某邻域内有定义,当点 P_0 沿着平行于 x 轴的方向移动到点 $P_1(x_0+\Delta x,y_0)$ 时(图 8-7),函数相应的改变量记作 $\Delta_x z$,

$$\Delta_x z = f(x_0+\Delta x,y_0) - f(x_0,y_0)$$

称为函数 $f(x,y)$ 在点 $P_0(x_0,y_0)$ 关

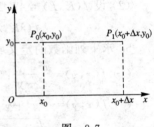

图 8-7

于 x 的**偏改变量**. 由一元函数导数概念,可以理解:如果极限

$$\lim_{\Delta x \to 0} \frac{\Delta_x z}{\Delta x}$$

存在,那么这一极限就是函数 $f(x,y)$ 在 P_0 沿着平行于 x 轴方向的变化率. 称这一极限值为 $f(x,y)$ 对 x 的偏导数.

定义 8.4 设函数 $z=f(x,y)$ 在点 (x_0,y_0) 的某邻域内有定义,若极限

$$\lim_{\Delta x \to 0} \frac{\Delta_x z}{\Delta x} = \lim_{\Delta x \to 0} \frac{f(x_0+\Delta x,y_0) - f(x_0,y_0)}{\Delta x}$$

存在,则称这极限值为函数 $f(x,y)$ 在**点** (x_0,y_0) **关于** x **的偏导数**,记作

$$f_x(x_0,y_0), \quad z_x\big|_{(x_0,y_0)}, \quad \frac{\partial f}{\partial x}\bigg|_{(x_0,y_0)}, \quad \frac{\partial z}{\partial x}\bigg|_{(x_0,y_0)}.$$

同样,函数 $z=f(x,y)$ 在点 (x_0,y_0) 关于 y 的偏改变量记作 $\Delta_y z$,在**点** (x_0,y_0) **关于** y **的偏导数**定义为极限

$$\lim_{\Delta y \to 0} \frac{\Delta_y z}{\Delta y} = \lim_{\Delta y \to 0} \frac{f(x_0, y_0 + \Delta y) - f(x_0, y_0)}{\Delta y},$$

记作

$$f_y(x_0, y_0), \quad z_y|_{(x_0, y_0)}, \quad \left.\frac{\partial f}{\partial y}\right|_{(x_0, y_0)}, \quad \left.\frac{\partial z}{\partial y}\right|_{(x_0, y_0)}.$$

若函数 $z = f(x, y)$ 在区域 D 内每一点 (x, y) 都有对 x、对 y 的偏导数,这就得到了函数 $f(x, y)$ 在 D 内对 x、对 y 的**偏导函数**,记作

$$f_x(x, y), \quad z_x, \quad \frac{\partial f}{\partial x}, \quad \frac{\partial z}{\partial x},$$
$$f_y(x, y), \quad z_y, \quad \frac{\partial f}{\partial y}, \quad \frac{\partial z}{\partial y}.$$

偏导函数是 x, y 的函数,简称**偏导数**.

由函数 $f(x, y)$ 的偏导数定义知,求 $f_x(x, y)$ 时,是将 y 视为常量,只对 x 求导数;求 $f_y(x, y)$ 时,是将 x 视为常量,只对 y 求导数. 即

$$f_x(x, y) = \left.\frac{\mathrm{d}}{\mathrm{d}x} f(x, y)\right|_{y\text{不变}},$$
$$f_y(x, y) = \left.\frac{\mathrm{d}}{\mathrm{d}y} f(x, y)\right|_{x\text{不变}}.$$

这样,求偏导数仍是一元函数的求导数问题.

例1 求函数 $f(x, y) = x^3 + 2x^2 y - y^3$ 在点 $(1, 3)$ 的偏导数.

解 先求偏导函数. 视 y 为常量,对 x 求导

$$f_x(x, y) = 3x^2 + 4xy.$$

视 x 为常量,对 y 求导

$$f_y(x, y) = 2x^2 - 3y^2.$$

将 $x = 1, y = 3$ 代入上两式,得在点 $(1, 3)$ 的偏导数

$$f_x(1, 3) = (3x^2 + 4xy)|_{(1,3)} = 15,$$
$$f_y(1, 3) = (2x^2 - 3y^2)|_{(1,3)} = -25.$$

本例也可采取下述方法.

令函数 $f(x,y)$ 中的 $y=3$,得到以 x 为自变量的函数
$$f(x,3) = x^3 + 6x^2 - 27.$$
求它在 $x=1$ 时的导数
$$f_x(1,3) = (3x^2 + 12x)|_{x=1} = 15.$$
令函数 $f(x,y)$ 中的 $x=1$,得到以 y 为自变量的函数
$$f(1,y) = 1 + 2y - y^3.$$
求它在 $y=3$ 时的导数
$$f_y(1,3) = (2 - 3y^2)|_{y=3} = -25.$$

例 2 求函数 $z=x^y(x>0)$ 的偏导数.

解 对 x 求偏导数时,视 y 为常量,这时 x^y 是幂函数,有
$$\frac{\partial z}{\partial x} = yx^{y-1}.$$
对 y 求偏导数时,视 x 为常量,这时 x^y 是指数函数,有
$$\frac{\partial z}{\partial y} = x^y \ln x.$$

例 3 设 $z=x\ln(x^2+y^2)$,求 $\frac{\partial z}{\partial x}, \frac{\partial z}{\partial y}$.

解 视 y 为常量,对 x 求偏导数.
$$\begin{aligned}\frac{\partial z}{\partial x} &= (x)'_x \ln(x^2+y^2) + x[\ln(x^2+y^2)]'_x \\ &= 1 \cdot \ln(x^2+y^2) + x \cdot \frac{2x}{x^2+y^2} \\ &= \ln(x^2+y^2) + \frac{2x^2}{x^2+y^2}.\end{aligned}$$
视 x 为常量,对 y 求偏导数
$$\frac{\partial z}{\partial y} = x \cdot \frac{2y}{x^2+y^2} = \frac{2xy}{x^2+y^2}.$$

例 4 一定质量的理想气体,其压强 P、容积 V 及绝对温度 T 之间满足状态方程
$$PV = RT,$$

其中 R 为常数. 求 $\dfrac{\partial P}{\partial V}$, $\dfrac{\partial V}{\partial T}$, $\dfrac{\partial T}{\partial P}$, 并验证热力学公式

$$\frac{\partial P}{\partial V} \cdot \frac{\partial V}{\partial T} \cdot \frac{\partial T}{\partial P} = -1.$$

解 将已知状态方程写成

$$P = \frac{RT}{V},$$

视 T 为常量,得

$$\frac{\partial P}{\partial V} = -\frac{RT}{V^2}.$$

将已知式写成

$$V = \frac{RT}{P},$$

视 P 为常量,得

$$\frac{\partial V}{\partial T} = \frac{R}{P}.$$

将已知式写成

$$T = \frac{PV}{R},$$

视 V 为常量,得

$$\frac{\partial T}{\partial P} = \frac{V}{R}.$$

由上述所得三个偏导数,可得

$$\frac{\partial P}{\partial V} \cdot \frac{\partial V}{\partial T} \cdot \frac{\partial T}{\partial P} = -\frac{RT}{V^2} \cdot \frac{R}{P} \cdot \frac{V}{R}$$

$$= -\frac{RT}{PV} = -1.$$

在这里,我们还须指出,对一元函数 $y = f(x)$,$\dfrac{\mathrm{d}y}{\mathrm{d}x}$ 即表示 y 对 x 导数,又可看成是一个分式:y 的微分 $\mathrm{d}y$ 与 x 的微分 $\mathrm{d}x$ 之商. 但对二元函数 $z = f(x,y)$,$\dfrac{\partial z}{\partial x}$,$\dfrac{\partial z}{\partial y}$ 只是一个偏导数的整体记号. 比如,$\dfrac{\partial z}{\partial x}$ 不能再看成 ∂z 与 ∂x 之商.

对例 4 最后所得到的等式,若将左端的偏导数符号看成商,而分子与分母相消,则会得到"$1 = -1$". 这显然是错误的.

二元函数偏导数概念很容易推广到三元函数. 一个三元函数

$u=f(x,y,z)$ 对 x 的偏导数,就是固定自变量 y 与 z 后,u 作为 x 的函数的导数;其他两个偏导数类推.

例 5 求三元函数 $u=\dfrac{z^3}{x^2+y^2}$ 的偏导数 $\dfrac{\partial u}{\partial x},\dfrac{\partial u}{\partial y},\dfrac{\partial u}{\partial z}$.

解 求 $\dfrac{\partial u}{\partial x}$ 时,要视函数表达式中的 y,z 为常数,对 x 求导数,即

$$\frac{\partial u}{\partial x}=\left(\frac{z^3}{x^2+y^2}\right)'_x=-\frac{z^3}{(x^2+y^2)^2}(x^2+y^2)'_x$$

$$=-\frac{2xz^3}{(x^2+y^2)^2}.$$

同理可得

$$\frac{\partial u}{\partial y}=-\frac{2yz^3}{(x^2+y^2)^2},\quad \frac{\partial u}{\partial z}=\frac{3z^2}{x^2+y^2}.$$

例 6 求函数

$$f(x,y)=\begin{cases}\dfrac{xy}{x^2+y^2},&(x,y)\neq(0,0),\\ 0,&(x,y)=(0,0)\end{cases}$$

在点 $(0,0)$ 的两个偏导数.

解 因 $f(x,0)=0,f(0,y)=0$,故

$$f_x(0,0)=\lim_{x\to 0}\frac{f(x,0)-f(0,0)}{x}=\lim_{x\to 0}\frac{0-0}{x}=0,$$

$$f_y(0,0)=\lim_{x\to 0}\frac{f(0,y)-f(0,0)}{y}=\lim_{y\to 0}\frac{0-0}{y}=0,$$

即函数 $f(x,y)$ 在点 $(0,0)$ 的两个偏导数是存在的. 但由 §8.1 节例 6 我们已经知道,该函数在点 $(0,0)$ 的极限不存在,因而它在点 $(0,0)$ 处不连续.

对一元函数,若 $f(x)$ 在 x_0 可导,则它在 x_0 连续;但对二元函数 $z=f(x,y)$,即便在点 (x_0,y_0) 各偏导数都存在,也不能保证函数在该点连续. 这是因为 $f(x,y)$ 的偏导数存在,只能说明函数 $f(x,y)$ 在点 (x_0,y_0) 沿着 x 轴及 y 轴方向连续,并不能推出函数 $f(x,y)$ 在点 (x_0,y_0) 的连续性. 即函数 $z=f(x,y)$ 在点 (x_0,y_0) 连

续,不是该函数在点(x_0,y_0)存在偏导数$f_x(x_0,y_0)$,$f_y(x_0,y_0)$的必要条件.

2. 偏导数的几何意义

一元函数$y=f(x)$在点x_0的导数$f'(x_0)$的几何意义是,曲线$y=f(x)$在点(x_0,y_0)处切线的斜率.由于二元函数$z=f(x,y)$在点(x_0,y_0)的偏导数

$$f_x(x_0,y_0) = \frac{\mathrm{d}f(x,y_0)}{\mathrm{d}x}\bigg|_{x=x_0},$$

$$f_y(x_0,y_0) = \frac{\mathrm{d}f(x_0,y)}{\mathrm{d}y}\bigg|_{y=y_0}.$$

如图 8-8 所示,$f_x(x_0,y_0)$表示空间曲面$z=f(x,y)$与平面$y=y_0$的交线,即曲线$\begin{cases}z=f(x,y),\\y=y_0\end{cases}$在点$M_0(x_0,y_0,f(x_0,y_0))$处切线$M_0T_x$的斜率;$f_y(x_0,y_0)$表示空间曲面$z=f(x,y)$与平面$x=x_0$的交线,即曲线$\begin{cases}z=f(x,y),\\x=x_0\end{cases}$在点$M_0(x_0,y_0,f(x_0,y_0))$处切线$M_0T_y$的斜率.

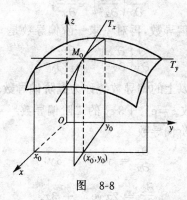

图 8-8

二、高阶偏导数

函数$z=f(x,y)$的偏导数$\dfrac{\partial z}{\partial x}$,$\dfrac{\partial z}{\partial y}$一般仍是$x,y$的函数,若

它们关于 x 和 y 的偏导数存在,则 $\dfrac{\partial z}{\partial x}$, $\dfrac{\partial z}{\partial y}$ 对 x 和对 y 的偏导数,称为函数 $z=f(x,y)$ 的二阶偏导数. 函数 $z=f(x,y)$ 的二阶偏导数,依对变量求导次序不同,共有以下四个:

$$\frac{\partial}{\partial x}\left(\frac{\partial z}{\partial x}\right)=\frac{\partial^2 z}{\partial x^2}=z_{xx}=f_{xx}(x,y),$$

$$\frac{\partial}{\partial y}\left(\frac{\partial z}{\partial x}\right)=\frac{\partial^2 z}{\partial x \partial y}=z_{xy}=f_{xy}(x,y),$$

$$\frac{\partial}{\partial x}\left(\frac{\partial z}{\partial y}\right)=\frac{\partial^2 z}{\partial y \partial x}=z_{yx}=f_{yx}(x,y),$$

$$\frac{\partial}{\partial y}\left(\frac{\partial z}{\partial y}\right)=\frac{\partial^2 z}{\partial y^2}=z_{yy}=f_{yy}(x,y),$$

其中 $f_{xx}(x,y)$ 是对 x 求二阶偏导数;$f_{yy}(x,y)$ 是对 y 求二阶偏导数;$f_{xy}(x,y)$ 是先对 x 求偏导数,所得结果再对 y 求偏导数;$f_{yx}(x,y)$ 是先对 y 求偏导数,然后再对 x 求偏导数. $f_{xy}(x,y)$ 和 $f_{yx}(x,y)$ 通常称为**混合偏导数**.

类似地,可以定义更高阶的偏导数,例如,对 x 的三阶偏导数是

$$\frac{\partial}{\partial x}\left(\frac{\partial^2 z}{\partial x^2}\right)=\frac{\partial^3 z}{\partial x^3};$$

对 x 的二阶偏导数,再对 y 求一阶偏导数是

$$\frac{\partial}{\partial y}\left(\frac{\partial^2 z}{\partial x^2}\right)=\frac{\partial^3 z}{\partial x^2 \partial y}.$$

二阶和二阶以上的偏导数统称为**高阶偏导数**.

例7 求函数 $z=\mathrm{e}^{xy^2}+3xy$ 的二阶偏导数.

解 先求一阶偏导数

$$\frac{\partial z}{\partial x}=y^2 \mathrm{e}^{xy^2}+3y,$$

$$\frac{\partial z}{\partial y}=2xy\mathrm{e}^{xy^2}+3x.$$

再求二阶偏导数

$$\frac{\partial^2 z}{\partial x^2}=\frac{\partial}{\partial x}\left(\frac{\partial z}{\partial x}\right)=y^4 \mathrm{e}^{xy^2},$$

$$\frac{\partial^2 z}{\partial x \partial y} = \frac{\partial}{\partial y}\left(\frac{\partial z}{\partial x}\right) = 2y\mathrm{e}^{xy^2} + 2xy^3\mathrm{e}^{xy^2} + 3,$$

$$\frac{\partial^2 z}{\partial y \partial x} = \frac{\partial}{\partial x}\left(\frac{\partial z}{\partial y}\right) = 2y\mathrm{e}^{xy^2} + 2xy^3\mathrm{e}^{xy^2} + 3,$$

$$\frac{\partial^2 z}{\partial y^2} = \frac{\partial}{\partial y}\left(\frac{\partial z}{\partial y}\right) = 2x\mathrm{e}^{xy^2} + 4x^2y^2\mathrm{e}^{xy^2}.$$

由以上计算结果看到,两个二阶混合偏导数相等.这并非偶然,关于这一点,有下述结论:

若函数 $z=f(x,y)$ 的二阶混合偏导数 $f_{xy}(x,y)$ 和 $f_{yx}(x,y)$ **在区域 D 内连续**,则在 D 内,**必有**

$$f_{xy}(x,y) = f_{yx}(x,y).$$

例 8 求函数 $z=\arctan\dfrac{x+y}{1-xy}$ 的二阶偏导数.

解 由函数 z 的表示式有

$$\frac{\partial z}{\partial x} = \frac{1}{1+\left(\dfrac{x+y}{1-xy}\right)^2} \cdot \frac{(1-xy)-(-y)(x+y)}{(1-xy)^2}$$

$$= \frac{1}{1+x^2}.$$

由变量 x 与 y 的对称性,可知

$$\frac{\partial z}{\partial y} = \frac{1}{1+y^2}.$$

由一阶偏导数,可得

$$\frac{\partial^2 z}{\partial x^2} = -\frac{2x}{(1+x^2)^2}, \quad \frac{\partial^2 z}{\partial x \partial y} = 0,$$

$$\frac{\partial^2 z}{\partial y \partial x} = 0, \quad \frac{\partial^2 z}{\partial y^2} = -\frac{2y}{(1+y^2)^2}.$$

三、全微分

对一元函数 $y=f(x)$,为近似计算函数的改变量

$$\Delta y = f(x+\Delta x) - f(x),$$

我们引入了微分 $dy=f'(x)dx$. 在 $|\Delta x|$ 较小时,用 dy 近似代替 Δy,计算简单且近似程度较好.

对二元函数也有类似的问题.

若函数 $z=f(x,y)$ 在点 (x,y) 关于 x,y 分别有改变量 Δx, Δy,函数的改变量是

$$\Delta z = f(x+\Delta x, y+\Delta y) - f(x,y),$$

称为**全改变量**. 为近似计算 Δz,引入下述定义.

定义 8.5 设函数 $z=f(x,y)$ 在点 (x,y) 的某邻域内有定义,若函数 $f(x,y)$ 在点 (x,y) 的全改变量 Δz 可表示为

$$\Delta z = A\Delta x + B\Delta y + o(\rho), \tag{8.2}$$

其中 A,B 仅与点 (x,y) 有关,而与改变量 $\Delta x,\Delta y$ 无关,$\rho=\sqrt{(\Delta x)^2+(\Delta y)^2}$,则称函数 $f(x,y)$ 在点 (x,y) **可微**;并称 $A\Delta x+B\Delta y$ 为函数 $f(x,y)$ 在点 (x,y) 的**全微分**,记作 dz,即

$$dz = A\Delta x + B\Delta y.$$

与一元函数微分 dy 类似,全微分 dz 是 $\Delta x,\Delta y$ 的线性函数,差 $(\Delta z-dz)$ 是关于 ρ 的**高阶无穷小**. 因此,全微分 dz 是全改变量 Δz 的**线性主部**.

正因为如此,在 $|\Delta x|, |\Delta y|$ 较小时,就可以用函数的全微分 dz 近似代替函数的全改变量 Δz.

下面定理给出 (8.2) 式中的 A,B 与函数 $f(x,y)$ 的偏导数之间的关系.

定理 8.1(可微的必要条件) 若函数 $z=f(x,y)$ 在点 (x,y) 可微,则函数在该点的偏导数 $f_x(x,y),f_y(x,y)$ 存在,且

$$A = f_x(x,y), \quad B = f_y(x,y).$$

与一元函数一样,由于自变量的改变量等于自变量的微分:$\Delta x=dx, \Delta y=dy$. 所以全微分记作

$$dz = f_x(x,y)dx + f_y(x,y)dy.$$

该定理说明,偏导数存在是全微分存在的必要条件,但这个条件不是充分条件.

我们可以证明下述全微分存在的充分条件:

定理 8.2(可微的充分条件) 若函数 $z=f(x,y)$ 在点 (x,y) 的某一邻域内偏导数存在且连续,则该函数在点 (x,y) 可微.

二元函数的全微分定义可以推广至三元函数. 对三元函数 $u=f(x,y,z)$,其全微分是

$$du = f_x(x,y,z)dx + f_y(x,y,z)dy + f_z(x,y,z)dz.$$

例 9 求函数 $z=\ln(x+y^2)$ 的全微分.

解 因 $f_x(x,y)=\dfrac{1}{x+y^2}$, $f_y(x,y)=\dfrac{2y}{x+y^2}$,所以

$$dz = \frac{1}{x+y^2}dx + \frac{2y}{x+y^2}dy.$$

例 10 计算函数 $f(x,y)=2x^2+3y^2$,当 $x=10,y=8,\Delta x=0.2,\Delta y=0.3$ 时的全改变量 Δz 及全微分 dz.

解 函数 $f(x,y)$ 的全改变量

$$\Delta z = f(x+\Delta x, y+\Delta y) - f(x,y).$$

由于

$$\frac{\partial f}{\partial x} = 4x, \quad \frac{\partial f}{\partial y} = 6y,$$

所以,函数 $f(x,y)$ 的全微分

$$dz = 4x \cdot \Delta x + 6y \cdot \Delta y.$$

当 $x=10, y=8, \Delta x=0.2, \Delta y=0.3$ 时,全改变量

$$\Delta z = [2(10+0.2)^2 + 3(8+0.3)^2] - (2 \cdot 10^2 + 3 \cdot 8^2)$$
$$= 414.75 - 392 = 22.75.$$

全微分

$$dz = 4 \cdot 10 \cdot 0.2 + 6 \cdot 8 \cdot 0.3 = 22.4.$$

习 题 8.2

1. 求下列函数的偏导数:

(1) $z = y\cos x$; (2) $z = e^{xy}$;

(3) $z=\left(\dfrac{1}{3}\right)^{\frac{y}{x}}$; (4) $z=\sin\dfrac{x}{y}\cos\dfrac{y}{x}$;

(5) $z=\arctan\dfrac{y}{x}$; (6) $z=x\ln\dfrac{y}{x}$;

(7) $z=\ln(x+\sqrt{x^2+y^2})$; (8) $z=\dfrac{1}{x^2+y^2}e^{xy}$;

(9) $z=(2x+y)^{2x+y}$; (10) $z=(1+xy)^y$;

(11) $z=\ln\sin(x-2y)$;

(12) $z=\sin^2(x+y)-\sin^2 x-\sin^2 y$;

(13) $u=\dfrac{y}{x}+\dfrac{z}{y}-\dfrac{x}{z}$; (14) $u=e^{x(x^2+y^2+z^2)}$;

(15) $u=x^{\frac{y}{z}}$; (16) $u=x^{y^z}$.

2. 求下列函数在指定点的偏导数：

(1) $f(x,y)=e^{\sin x}\sin y$, 求 $f_x(0,0),f_y(0,0)$;

(2) $f(x,y)=x+y+\sqrt{x^2+y^2}$, 求 $f_x(3,4),f_y(3,4)$;

(3) $f(x,y)=\dfrac{x}{\sqrt{x^2+y^2}}$, 求 $f_x(-1,0),f_y(-1,0)$;

(4) $f(x,y)=x+(y-1)\arcsin\sqrt{\dfrac{x}{y}}$, 求 $f_x(x,1)$;

(5) $f(x,y)=\ln\left(x+\dfrac{y}{2x}\right)$, 求 $f_y(1,0)$;

(6) $f(x,y,z)=\ln(xy+z)$, 求 $f_x(2,1,0),f_y(2,1,0),f_z(2,1,0)$.

3. 求下列函数的所有二阶偏导数：

(1) $z=x^4+y^4-4x^2y^2$; (2) $z=e^x(\cos y+x\sin y)$;

(3) $z=e^{xe^y}$; (4) $z=\sin^2(ax+by)$;

(5) $z=\ln(e^x+e^y)$;

(6) $z=x\sin(x+y)+y\cos(x+y)$.

4. 证明下列各题：

(1) $u=\ln\sqrt{(x-a)^2+(y-b)^2}$ 满足方程 $\dfrac{\partial^2 u}{\partial x^2}+\dfrac{\partial^2 u}{\partial y^2}=0$;

(2) $u = x^y \cdot y^x$ 满足方程 $x\dfrac{\partial u}{\partial x} + y\dfrac{\partial u}{\partial y} = u(x+y+\ln u)$.

5. 求下列函数的全微分:

(1) $z = e^{x(x^2+y^2)}$; (2) $z = \arctan(xy)$;

(3) $z = \ln\sqrt{x^2+y^2}$; (4) $u = xy + yz + zx$.

6. 求下列函数在指定点的全微分:

(1) $z = \ln(1+x^2+y^2)$ 在点 $(1,2)$ 处;

(2) $z = \dfrac{x}{\sqrt{x^2+y^2}}$ 在点 $(1,0)$ 和 $(0,1)$ 处.

7. 求函数 $z = \dfrac{y}{x}$ 在 $x=2, y=1, \Delta x=0.1, \Delta y=0.2$ 时的全改变量及全微分.

8. 单项选择题:

(1) 设 $f(x+y, x-y) = x^2 - y^2$,则 $\dfrac{\partial f}{\partial x} + \dfrac{\partial f}{\partial y} = ($ $)$.

(A) $2x - 2y$; (B) $2x + 2y$;

(C) $x + y$; (D) $-x - y$.

(2) 已知 $(axy^3 - y^2\cos x)dx + (1+by\sin x + 3x^2y^2)dy$ 为某一函数 $f(x,y)$ 的全微分,则 a 和 b 的值分别为 ( ).

(A) -2 和 2; (B) 2 和 -2;

(C) -3 和 3; (D) 3 和 -3.

§8.3 复合函数与隐函数的微分法

在一元函数中,若由 $y = f(u), u = \varphi(x)$ 构成复合函数 $y = f(\varphi(x))$ 时,则 y 对 x 的导数公式是

$$\frac{dy}{dx} = \frac{dy}{du}\frac{du}{dx}.$$

在多元函数中也有类似的问题,而且还有与一元函数的复合函数微分法则极其类似的公式.

一、复合函数的微分法

1. 全导数公式

设函数 $z=f(u,v)$,而 $u=\varphi(x), v=\psi(x)$,则
$$z = f(\varphi(x), \psi(x))$$
是两个中间变量、一个自变量的复合函数. 当自变量 x 发生变化时,是通过两个中间变量 $\varphi(x)$ 和 $\psi(x)$ 而引起 z 的变化. 函数 z 对 x 的全部变化率,即 z 对 x 的导数称为**全导数**.

定理 8.3 设函数 $u=\varphi(x)$, $v=\psi(x)$ 在点 x 可导,而函数 $f(u,v)$ 在相应的点 $(\varphi(x),\psi(x))$ 可微,则复合函数 $z=f(\varphi(x),\psi(x))$ 在点 x 可导,且

$$\frac{dz}{dx} = \frac{\partial z}{\partial u}\frac{du}{dx} + \frac{\partial z}{\partial v}\frac{dv}{dx}. \tag{8.3}$$

证 由于函数 $z=f(u,v)$ 在点 (u,v) 可微,它的全微分是
$$dz = \frac{\partial z}{\partial u}du + \frac{\partial z}{\partial v}dv.$$
两端除以 dx,得
$$\frac{dz}{dx} = \frac{\partial z}{\partial u}\frac{du}{dx} + \frac{\partial z}{\partial v}\frac{dv}{dx}.$$
这就是函数 $z=f(\varphi(x),\psi(x))$ 对 x 的全导数公式. □

特别地,若 $z=f(x,y)$,而 $y=\varphi(x)$ 时,这时,仍理解成是两个中间变量、一个自变量,即
$$z = f(x,y).$$
而 $x=x, y=\varphi(x)$,对
$$z = f(x,\varphi(x))$$
按公式(8.3),并注意到 $\dfrac{dx}{dx}=1$,便有
$$\frac{dz}{dx} = \frac{\partial z}{\partial x}\frac{dx}{dx} + \frac{\partial z}{\partial y}\frac{dy}{dx},$$
即
$$\frac{dz}{dx} = \frac{\partial z}{\partial x} + \frac{\partial z}{\partial y}\frac{dy}{dx}. \tag{8.4}$$

注意 在公式(8.4)中,左端的 $\dfrac{\mathrm{d}z}{\mathrm{d}x}$ 是 z 关于 x 的"全"导数,它是在 y 以确定的方式 $y=\varphi(x)$ 随 x 变化的假设下计算出来的;而右端的 $\dfrac{\partial z}{\partial x}$ 是 z 关于 x 的偏导数,它是在 y 不变的假设下计算出来的.

例 1 设 $z=u^v$,而 $u=\sin x$,$v=\cos x$,求 $\dfrac{\mathrm{d}z}{\mathrm{d}x}$.

解 这是两个中间变量,一个自变量的情形,求全导数. 因

$$\frac{\partial z}{\partial u}=vu^{v-1},\quad \frac{\partial z}{\partial v}=u^v\ln u,$$

$$\frac{\mathrm{d}u}{\mathrm{d}x}=\cos x,\quad \frac{\mathrm{d}v}{\mathrm{d}x}=-\sin x,$$

所以,由全导数公式(8.3)

$$\frac{\mathrm{d}z}{\mathrm{d}x}=vu^{v-1}\cos x+u^v\ln u(-\sin x)$$

$$=(\sin x)^{\cos x-1}\cos^2 x-(\sin x)^{\cos x+1}\ln\sin x.$$

例 2 设 $z=\arctan(xy)$,而 $y=\mathrm{e}^x$,求 $\dfrac{\mathrm{d}z}{\mathrm{d}x}$.

解 这也是两个中间变量,一个自变量的情形. 因

$$\frac{\partial z}{\partial x}=\frac{y}{1+x^2y^2},\quad \frac{\partial z}{\partial y}=\frac{x}{1+x^2y^2},\quad \frac{\mathrm{d}y}{\mathrm{d}x}=\mathrm{e}^x,$$

于是,由公式(8.4),有

$$\frac{\mathrm{d}z}{\mathrm{d}x}=\frac{y}{1+x^2y^2}+\frac{x}{1+x^2y^2}\mathrm{e}^x=\frac{(1+x)\mathrm{e}^x}{1+x^2\mathrm{e}^{2x}}.$$

定理 8.3 可推广到复合函数的中间变量多于两个的情形. 例如,有

$$z=f(u,v,w),\ u=\varphi(x),\ v=\psi(x),\ w=h(x).$$

复合而成的复合函数

$$z=f(\varphi(x),\psi(x),h(x)),$$

则 z 对 x 的全导数公式是

$$\frac{\mathrm{d}z}{\mathrm{d}x}=\frac{\partial z}{\partial u}\frac{\mathrm{d}u}{\mathrm{d}x}+\frac{\partial z}{\partial v}\frac{\mathrm{d}v}{\mathrm{d}x}+\frac{\partial z}{\partial w}\frac{\mathrm{d}w}{\mathrm{d}x}. \tag{8.5}$$

例 3 设 $u=e^{x^3+y^2+z}$,而 $x=t^2$, $y=t^3$, $z=t^6$,求 $\frac{du}{dt}$.

解 这是三个中间变量,一个自变量的情形.由于

$$\frac{\partial u}{\partial x}=3x^2e^{x^3+y^2+z},\quad \frac{\partial u}{\partial y}=2ye^{x^3+y^2+z},$$

$$\frac{\partial u}{\partial z}=e^{x^3+y^2+z}\cdot 1,\quad \frac{dx}{dt}=2t,$$

$$\frac{dy}{dt}=3t^2,\quad \frac{dz}{dt}=6t^5,$$

所以,由全导数公式(8.5)

$$\begin{aligned}\frac{du}{dt}&=3x^2e^{x^3+y^2+z}\cdot 2t+2ye^{x^3+y^2+z}\cdot 3t^2\\&\quad+e^{x^3+y^2+z}\cdot 6t^5\\&=18t^5e^{3t^6}.\end{aligned}$$

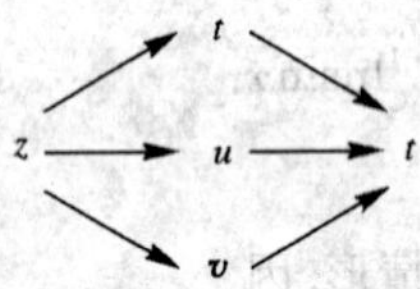

图 8-9

例 4 设 $z=uv+\sin t$,而 $u=e^t$, $v=\cos t$,求 $\frac{dz}{dt}$.

解 本例理解成是三个中间变量 u,v,t,一个自变量 t 复合而成的复合函数.复合关系如图 8-9,于是

$$\begin{aligned}\frac{dz}{dt}&=\frac{\partial z}{\partial t}+\frac{\partial z}{\partial u}\frac{du}{dt}+\frac{\partial z}{\partial v}\frac{dv}{dt}\\&=\cos t+v\cdot e^t+u(-\sin t)\\&=\cos t+e^t(\cos t-\sin t).\end{aligned}$$

2. 一般情况

考虑中间变量依赖于多个自变量的情形.

设 $z=f(u,v)$,而 $u=\varphi(x,y)$, $v=\psi(x,y)$,则函数

$$z=f(\varphi(x,y),\psi(x,y))$$

是两个中间变量 u,v,两个自变量 x,y 的复合函数. z 对 x,y 的导数应是偏导数.

求 z 对 x 的偏导数时,把变量 y 看做常量,实质上就化为前面

已讨论过的情形.不过需将导数记号作相应的改变,在公式(8.3)中,$\dfrac{dz}{dx}$ 应改为 $\dfrac{\partial z}{\partial x}$,$\dfrac{du}{dx},\dfrac{dv}{dx}$ 分别改为 $\dfrac{\partial u}{\partial x},\dfrac{\partial v}{\partial x}$.于是有公式

$$\frac{\partial z}{\partial x}=\frac{\partial z}{\partial u}\frac{\partial u}{\partial x}+\frac{\partial z}{\partial v}\frac{\partial v}{\partial x}. \tag{8.6}$$

同理

$$\frac{\partial z}{\partial y}=\frac{\partial z}{\partial u}\frac{\partial u}{\partial y}+\frac{\partial z}{\partial v}\frac{\partial v}{\partial y}. \tag{8.7}$$

例5 设 $z=e^u\sin v$,其中 $u=x+y$,$v=x-y$,求 $\dfrac{\partial z}{\partial x},\dfrac{\partial z}{\partial y}$.

解 这是两个中间变量、两个自变量复合而成的复合函数.因

$$\frac{\partial z}{\partial u}=e^u\sin v,\quad \frac{\partial z}{\partial v}=e^u\cos v,$$

$$\frac{\partial u}{\partial x}=1,\quad \frac{\partial u}{\partial y}=1,\quad \frac{\partial v}{\partial x}=1,\quad \frac{\partial v}{\partial y}=-1,$$

由公式(8.6)和(8.7),有

$$\frac{\partial z}{\partial x}=e^u\sin v \cdot 1 + e^u\cos v \cdot 1$$

$$=e^{x+y}[\sin(x-y)+\cos(x-y)],$$

$$\frac{\partial z}{\partial y}=e^u\sin v \cdot 1 + e^u\cos v \cdot (-1)$$

$$=e^{x+y}[\sin(x-y)-\cos(x-y)].$$

例6 设 $z=\arctan(x^2+xy+y^2)$,求 $\dfrac{\partial z}{\partial x},\dfrac{\partial z}{\partial y}$.

解 若用复合函数的导数公式(8.6)和(8.7),可引入中间变量.令 $u=x^2+y^2$,$v=xy$,则 $z=\arctan(u+v)$.因

$$\frac{\partial u}{\partial x}=2x,\quad \frac{\partial u}{\partial y}=2y,\quad \frac{\partial v}{\partial x}=y,\quad \frac{\partial v}{\partial y}=x,$$

$$\frac{\partial z}{\partial u}=\frac{1}{1+(u+v)^2},\quad \frac{\partial z}{\partial v}=\frac{1}{1+(u+v)^2},$$

于是

$$\frac{\partial z}{\partial x}=\frac{1}{1+(u+v)^2}\cdot 2x + \frac{1}{1+(u+v)^2}\cdot y$$

$$=\frac{2x+y}{1+(x^2+xy+y^2)^2},$$

$$\frac{\partial z}{\partial y} = \frac{1}{1+(u+v)^2} \cdot 2y + \frac{1}{1+(u+v)^2} \cdot x$$

$$= \frac{2y+x}{1+(x^2+xy+y^2)^2}.$$

公式(8.6)和(8.7)可以推广到任意有限个中间变量和自变量的情况. 例如, 三个中间变量、两个自变量复合而成的复合函数, 即

$$z = f(u,v,w).$$

而 $u = \varphi(x,y)$, $v = \psi(x,y)$, $w = h(x,y)$,

则函数 $z = f(\varphi(x,y), \psi(x,y), h(x,y))$

的偏导数公式是

$$\frac{\partial z}{\partial x} = \frac{\partial z}{\partial u}\frac{\partial u}{\partial x} + \frac{\partial z}{\partial v}\frac{\partial v}{\partial x} + \frac{\partial z}{\partial w}\frac{\partial w}{\partial x}, \quad (8.8)$$

$$\frac{\partial z}{\partial y} = \frac{\partial z}{\partial u}\frac{\partial u}{\partial y} + \frac{\partial z}{\partial v}\frac{\partial v}{\partial y} + \frac{\partial z}{\partial w}\frac{\partial w}{\partial y}. \quad (8.9)$$

例7 设 $u = e^{xyz}$, 其中 $x = rs$, $y = \frac{r}{s}$, $z = r^s$, 求 $\frac{\partial u}{\partial r}$, $\frac{\partial u}{\partial s}$.

解 这里, x, y, z 是三个中间变量, r, s 是两个自变量. 由于

$$\frac{\partial u}{\partial x} = e^{xyz} \cdot yz, \quad \frac{\partial u}{\partial y} = e^{xyz} \cdot xz, \quad \frac{\partial u}{\partial z} = e^{xyz} \cdot xy,$$

$$\frac{\partial x}{\partial r} = s, \quad \frac{\partial y}{\partial r} = \frac{1}{s}, \quad \frac{\partial z}{\partial r} = sr^{s-1},$$

$$\frac{\partial x}{\partial s} = r, \quad \frac{\partial y}{\partial s} = -\frac{r}{s^2}, \quad \frac{\partial z}{\partial s} = r^s \ln r,$$

所以, 由偏导数公式(8.8), (8.9),

$$\frac{\partial u}{\partial r} = yze^{xyz} \cdot s + xze^{xyz} \cdot \frac{1}{s} + xye^{xyz} \cdot sr^{s-1}$$

$$= e^{r^{s+2}} \cdot r^{s+1}(2+s),$$

$$\frac{\partial u}{\partial s} = yze^{xyz} \cdot r + xze^{xyz} \cdot \left(-\frac{r}{s^2}\right) + xye^{xyz} \cdot r^s \ln r$$

$$= e^{r^{s+2}} \cdot r^{s+2} \ln r.$$

求复合函数的偏导数时, 不能死套公式. 由于多元函数的复合

关系可能出现各种情形,因此,分清复合函数的**构造层次**是求偏导数的关键. 一般说来,函数有几个自变量,就有几个偏导数公式;函数有几个中间变量,求导公式中就有几项;函数几层复合,每项就有几个因子乘积.

例 8 设函数 $z=f(x^2-y^2, e^{xy})$,求 $\dfrac{\partial z}{\partial x}, \dfrac{\partial z}{\partial y}$.

解 本例 z 是因变量,x 和 y 是自变量. 若引入中间变量

$$u = x^2 - y^2, \quad v = e^{xy},$$

这就可看成是由 $z=f(u,v)$,$u=x^2-y^2$,$v=e^{xy}$ 构成的复合函数. 由公式(8.6)和(8.7),有

$$\frac{\partial z}{\partial x} = \frac{\partial z}{\partial u} \cdot 2x + \frac{\partial z}{\partial v} \cdot y e^{xy},$$

$$\frac{\partial z}{\partial y} = \frac{\partial z}{\partial u}(-2y) + \frac{\partial z}{\partial v} \cdot x e^{xy}.$$

若将 $\dfrac{\partial z}{\partial u}$ 记作 f_1(这表示函数 $f(u,v)$ 对第一个中间变量求偏导数,$\dfrac{\partial z}{\partial v}$ 记作 f_2(这表示函数 $f(u,v)$ 对第二个中间变量求导数),则上二式又可写成

$$\frac{\partial z}{\partial x} = 2x \cdot f_1 + y e^{xy} \cdot f_2,$$

$$\frac{\partial z}{\partial y} = -2y \cdot f_1 + x e^{xy} \cdot f_2.$$

这是**抽象的复合函数求偏导数问题**. 函数 $z=f(x^2-y^2, e^{xy})$ 中,z 是因变量,x,y 是自变量. 所设的 u,v 是中间变量. 在这个函数关系中,中间变量 u,v 对自变量的依赖关系已给出,即 $u=x^2-y^2$,$v=e^{xy}$;但因变量 z 对中间变量 u,v 的依赖关系 f 却没给出具体表达式,这就是"抽象"二字的意义. 这样的函数求偏导数时,我们要按复合函数求偏导数的公式运算,但在最后的结果中,因变量 z 对中间变量 u 或 v 的偏导数只能以"抽象"的形式出现,即 $\dfrac{\partial z}{\partial u}$,

$\dfrac{\partial z}{\partial v}$ 或记作 f_1, f_2 只能摆在运算式中.

二、隐函数的微分法

由方程 $F(x,y)=0$ 确定 y 是 x 的函数,这是隐函数.用一元函数的微分法我们能够求出这样函数的导数 $\dfrac{\mathrm{d}y}{\mathrm{d}x}$. 现用多元复合函数的微分法导出这种隐函数导数的一般公式.

假设隐函数关系 $y=f(x)$ 由方程 $F(x,y)=0$ 所确定,那么,必然有恒等式
$$F(x,f(x)) \equiv 0,$$
其左端可看做是以 $x,f(x)$ 为中间变量,且以 x 为自变量的复合函数. 等式两端对 x 求全导数,有
$$\frac{\partial F}{\partial x} + \frac{\partial F}{\partial y}\frac{\mathrm{d}y}{\mathrm{d}x} = 0.$$
假若 $\dfrac{\partial F}{\partial y} \neq 0$,由上式可得
$$\frac{\mathrm{d}y}{\mathrm{d}x} = -\left(\frac{\partial F}{\partial x}\right)\Big/\left(\frac{\partial F}{\partial y}\right) = -\frac{F_x(x,y)}{F_y(x,y)}. \tag{8.10}$$
这就是由隐函数 $F(x,y)=0$ 确定函数 $y=f(x)$ 的导数公式.

例9 由方程 $xy-\mathrm{e}^x+\mathrm{e}^y=0$ 确定 y 是 x 的函数,求 $\dfrac{\mathrm{d}y}{\mathrm{d}x}$.

解 这是由方程确定的隐函数求导数问题.

设
$$F(x,y) = xy - \mathrm{e}^x + \mathrm{e}^y.$$
由于
$$F_x(x,y) = y - \mathrm{e}^x, \quad F_y(x,y) = x + \mathrm{e}^y,$$
由公式(8.10),
$$\frac{\mathrm{d}y}{\mathrm{d}x} = -\frac{y-\mathrm{e}^x}{x+\mathrm{e}^y}.$$

上述隐函数求导公式可推广至多元隐函数的情形. 例如,设由

含有三个变量 x,y 和 z 的方程
$$F(x,y,z) = 0$$
确定二元函数 $z = f(x,y)$. 这时应有恒等式
$$F(x,y,f(x,y)) \equiv 0.$$
上式两端分别对 x 和对 y 求偏导数,得
$$\frac{\partial F}{\partial x} + \frac{\partial F}{\partial z}\frac{\partial z}{\partial x} = 0,$$
$$\frac{\partial F}{\partial y} + \frac{\partial F}{\partial z}\frac{\partial z}{\partial y} = 0.$$
若 $\dfrac{\partial F}{\partial z} \neq 0$,便有偏导数公式
$$\frac{\partial z}{\partial x} = -\left(\frac{\partial F}{\partial x}\right)\bigg/\left(\frac{\partial F}{\partial z}\right) = -\frac{F_x(x,y,z)}{F_z(x,y,z)}, \tag{8.11}$$
$$\frac{\partial z}{\partial y} = -\left(\frac{\partial F}{\partial y}\right)\bigg/\left(\frac{\partial F}{\partial z}\right) = -\frac{F_y(x,y,z)}{F_z(x,y,z)}. \tag{8.12}$$

例 10 设函数 $z = f(x,y)$ 由方程 $x^2 z^3 + y^3 + xyz - 10 = 0$ 所确定,求 $\dfrac{\partial z}{\partial x}, \dfrac{\partial z}{\partial y}$ 在点 $(1,1,1)$ 处的值.

解 设
$$F(x,y,z) = x^2 z^3 + y^3 + xyz - 10.$$
由于
$$F_x = 2xz^3 + yz, \quad F_y = 3y^2 + xz, \quad F_z = 3x^2 z^2 + xy,$$
又在点 $(1,1,1)$ 处,
$$F_x = 3, \quad F_y = 4, \quad F_z = 4 \neq 0,$$
所以,由公式 (8.11),(8.12) 有
$$\left.\frac{\partial z}{\partial x}\right|_{(1,1,1)} = -\left.\frac{F_x}{F_z}\right|_{(1,1,1)} = -\frac{3}{4},$$
$$\left.\frac{\partial z}{\partial y}\right|_{(1,1,1)} = -\left.\frac{F_y}{F_z}\right|_{(1,1,1)} = -1.$$

例 11 设由方程 $xy + xz + yz = 1$ 确定函数 $z = f(x,y)$,求 $\dfrac{\partial^2 z}{\partial x \partial y}$.

解 设
$$F(x,y,z)=xy+xz+yz-1.$$
因
$$F_x=y+z, \quad F_y=x+z, \quad F_z=x+y,$$
故
$$\frac{\partial z}{\partial x}=-\frac{y+z}{x+y}, \quad \frac{\partial z}{\partial y}=-\frac{x+z}{x+y}.$$

再求二阶偏导数

$$\frac{\partial^2 z}{\partial x \partial y} = \frac{\partial}{\partial y}\left(-\frac{y+z}{x+y}\right)$$

$$= -\frac{\left(1+\frac{\partial z}{\partial y}\right)(x+y)-(y+z)\cdot 1}{(x+y)^2}$$

$$= -\frac{\left(1-\frac{x+z}{x+y}\right)(x+y)-(y+z)}{(x+y)^2}$$

$$= \frac{2z}{(x+y)^2}.$$

习 题 8.3

1. 求下列函数的全导数:

(1) $z=\arcsin(x-y)$, 其中 $x=3t$, $y=4t^3$;

(2) $z=u^2v$, 其中 $u=\cos x$, $v=\sin x$;

(3) $z=x+4\sqrt{x}\,y-3y$, 其中 $x=t^2$, $y=\frac{1}{t}$;

(4) $z=x^2+y^2+xy$, 其中 $x=\sin t$, $y=e^t$;

(5) $z=\ln(e^x+e^y)$, 其中 $y=e^x$;

(6) $z=\arcsin\frac{x}{y}$, 其中 $y=\sqrt{x^2+1}$;

(7) $z=u^2+v^2+s^2$, 其中 $u=3x$, $v=x^2$, $s=3x+5$;

(8) $z=\tan(3t+2x^2-y)$, 其中 $x=\frac{1}{t}$, $y=\sqrt{t}$.

2. 求下列函数的偏导数:

(1) $z=x^2y-xy^2$, 其中 $x=u\cos v$, $y=u\sin v$;

(2) $z=\arctan(u+v)$,其中 $u=2x-y^2$,$v=x^2y$;

(3) $z=u^2\ln v$,其中 $u=\dfrac{y}{x}$,$v=x^2+y^2$;

(4) $z=(x^2+y^2)^{xy}$;

(5) $z=\dfrac{xy\arctan(x+y+xy)}{x+y}$;

(6) $z=\dfrac{x^2+y^2}{xy}\mathrm{e}^{\frac{x^2+y^2}{xy}}$;   (7) $z=f\left(x,\dfrac{x}{y}\right)$;

(8) $z=f(x+y,xy)$;

(9) $u=\mathrm{e}^{x^2+y^2+z^2}$,其中 $z=x^2\sin y$;

(10) $u=z\sin\dfrac{y}{x}$,其中 $x=3r+2s$,$y=4r-2s^2$,$z=2r^2-3s^2$.

3. 设 $z=x+\varphi(xy)$,验证 $x\dfrac{\partial z}{\partial x}-y\dfrac{\partial z}{\partial y}=x$.

4. 设 $z=\arctan\dfrac{x}{y}$,其中 $x=u+v$,$y=u-v$,验证
$$\dfrac{\partial z}{\partial u}+\dfrac{\partial z}{\partial v}=\dfrac{u-v}{u^2+v^2}.$$

5. 函数 $y=y(x)$ 由下列方程所确定,求 $\dfrac{\mathrm{d}y}{\mathrm{d}x}$:

(1) $\sin(xy)-x^2y=0$;   (2) $xy-\ln y=a$;

(3) $(x^2+y^2)^2+a^2(x^2-y^2)=0$ $(a\neq 0)$;

(4) $\dfrac{x^2}{a^2}+\dfrac{y^2}{b^2}=1$.

6. 设函数 $y=y(x)$ 由 $x^2-xy+2y^2+x-y-1=0$ 所确定,求当 $x=0$,$y=1$ 时 y' 的值.

7. 函数 $y=y(x)$ 由方程 $\ln\sqrt{x^2+y^2}=\arctan\dfrac{y}{x}$ 所确定,求 y',y''.

8. 函数 $z=f(x,y)$ 由下列方程确定,求 $\dfrac{\partial z}{\partial x}$,$\dfrac{\partial z}{\partial y}$.

(1) $z^3-3xyz=a^3$;   (2) $x+y+z=\sin(xyz)$;

(3) $x^2+y^2+z^2=1$;   (4) $\mathrm{e}^{-xy}-2z+\mathrm{e}^z=0$.

9. 设 $z=z(x,y)$ 由方程 $x+y+z=\mathrm{e}^z$ 所确定,求 $\dfrac{\partial z}{\partial x}$,$\dfrac{\partial^2 z}{\partial x^2}$.

10. 设 $z=f(\sqrt{x^2+y^2})$,求 $\dfrac{\partial z}{\partial x}$,$\dfrac{\partial z}{\partial y}$.

§8.4 多元函数的极值

我们曾用导数解决了求一元函数的极值问题,从而可求得实际问题中的最大值和最小值.仿照这种思路,我们来研究多元函数极值的求法,并进而解决实际问题中多元函数求最大值和最小值的问题.

一、多元函数的极值

我们以二元函数为例进行讨论.

1. 极值定义

定义 8.6 设函数 $z=f(x,y)$ 在点 $P_0(x_0,y_0)$ 的某邻域内有定义,若对该邻域内异于 P_0 的点 $P(x,y)$ 有
$$f(x_0,y_0) > f(x,y) \quad (\text{或 } f(x_0,y_0) < f(x,y))$$
成立,则称 $f(x_0,y_0)$ 是函数 $f(x,y)$ 的**极大**(或**极小**)**值**,并把点 $P_0(x_0,y_0)$ 称为函数 $f(x,y)$ 的**极大**(或**极小**)**值点**.

极大值、极小值统称为**极值**,极大值点、极小值点统称为**极值点**.

例如,函数 $f(x,y)=\sqrt{1-x^2-y^2}$(见图 8-6),点 $(0,0)$ 是其极大值点,$f(0,0)=1$ 是极大值.这是因为在点 $(0,0)$ 的邻近,对任意一点 (x,y),有
$$f(0,0) = 1 > f(x,y), \quad (0,0) \neq (x,y).$$

又如,函数 $f(x,y)=x^2+y^2$(见图 7-30),点 $(0,0)$ 是其极小值点,$f(0,0)=0$ 是其极小值.这是因为在点 $(0,0)$ 的邻近,除原点 $(0,0)$ 以外的函数值均为正:
$$f(0,0) = 0 < f(x,y), \quad (0,0) \neq (x,y).$$

2. 极值存在的条件

先考虑极值存在的必要条件. 为确定起见，我们不妨假定 $P_0(x_0, y_0)$ 是函数 $f(x,y)$ 的极大值点，即在点 P_0 的某邻域内，有

$$f(x_0, y_0) > f(x,y), \quad (x_0, y_0) \neq (x, y).$$

过点 P_0 作平行于 x 轴的直线 $y = y_0$，这一直线在该邻域内的一段上的所有点，当然也满足不等式（图 8-10）

$$f(x_0, y_0) > f(x, y_0), \quad (x_0, y_0) \neq (x, y_0),$$

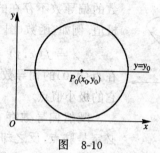

图 8-10

于是，函数 $f(x, y_0)$ 可看做是一元函数，它在 $x = x_0$ 处取极大值. 若函数 $f(x, y_0)$ 在 $x = x_0$ 处可导，由一元函数极值存在的必要条件，应有

$$\left. \frac{\partial f(x, y_0)}{\partial x} \right|_{x=x_0} = 0.$$

同理，这时也应有

$$\left. \frac{\partial f(x_0, y)}{\partial y} \right|_{y=y_0} = 0.$$

因此，有下面的定理：

定理 8.4（极值存在的必要条件） 若函数 $f(x,y)$ 在点 $P_0(x_0, y_0)$ 存在**偏导数**，且 P_0 是**极值点**，则

$$f_x(x_0, y_0) = 0,$$
$$f_y(x_0, y_0) = 0.$$

通常把满足上述条件的点 $P_0(x_0, y_0)$ 称为函数的**驻点**. 定理

8.4 指出:若函数 $f(x,y)$ 的偏导数存在,则函数的极值只能在驻点取得.但驻点并不都是极值点.例如,函数(参看图 7-31)
$$z=f(x,y)=-x^2+y^2,$$
点 $(0,0)$ 是其驻点,且 $f(0,0)=0$.但 $(0,0)$ 不是极值点.这是因为在点 $(0,0)$ 的邻近,当 $|x|<|y|$ 时,函数 $f(x,y)$ 取正值;而当 $|x|>|y|$ 时,$f(x,y)$ 则取负值.

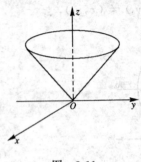

图 8-11

另外,与一元函数类似,在二元函数的偏导数不存在的点,函数也可能取极值.例如,函数(图 8-11)
$$z=f(x,y)=\sqrt{x^2+y^2}$$
在点 $(0,0)$ 的偏导数不存在,但 $(0,0)$ 是它的极小值点.

既然偏导数存在的函数的极值点必定是驻点,反之却不尽然.那么,如何由驻点中挑选出极值点呢?这样的问题有如下定理.

定理 8.5(极值点判别定理) 若函数 $f(x,y)$ 在点 $P_0(x_0,y_0)$ 某邻域内具有一阶和二阶的连续偏导数,且满足 $f_x(x_0,y_0)=0$,$f_y(x_0,y_0)=0$.记
$$A=f_{xx}(x_0,y_0),\quad B=f_{xy}(x_0,y_0),\quad C=f_{yy}(x_0,y_0).$$

(1) 当 $B^2-AC<0$ 时,

(i) 若 $A<0$(或 $C<0$),则 (x_0,y_0) **是函数 $f(x,y)$ 的极大值点**;

(ii) 若 $A>0$(或 $C>0$),则 (x_0,y_0) **是函数 $f(x,y)$ 的极小值点**.

(2) 当 $B^2-AC>0$ 时,则 (x_0,y_0) **不是函数 $f(x,y)$ 的极值点**.

(3) 当 $B^2-AC=0$ 时,**不能判定** (x_0,y_0) 是否为函数 $f(x,y)$ 的**极值点**.

例 1 求函数 $f(x,y)=x^3+y^3-9xy+27$ 的极值.

解 按下列程序：

(1) 求函数的偏导数，并解方程组确定驻点．由
$$\begin{cases} f_x(x,y) = 3x^2 - 9y = 0, \\ f_y(x,y) = 3y^2 - 9x = 0 \end{cases}$$
得驻点$(0,0)$和$(3,3)$．

(2) 算出二阶偏导数在驻点的值．因
$$f_{xx}(x,y)=6x, \quad f_{xy}(x,y)=-9, \quad f_{yy}(x,y)=6y,$$
对于点$(0,0)$：
$$A = f_{xx}(0,0) = 0,$$
$$B = f_{xy}(0,0) = -9,$$
$$C = f_{yy}(0,0) = 0.$$

对于点$(3,3)$：
$$A = f_{xx}(3,3) = 18,$$
$$B = f_{xy}(3,3) = -9,$$
$$C = f_{yy}(3,3) = 18.$$

(3) 判别驻点是否为极值点．

在点$(0,0)$处，由于$B^2-AC=(-9)^2-0>0$，故$(0,0)$不是极值点．

在点$(3,3)$处，由于$B^2-AC=(-9)^2-18\cdot18<0$且$A>0$，故$(3,3)$是极小值点．

函数的极小值
$$f(3,3) = 3^3 + 3^3 - 9\cdot3\cdot3 + 27 = 0.$$

3. 最大值与最小值问题

我们已经知道，在有界闭区域D上连续的函数$f(x,y)$一定有最大值和最小值．为了求出最值，必须计算出函数$f(x,y)$在所有驻点、偏导数不存在的点以及区域D的边界上的最大值和最小值，将它们进行比较，其中最大和最小者，即为函数$f(x,y)$在区域D上的最大值和最小值．这是一般方法，但实际上这样做，由于要

求出函数 $f(x,y)$ 在区域 D 的边界上的最大值和最小值,这将是极为复杂甚至是困难的.

对于实际应用问题,如果已经知道或能够判定函数在区域 D 的内部确实有最大(或最小)值;此时,如果在 D 内,函数只有一个驻点,就可以断定,该驻点的函数值就是函数在区域 D 上的最大(或最小)值.

例 2 要做一个容积为 a 的长方体箱子,问怎样选择尺寸,才能使所用材料最少?

解 箱子的容积一定,而使所用材料最少,这就是使箱子的表面积最小.

设箱子的长为 x,宽为 y,高为 z. 依题设

$$a = xyz, \quad \text{则} \quad z = \frac{a}{xy},$$

于是,箱子的表面积

$$A = 2(xy + yz + zx)$$
$$= 2\left(xy + \frac{a}{x} + \frac{a}{y}\right) \quad (x>0, y>0).$$

这是求二元函数的极值问题.

由

$$\begin{cases} \dfrac{\partial A}{\partial x} = 2\left(y - \dfrac{a}{x^2}\right) = 0, \\ \dfrac{\partial A}{\partial y} = 2\left(x - \dfrac{a}{y^2}\right) = 0 \end{cases}$$

可解得 $x = \sqrt[3]{a}$,$y = \sqrt[3]{a}$.

依实际问题可知,箱子的表面积一定存在最小值. 而在函数的定义域 $D = \{(x,y) \mid x > 0, y > 0\}$ 内有惟一的驻点 $(\sqrt[3]{a}, \sqrt[3]{a})$,由此,当 $x = \sqrt[3]{a}$,$y = \sqrt[3]{a}$ 时,A 取最小值.

综上,当箱子的长为 $\sqrt[3]{a}$,宽为 $\sqrt[3]{a}$,高为 $\dfrac{a}{\sqrt[3]{a}\sqrt[3]{a}} = \sqrt[3]{a}$ 时,做箱子所用的材料最少.

例3 工厂生产两种产品,产量分别为 Q_1 和 Q_2 时,总成本函数是
$$C = Q_1^2 + 2Q_1Q_2 + Q_2^2 + 5.$$
两种产品的需求函数分别是
$$Q_1 = 26 - P_1, \quad Q_2 = 10 - \frac{1}{4}P_2.$$
工厂为使利润最大,试确定两种产品的产量及最大利润.

解 为使利润最大,须先写出利润函数.

由需求函数得
$$P_1 = 26 - Q_1, \quad P_2 = 40 - 4Q_2.$$
由此得销售两种产品的收益函数
$$R = P_1Q_1 + P_2Q_2 = (26 - Q_1)Q_1 + (40 - 4Q_2)Q_2$$
$$= 26Q_1 + 40Q_2 - Q_1^2 - 4Q_2^2,$$
从而利润函数是
$$\pi = R - C = 26Q_1 + 40Q_2 - 2Q_1^2 - 2Q_1Q_2 - 5Q_2^2 - 5.$$
这里,由需求函数可确定:$0 \leqslant Q_1 \leqslant 26$,$0 \leqslant Q_2 \leqslant 10$.

其次,求利润函数的极值.

解方程组
$$\begin{cases} \dfrac{\partial \pi}{\partial Q_1} = 26 - 4Q_1 - 2Q_2 = 0, \\ \dfrac{\partial \pi}{\partial Q_2} = 40 - 2Q_1 - 10Q_2 = 0 \end{cases}$$
得 $Q_1 = 5$,$Q_2 = 3$.

依题意,该问题应该有最大利润;而函数有惟一驻点 $(5,3)$. 可知,当两种产品的产量分别为 5 和 3 时,可获最大利润,其值为
$$\pi = (26Q_1 + 40Q_2 - 2Q_1^2 - 2Q_1Q_2 - 5Q_2^2 - 5)\bigg|_{\substack{Q_1=5 \\ Q_2=3}}$$
$$= 120.$$

二、条件极值

1. 条件极值的意义

用例题来阐明条件极值与无条件极值的区别.

例 4 求函数
$$z = f(x,y) = \sqrt{1-x^2-y^2}, \quad (x,y) \in D$$
的极大值,其中 $D=\{(x,y)|x^2+y^2 \leqslant 1\}$. 这是前面已讲过的问题. 它是在圆域 $x^2+y^2 \leqslant 1$ 内求函数的极大值点. 我们已知道,$(0,0)$ 是极大值点,且极大值 $f(0,0)=1$. 从几何上看,该问题就是要求出上半球面的顶点 $(0,0,1)$. 见图 8-6.

现在的问题是,在条件
$$g(x,y) = x+y-1 = 0$$
下,求函数
$$z = f(x,y) = \sqrt{1-x^2-y^2}, \quad (x,y) \in D$$
的极大值. 这里,与前面的问题比较,多了一个附加条件 $x+y-1=0$,即 $g(x,y)=0$.

一般说来,$g(x,y)=0$ 在 xy 平面上表示一条曲线(这里,$x+y-1=0$ 是一条直线),这样,我们要求的极值点不仅在圆域 $x^2+y^2 \leqslant 1$ 内,且应在直线 $x+y-1=0$ 上. 由于方程 $x+y-1=0$ 在空间直角坐标系下表示平行于 z 轴的平面. 从几何上看,现在的极值问题就是要确定上半球面 $z = \sqrt{1-x^2-y^2}$ 被平面 $x+y-1=0$ 所截得的圆弧的顶点(图 8-12). 不难由几何图形确定,其极值点是 $P_0\left(\dfrac{1}{2}, \dfrac{1}{2}\right)$,而相应的极大值是 $\dfrac{\sqrt{2}}{2}$.

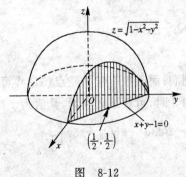

图 8-12

后一个问题,因在求极值

时,有附加条件 $x+y-1=0$,称为**条件极值问题**.而前一个问题就相应地称为**无条件极值问题**.

2. 拉格朗日乘数法

在**约束条件** $g(x,y)=0$(也称**约束方程**)之下,求函数 $z=f(x,y)$ (通常称为**目标函数**)的极值问题,有两种方法:

其一,从约束方程 $g(x,y)=0$ 中解出 y:$y=\varphi(x)$,把它代入目标函数中,得到 $z=f(x,\varphi(x))$.这个一元函数 $z=f(x,\varphi(x))$ 的极值就是函数 $z=f(x,y)$ 在条件 $g(x,y)=0$ 之下的条件极值.

这种方法,当从方程 $g(x,y)=0$ 中解出 y 较困难时,就很不方便.特别是对多于两个自变量的多元函数,很难行得通.

其二是**拉格朗日乘数法**.

欲求函数 $z=f(x,y)$ 在约束条件 $g(x,y)=0$ 之下的极值点,可按下列程序:

(1) 作辅助函数(称**拉格朗日函数**).

令
$$F(x,y) = f(x,y) + \lambda g(x,y),$$
其中 λ 是待定常数,称为**拉格朗日乘数**.

(2) 求可能取极值的点.

求函数 $F(x,y)$ 的偏导数,并解方程组
$$\begin{cases} F_x(x,y) = f_x(x,y) + \lambda g_x(x,y) = 0, \\ F_y(x,y) = f_y(x,y) + \lambda g_y(x,y) = 0, \\ g(x,y) = 0. \end{cases}$$
该方程组中有三个未知量:x,y 和 λ(待定常数),一般是设法消去 λ,解出 x 和 y,则 (x,y) 就是可能取条件极值的点.

(3) 判别所求得的点 (x,y) 是否为极值点.

通常按实际问题的具体情况来判别.即我们求得了可能取条件极值的点 (x_0,y_0),而实际问题又确实存在这种极值点,那么,所求的点 (x_0,y_0) 就是条件极值点.

这种求条件极值问题的方法具有一般性,它可推广到 n 元函

数的情形.

例5 求抛物线 $y=x^2$ 和直线 $x+y+2=0$ 之间的最短距离.

解 设 $P(x,y)$ 为抛物线 $y=x^2$ 的任一点,由点到直线的距离公式,点 $P(x,y)$ 到直线 $x+y+2=0$ 的距离

$$d = \frac{1}{\sqrt{2}}|x+y+2|.$$

令
$$u = 2d^2 = (x+y+2)^2,$$

则 u 与 d 同时取最小值. 这是以上式为目标函数,以 $y-x^2=0$ 为约束条件的条件极值问题.

用拉格朗日乘数法. 作辅助函数

$$F(x,y) = (x+y+2)^2 + \lambda(y-x^2).$$

解方程组

$$\begin{cases} F_x(x,y) = 2(x+y+2) - 2\lambda x = 0, \\ F_y(x,y) = 2(x+y+2) + \lambda = 0, \\ y - x^2 = 0 \end{cases}$$

可得 $x=-\frac{1}{2}$, $y=\frac{1}{4}$.

只有一个可能取极值的点,根据问题的几何性质应该有最短距离,故在点 $\left(-\frac{1}{2},\frac{1}{4}\right)$ 处所求距离最短,其最短距离为

$$d = \frac{1}{\sqrt{2}}\left|-\frac{1}{2}+\frac{1}{4}+2\right| = \frac{7}{8}\sqrt{2}.$$

例6 设生产某产品的生产函数和成本函数分别为

$$Q = f(K,L) = 8K^{\frac{1}{4}}L^{\frac{1}{2}},$$
$$C = P_K K + P_L L = 2K + 4L,$$

其中 Q 是产量,K 和 L 是两种生产要素的投入,P_K 和 P_L 分别是两种要素的价格,C 是成本. 若产量 Q_0 为 64,求成本最低的投入组合(使成本最低时,两种要素的投入量)及最低成本.

解 依题意,这是在给定产出水平的约束条件

$$64 = 8K^{\frac{1}{2}}L^{\frac{1}{2}}$$

之下,求成本函数(目标函数)

$$C = 2K + 4L$$

的最小值.

作辅助函数

$$F(K,L) = 2K + 4L + \lambda(8K^{\frac{1}{4}}L^{\frac{1}{2}} - 64).$$

解方程组

$$\begin{cases} F_K(K,L) = 2 + 2\lambda K^{-\frac{3}{4}}L^{\frac{1}{2}} = 0, \\ F_L(K,L) = 4 + 4\lambda K^{\frac{1}{4}}L^{-\frac{1}{2}} = 0, \\ K^{\frac{1}{4}}L^{\frac{1}{2}} = 8 \end{cases}$$

得 $K=16, L=16$.

只有惟一可能取极值的点,根据问题实际意义可断定,当两种生产要素的投入量都为16时,生产成本最低.最低成本

$$C = (2K + 4L)|_{(16,16)} = 96.$$

习 题 8.4

1. 单项选择题:

(1) 已知 $f(1,1) = -1$ 为函数

$$f(x,y) = ax^3 + by^3 + cxy$$

的极小值.则 a,b,c 分别为( ).

(A) $1,1,-1$; (B) $-1,-1,3$;

(C) $-1,-1,-3$; (D) $1,1,-3$.

(2) 函数 $z = y^2 + x^3$ 和 $z = (x^2+y^2)^2$ 在原点 $(0,0)$ 处( ).

(A) 都没有极值;

(B) 都取极值;

(C) $z = y^2 + x^3$ 取极小值,而 $z = (x^2+y^2)^2$ 无极值;

(D) $z = y^2 + x^3$ 无极值,而 $z = (x^2+y^2)^2$ 取极小值.

2. 求下列函数的极值：
(1) $f(x,y)=x^2+5y^2-6x+10y+6$；
(2) $f(x,y)=x^2-(y-1)^2$；
(3) $f(x,y)=4(x-y)-x^2-y^2$；
(4) $f(x,y)=x^3-y^3+3x^2+3y^2-9x$；
(5) $f(x,y)=x^3+y^3-3axy$ $(a>0)$；
(6) $f(x,y)=(x+y^2)e^{\frac{x}{2}}$.

3. 在 xy 平面上求一点 M，使它到该平面上的三个点 $O(0,0)$，$M_1(1,0)$，$M_2(0,1)$ 距离的平方和为最小.

4. 将给定的正数表示为三个非负数之和，使它们的平方和为最小.

5. 欲造一长方体盒子，所用材料的价格其底为顶与侧面的两倍. 若此盒容积为 324 cm³，各边长为多少时，其造价最低？

6. 用 108 m² 的木板，做一敞口的长方形木箱，尺寸如何选择，其容积最大？

7. 用 a 元购料，建造一个宽与深（高）相同的长方体水池，已知四周的单位面积材料费为底面单位面积材料费的 1.2 倍，求水池长与宽、深各为多少时，才能使容积最大？

8. 求由原点到椭圆
$$5x^2+6xy+5y^2-8=0$$
的最短距离与最长距离.

9. 求抛物线 $y^2=4x$ 上的点，使它与直线 $x-y+4=0$ 之间的距离最短.

10. 从斜边之长为 l 的一切直角三角形中求有最大周界的三角形.

11. 在平面 $3x-2z=0$ 上求一点，使它与点 $A(1,1,1)$ 和 $B(2,3,4)$ 的距离平方和最小.

12. 设抛物面 $z=x^2+y^2$ 被平面 $x+y+z=1$ 所截得一椭圆，求此椭圆上的点到原点的最短和最长距离.

13. 设工厂的总成本函数
$$C = C(Q_1, Q_2) = Q_1^2 + 2Q_1Q_2 + 3Q_2^2 + 2,$$
产品的价格分别为 $P_1 = 4, P_2 = 8$,求最大利润及此时的产出水平.

14. 设总成本函数为
$$C = Q_1^2 + Q_1Q_2 + Q_2^2,$$
两种产品的需求函数分别为
$$Q_1 = 40 - 2P_1 + P_2, \quad Q_2 = 15 + P_1 - P_2.$$
两种产品的产量为多少时,利润最大?最大利润为多少?此时,产品的价格为多少?

15. 设产量 Q 是投入 K 和 L 的函数,
$$Q = 6K^{\frac{1}{3}}L^{\frac{1}{2}},$$
其投入价格 $P_K = 4, P_L = 3$,产品的价格 $P = 2$.为使利润最大,求两种要素的投入水平、产出水平和最大利润.

16. 生产两种机床,数量分别为 Q_1 和 Q_2,总成本函数为
$$C = Q_1^2 + 2Q_2^2 - Q_1Q_2,$$
若两种机床的总产量为 8 台,要使成本最低,两种机床各生产多少台?

17. 销售量 Q 与用在两种广告手段的费用 x 和 y 之间的函数关系为
$$Q = \frac{200x}{5+x} + \frac{100y}{10+y},$$
净利润是销售量的 $\frac{1}{5}$ 减去广告成本,而广告预算是 25.试确定如何分配两种手段的广告成本,以使利润最大?

18. 设生产函数和成本函数分别为
$$Q = 50K^{\frac{2}{3}}L^{\frac{1}{3}}, \quad C = 6K + 4L,$$
若成本约束为 72 时,试确定两种要素的投入量以使产量最高,并求最高产量.

*§8.5 多元函数微分法在几何上的应用

用多元函数的微分法,可以求出空间曲线的切线与法平面方程,以及空间曲面的切平面与法线方程.

一、空间曲线的切线与法平面

先定义空间曲线的切线与法平面.

设 M_0 是空间曲线 L 上的任一点,M 是曲线 L 上与点 M_0 邻近的一点,作割线 $M_0 M$,当点 M 沿着曲线 L 趋于点 M_0 时的极限位置 $M_0 T$ 称为曲线 L 在点 M_0 处的**切线**.过点 M_0 且与切线 $M_0 T$ 垂直的平面,称为曲线 L 在点 M_0 处的**法平面**(图 8-13).

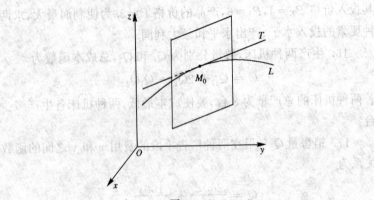

图 8-13

下面我们讨论当空间曲线 L 由参数方程

$$L: \begin{cases} x = x(t), \\ y = y(t), \\ z = z(t) \end{cases}$$

表示时,在其上任一点 $M_0(x_0, y_0, z_0)$ 处的切线与法平面方程.这里,当 $t = t_0$ 时,曲线 L 上的对应点是 $M_0(x_0, y_0, z_0)$,即

$$x_0 = x(t_0), \quad y_0 = y(t_0), \quad z_0 = z(t_0).$$

此时假设三个函数 $x=x(t), y=y(t), z=z(t)$ 在 t_0 处可导,且 $x'(t_0), y'(t_0), z'(t_0)$ 不同时为零.

当参数 t 由 t_0 起得到改变量 Δt 时,曲线 L 上的对应点是 $M(x_0+\Delta x, y_0+\Delta y, z_0+\Delta z)$,则割线 M_0M 的方程为

$$\frac{x-x_0}{\Delta x} = \frac{y-y_0}{\Delta y} = \frac{z-z_0}{\Delta z}.$$

以 Δt 除上式各分母,得

$$\frac{x-x_0}{\frac{\Delta x}{\Delta t}} = \frac{y-y_0}{\frac{\Delta y}{\Delta t}} = \frac{z-z_0}{\frac{\Delta z}{\Delta t}}.$$

当 $\Delta t \to 0$ 时,曲线 L 上的点 M 趋于点 M_0,割线 M_0M 达到极限位置成为切线,这时

$$\frac{\Delta x}{\Delta t} \to x'(t_0), \quad \frac{\Delta y}{\Delta t} \to y'(t_0), \quad \frac{\Delta z}{\Delta t} \to z'(t_0).$$

由割线方程得到曲线 L 在点 $M_0(x_0, y_0, z_0)$ 处的**切线方程**

$$\frac{x-x_0}{x'(t_0)} = \frac{y-y_0}{y'(t_0)} = \frac{z-z_0}{z'(t_0)}. \tag{8.13}$$

由此可见,$\{x'(t_0), y'(t_0), z'(t_0)\}$ 正是曲线 L 在点 M_0 处切线的方向向量.

由此也可知,曲线 L 在 M_0 处的**法平面方程**为

$$x'(t_0)(x-x_0) + y'(t_0)(y-y_0) + z'(t_0)(z-z_0) = 0. \tag{8.14}$$

例1 求曲线 $x=\dfrac{t}{1+t}, y=\dfrac{1+t}{t}, z=t^2$ 在点 $t=1$ 处的切线及法平面方程.

解 当 $t=1$ 时,

$$x = \frac{1}{1+1} = \frac{1}{2}, \quad y = \frac{1+1}{1} = 2, \quad z = 1^2 = 1.$$

由于

$$x' = \frac{1}{(1+t)^2}, \quad x'|_{t=1} = \frac{1}{4},$$
$$y' = \frac{-1}{t^2}, \quad y'|_{t=1} = -1,$$
$$z' = 2t, \quad z'|_{t=1} = 2,$$

所以,曲线在 $t=1$ 处的切线方程为

$$\frac{x - \frac{1}{2}}{\frac{1}{4}} = \frac{y-2}{-1} = \frac{z-1}{2}.$$

而法平面方程为

$$\frac{1}{4}\left(x - \frac{1}{2}\right) - (y-2) + 2(z-1) = 0,$$

即

$$\frac{1}{4}x - y + 2z - \frac{1}{8} = 0.$$

例2 求曲线 $x = e^t \sin 2t$, $y = e^t \cos 2t$, $z = 2e^t$ 在点 $(0,1,2)$ 处的切线方程和法平面方程.

解 先求出对应点 $(0,1,2)$ 的参数 t. 由

$$\begin{cases} 0 = e^t \sin 2t, \\ 1 = e^t \cos 2t, \\ 2 = 2e^t, \end{cases}$$

并注意 $e^0 = 1$,可知参数 $t = 0$. 由于

$$x' = e^t \sin 2t + 2e^t \cos 2t, \quad x'|_{t=0} = 2,$$
$$y' = e^t \cos 2t - 2e^t \sin 2t, \quad y'|_{t=0} = 1,$$
$$z' = 2e^t, \quad z'|_{t=0} = 2,$$

所以,曲线在点 $(0,1,2)$ 处的切线方程为

$$\frac{x}{2} = \frac{y-1}{1} = \frac{z-2}{2}.$$

法平面方程为

$$2x + (y-1) + 2(z-2) = 0,$$

即 $2x + y + 2z - 5 = 0$.

二、曲面的切平面与法线

先给出曲面的切平面与法线的定义.

在曲面 S 上过点 M_0 任意作一条曲线,假定曲线在该点的切线(s 为其方向向量)存在. 若所有这种曲线在点 M_0 处的切线都在同一平面上,则这个平面称为曲面 S 在点 M_0 处的**切平面**. 过点 M_0 且与切平面垂直的直线,称为曲面 S 在点 M_0 处的**法线**(图 8-14).

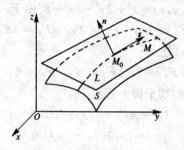

图 8-14

设曲面 S 的方程为
$$F(x,y,z) = 0,$$
$M_0(x_0,y_0,z_0)$ 为曲面 S 上一点. 若函数 $F(x,y,z)$ 的偏导数 F_x, F_y, F_z 在点 M_0 处连续且不全为零,则可以推证曲面 S 在点 M_0 处存在切平面,且切平面方程为
$$F_x(x_0,y_0,z_0)(x-x_0) + F_y(x_0,y_0,z_0)(y-y_0)$$
$$+ F_z(x_0,y_0,z_0)(z-z_0) = 0. \quad (8.15)$$
法线方程为
$$\frac{x-x_0}{F_x(x_0,y_0,z_0)} = \frac{y-y_0}{F_y(x_0,y_0,z_0)} = \frac{z-z_0}{F_z(x_0,y_0,z_0)}. \quad (8.16)$$

特别地,若曲面 S 的方程由显函数 $z=f(x,y)$ 表示,则可看做 $F(x,y,z)=f(x,y)-z=0$. 由于
$$F_x(x_0,y_0,z_0) = f_x(x_0,y_0), \quad F_y(x_0,y_0,z_0) = f_y(x_0,y_0),$$

$$F_z(x_0,y_0,z_0)=-1,$$
所以,曲面 S 在点 M_0 处的**切平面方程**为
$$f_x(x_0,y_0)(x-x_0)+f_y(x_0,y_0)(y-y_0)-(z-z_0)=0.$$
法线方程为
$$\frac{x-x_0}{f_x(x_0,y_0)}=\frac{y-y_0}{f_y(x_0,y_0)}=\frac{z-z_0}{-1}.$$

例 3 求椭球面 $x^2+2y^2+3z^2=6$ 在点 $M_0(1,1,1)$ 处的切平面方程和法线方程.

解 设 $F(x,y,z)=x^2+2y^2+3z^2-6$. 由于
$$F_x=2x,\quad F_y=4y,\quad F_z=6z,$$
且连续. 在 $(1,1,1)$ 处
$$F_x=2,\quad F_y=4,\quad F_z=6,$$
所以,在点 M_0 处的切平面方程为
$$2(x-1)+4(y-1)+6(z-1)=0,$$
即
$$x+2y+3z-6=0.$$
法线方程为
$$\frac{x-1}{1}=\frac{y-1}{2}=\frac{z-1}{3}.$$

例 4 求曲面 $z=\arctan\dfrac{y}{x}$ 在点 $M_0\left(1,1,\dfrac{\pi}{4}\right)$ 处的切平面方程和法线方程.

解 设 $F(x,y,z)=\arctan\dfrac{y}{x}-z$,由于
$$F_x=-\frac{y}{x^2+y^2},\quad F_y=\frac{x}{x^2+y^2},\quad F_z=-1,$$
在点 $M_0\left(1,1,\dfrac{\pi}{4}\right)$ 处
$$F_x=-\frac{1}{2},\quad F_y=\frac{1}{2},\quad F_z=-1,$$
于是,在点 M_0 处的切平面方程为
$$-\frac{1}{2}(x-1)+\frac{1}{2}(y-1)-\left(z-\frac{\pi}{4}\right)=0,$$

即
$$x - y + 2z - \frac{\pi}{2} = 0.$$
法线方程为
$$\frac{x-1}{-\frac{1}{2}} = \frac{y-1}{\frac{1}{2}} = \frac{z - \frac{\pi}{4}}{-1}.$$

习 题 8.5

1. 求下列曲线在指定点处的切线方程和法平面方程：

(1) $x = 2\cos t$, $y = 2\sin t$, $z = \sqrt{2}\,t$ 在 $t = \frac{\pi}{4}$ 处；

(2) $x = a\cos\beta\cos t$, $y = a\sin\beta\cos t$, $z = a\sin t$ 在 $t = \frac{\pi}{4}$ 处；

(3) $x = a\sin^2 t$, $y = b\sin t\cos t$, $z = c\cos^2 t$ 在 $t = \frac{\pi}{3}$ 处；

(4) $x = t$, $y = 1 - t$, $z = t^3$ 在点 $(1, 0, 1)$ 处；

(5) $x = t - \sin t$, $y = 1 - \cos t$, $z = 4\sin\frac{t}{2}$ 在已知点 $\left(\frac{\pi}{2} - 1, 1, 2\sqrt{2}\right)$ 处.

2. 求下列曲线在指定点处的切线方程和法平面方程：

(1) $y = x$, $z = x^2$ 在点 $(1, 1, 1)$ 处；

(2) $y = 16x^2$, $z = 12x^2$ 在 $x = \frac{1}{2}$ 的点处.

3. 求下列曲面在指定点处的切平面方程和法线方程：

(1) $x^2 - xy - 8x + z + 5 = 0$ 在点 $(2, -3, 1)$ 处；

(2) $ax^2 + by^2 + cz^2 = 1$ 在点 (x_0, y_0, z_0) 处；

(3) $y - e^{2x-z} = 0$ 在点 $(1, 1, 2)$ 处；

(4) $\frac{x^2}{a^2} + \frac{y^2}{b^2} + \frac{z^2}{c^2} = 1$ 在点 $\left(\frac{a}{\sqrt{3}}, \frac{b}{\sqrt{3}}, \frac{c}{\sqrt{3}}\right)$ 处.

4. 求下列曲面在指定点处的切平面方程和法线方程：

(1) $z = ax^2 + by^2$ 在点 (x_0, y_0, z_0) 处；

(2) $z=x^2-y^2$ 在点 $(2,1,3)$ 处.

5. 求曲面 $x^2+2y^2+3z^2=21$ 的平行于平面 $x+4y+6z=0$ 的各切平面.

§8.6 二重积分概念及其性质

二重积分是定积分的推广：被积函数由一元函数 $y=f(x)$ 推广到二元函数 $z=f(x,y)$；积分范围由 x 轴上的闭区间 $[a,b]$ 推广到 xy 平面上的有界闭区域 D. 二重积分的定义与定积分定义类似，我们从几何上的曲顶柱体的体积问题和物理上的平面薄板的质量问题入手.

一、两个实例

1. 曲顶柱体的体积

设函数 $z=f(x,y)$ 在有界闭区域 D 上非负且连续. 以曲面 $z=f(x,y)$ 为顶，xy 平面上的区域 D 为底，D 的边界线为准线，母线平行于 z 轴的柱面为侧面的立体称为**曲顶柱体**(图 8-15).

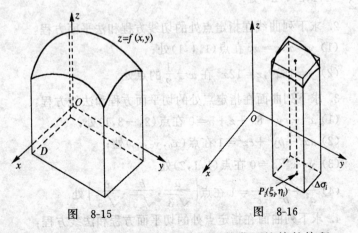

图 8-15   图 8-16

我们采用求曲边梯形面积的方法计算曲顶柱体的体积.

(1) 分割：分曲顶柱体为 n 个小曲顶柱体

将区域 D 任意分成 n 个小区域

$$\Delta\sigma_1, \Delta\sigma_2, \cdots, \Delta\sigma_n,$$

这里，$\Delta\sigma_i(i=1,2,\cdots,n)$ 既表示第 i 个小区域，又表示第 i 个小区域的面积. 记

$$d = \max_{1\leqslant i\leqslant n}\{d_i | d_i \text{ 为 } \Delta\sigma_i \text{ 的直径}\},$$

区域 $\Delta\sigma_i$ 的直径是指有界闭区域 $\Delta\sigma_i$ 上任意两点间的距离最大者.

这时，曲顶柱体也相应地被分成 n 个小曲顶柱体，其体积分别记作

$$\Delta v_1, \Delta v_2, \cdots, \Delta v_n.$$

(2) 近似代替：用平顶柱体代替曲顶柱体

在每个小区域 $\Delta\sigma_i$ 上任取一点 $P_i(\xi_i,\eta_i)$，以 $f(\xi_i,\eta_i)$ 为高，小区域 $\Delta\sigma_i$ 为底的平顶柱体的体积为 $f(\xi_i,\eta_i)\cdot\Delta\sigma_i$（底面积与高的乘积），以此近似地表示与其同底的小曲顶柱体的体积 Δv_i（图 8-16），

$$\Delta v_i \approx f(\xi_i,\eta_i)\cdot\Delta\sigma_i \quad (i=1,2,\cdots,n).$$

(3) 求和：求 n 个小平顶柱体体积之和

n 个小平顶柱体体积之和可作为曲顶柱体体积的近似值

$$V = \sum_{i=1}^{n}\Delta v_i \approx \sum_{i=1}^{n}f(\xi_i,\eta_i)\cdot\Delta\sigma_i.$$

(4) 取极限：由近似值过渡到精确值

当 $n\to\infty$ 且 $d\to 0$ 时，上述和式的极限就是曲顶柱体的体积

$$V = \lim_{\substack{d\to 0 \\ (n\to\infty)}}\sum_{i=1}^{n}f(\xi_i,\eta_i)\Delta\sigma_i.$$

由以上推算知，曲顶柱体的体积是用一个和式的极限 $\lim\limits_{\substack{d\to 0 \\ (n\to\infty)}}\sum_{i=1}^{n}f(\xi_i,\eta_i)\Delta\sigma_i$ 来表达的.

2. 平面薄板的质量

设一平面薄板，在 xy 平面上占有区域 D；其质量分布的面密度 $\mu=\mu(x,y)$ 为 D 上的连续函数，试计算薄板的质量（图 8-17）.

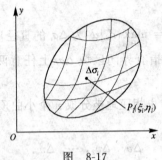

图 8-17

若薄板质量分布是均匀的，即当 $\mu(x,y)=\mu_0$（常数）时，

薄板的质量 $m =$ 面密度 $\mu_0 \times$ 薄板面积 σ.

现薄板质量分布是不均匀的，按下述程序计算质量 M.

(1) 分割：分薄板为 n 块小薄板

将区域 D 任意分成 n 个小区域

$$\Delta\sigma_1, \Delta\sigma_2, \cdots, \Delta\sigma_n,$$

这里，$\Delta\sigma_i(i=1,2,\cdots,n)$ 同时表示第 i 个小区域的面积. 记

$$d = \max_{1\leqslant i\leqslant n}\{d_i | d_i \text{ 为 } \Delta\sigma_i \text{ 的直径}\},$$

这样，薄板也相应地被分成 n 块小薄板，其质量分别记作

$$\Delta m_1, \Delta m_2, \cdots, \Delta m_n.$$

(2) 近似代替：以均匀分布的质量代替非均匀分布的质量

在每个小区域 $\Delta\sigma_i$ 上任取一点 $P_i(\xi_i, \eta_i)$，以点 P_i 处的密度 $\mu(\xi_i,\eta_i)$ 代替 $\Delta\sigma_i$ 上各点处的面密度，得第 i 块小薄板质量的近似值

$$\Delta m_i \approx \mu(\xi_i,\eta_i)\cdot\Delta\sigma_i \quad (i=1,2,\cdots,n).$$

(3) 求和：求 n 块小薄板近似质量之和

n 块小薄板的质量的近似值之和作为平面薄板质量的近似值

$$M = \sum_{i=1}^{n} \Delta m_i \approx \sum_{i=1}^{n} \mu(\xi_i, \eta_i) \cdot \Delta \sigma_i.$$

(4) 取极限：由近似值过渡到精确值

当 $n \to \infty$ 且 $d \to 0$ 时，上述和式的极限就是平面薄板的质量

$$M = \lim_{\substack{d \to 0 \\ (n \to \infty)}} \sum_{i=1}^{n} \mu(\xi_i, \eta_i) \cdot \Delta \sigma_i.$$

由此知，平面薄板的质量也是用一个和式的极限

$$\lim_{\substack{d \to 0 \\ (n \to \infty)}} \sum_{i=1}^{n} \mu(\xi_i, \eta_i) \Delta \sigma_i$$

来表达的.

以上两例，解决的具体问题虽然不同，但解决问题的方法却完全相同，且最后都归结为同一种结构的和式的极限. 还有很多实际问题的解决也与此两例类似. 在这一类问题中，我们只从数量关系上的共性加以概括和抽象，就得到了二重积分概念.

二、二重积分概念

1. 二重积分定义

定义 8.7 设函数 $f(x, y)$ 在有界闭区域 D 上有定义，将 D 任意分成 n 个小区域

$$\Delta \sigma_1, \Delta \sigma_2, \cdots, \Delta \sigma_n,$$

并以 $\Delta \sigma_i$ 和 d_i 分别表示第 i 个小区域的面积和直径，记 $d = \max_{1 \leq i \leq n} \{d_1, d_2, \cdots, d_n\}$. 在每个小区域 $\Delta \sigma_i$ 上任意取一点 $P_i(\xi_i, \eta_i)$. 当 n 无限增大，且 d 趋于零时，若极限

$$\lim_{\substack{d \to 0 \\ (n \to \infty)}} \sum_{i=1}^{n} f(\xi_i, \eta_i) \Delta \sigma_i$$

存在，且极限值与区域 D 的分法与点 P_i 的取法无关，则称此极限值为函数 $f(x, y)$ 在区域 D 上的**二重积分**，记作

$$\iint_D f(x, y) \mathrm{d}\sigma,$$

即
$$\iint_D f(x,y)\mathrm{d}\sigma = \lim_{\substack{d\to 0 \\ (n\to\infty)}} \sum_{i=1}^{n} f(\xi_i,\eta_i)\Delta\sigma_i,$$

其中 D 称为**积分区域**,x,y 称为**积分变量**,$f(x,y)$ 称为**被积函数**,$\mathrm{d}\sigma$ 称为**面积元素**,$f(x,y)\mathrm{d}\sigma$ 称为**被积表达式**.

若函数 $f(x,y)$ 在有界闭区域 D 上的二重积分存在,则称 $f(x,y)$ 在 D 上**可积**.

可以证明:

(1) 若函数 $f(x,y)$ 在有界闭区域 D 上**可积**,则 $f(x,y)$ 在 D 上**有界**;

(2) 若函数 $f(x,y)$ 在有界闭区域 D 上**连续**,则 $f(x,y)$ 在 D 上**可积**.

在以下所讨论的二重积分中,我们总假设被积函数 $f(x,y)$ 在积分区域 D 上是连续的.

二重积分作为一个和式的极限,这一极限值只与被积函数和积分区域有关,而与分割区域 D 的方法无关. 这样,选用平行于坐标轴的两组直线来分割 D,这时,每个小区域的面积

$$\Delta\sigma = \Delta x \cdot \Delta y \quad \text{或} \quad \mathrm{d}\sigma = \mathrm{d}x\mathrm{d}y,$$

于是,二重积分可表示为

$$\iint_D f(x,y)\mathrm{d}x\mathrm{d}y.$$

2. 二重积分的几何意义

有了二重积分的定义,我们可以认为,曲顶柱体的体积正是作为曲顶的曲面方程 $z=f(x,y)\geqslant 0$,在其底 D 上的二重积分

$$V = \iint_D f(x,y)\mathrm{d}\sigma,$$

这就是二重积分的**几何意义**. 特别地,若 $f(x,y)\equiv 1$,且 D 的面积为 σ,则

$$\iint\limits_{D} \mathrm{d}\sigma = \sigma.$$

这时,二重积分可理解为以平面 $z=1$ 为顶,D 为底的平顶柱体的体积,该体积在数值上与 D 的面积相等.

若作为曲顶的曲面方程 $z=f(x,y)\leqslant 0$ 时,以区域 D 为底的曲顶柱体是倒挂在 xy 平面的下方,这时,二重积分 $\iint\limits_{D} f(x,y)\mathrm{d}\sigma$ 的值是负的,它的绝对值表示该曲顶柱体的体积.

由二重积分的定义还知,质量分布不均匀的薄板 D 的质量,是其面密度 $\mu(x,y)$ 在区域 D 上的二重积分

$$m = \iint\limits_{D} \mu(x,y)\mathrm{d}\sigma.$$

三、二重积分的性质

二重积分具有与定积分完全类似的性质,现列举如下. 这里假设所讨论的二重积分都是存在的.

(1) $\iint\limits_{D} kf(x,y)\mathrm{d}\sigma = k\iint\limits_{D} f(x,y)\mathrm{d}\sigma$ (k 是常数).

(2) $\iint\limits_{D} [f(x,y) \pm g(x,y)]\mathrm{d}\sigma = \iint\limits_{D} f(x,y)\mathrm{d}\sigma \pm \iint\limits_{D} g(x,y)\mathrm{d}\sigma.$

(3) 若积分区域 D 被一曲线分成两个部分区域 D_1 和 D_2,则

$$\iint\limits_{D} f(x,y)\mathrm{d}\sigma = \iint\limits_{D_1} f(x,y)\mathrm{d}\sigma + \iint\limits_{D_2} f(x,y)\mathrm{d}\sigma.$$

(4) 若在区域 D 上,恒有 $f(x,y) \leqslant g(x,y)$,则

$$\iint\limits_{D} f(x,y)\mathrm{d}\sigma \leqslant \iint\limits_{D} g(x,y)\mathrm{d}\sigma.$$

(5) 若 M 与 m 分别是函数 $f(x,y)$ 在 D 上的最大值与最小值,σ 是 D 的面积,则

$$m\sigma \leqslant \iint\limits_{D} f(x,y)\mathrm{d}\sigma \leqslant M\sigma.$$

(6) **中值定理** 设函数 $f(x,y)$ 在有界闭区域 D 上连续，σ 是 D 的面积，则在 D 上至少存在一点 (ξ,η)，使得

$$\iint\limits_{D} f(x,y) \mathrm{d}\sigma = f(\xi,\eta) \cdot \sigma.$$

上式右端是以 $f(\xi,\eta)$ 为高，D 为底的平顶柱体的体积.

习 题 8.6

1. 试用二重积分表示由下列曲面所围曲顶柱体的体积 V；并画出曲顶柱体在 xy 平面上的底 D 的图形：

(1) $az=y^2$, $x^2+y^2=R^2$, $z=0$ $(a>0, R>0)$；

(2) $z=1+x+y$, $x=0$, $y=0$, $x+y=1$, $z=0$；

(3) $z=x^2+y^2$, $y=x^2$, $y=1$, $z=0$；

(4) $z=x$, $y^2=2-x$, $z=0$.

2. 利用二重积分的几何意义填空：

(1) 设 $D: x\geqslant 0, y\geqslant 0, x^2+y^2\leqslant 4$，则 $\iint\limits_{D} \mathrm{d}\sigma = $ _____；

(2) 设 D 是以原点为中心，R 为半径的圆，则

$$\iint\limits_{D} \sqrt{R^2-x^2-y^2}\,\mathrm{d}\sigma = \underline{\qquad}.$$

3. 单项选择题：

(1) $\iint\limits_{x^2+y^2\leqslant 1} \ln(x^2+y^2) \mathrm{d}x\mathrm{d}y$ (　　).

(A) $\geqslant 0$；　　(B) $\leqslant 0$；　　(C) $=0$；　　(D) $=1$.

(2) 设区域 $D_1: -1\leqslant x\leqslant 1, -2\leqslant y\leqslant 2$；$D_2: 0\leqslant x\leqslant 1, 0\leqslant y\leqslant 2$，又 $I_1 = \iint\limits_{D_1}(x^2+y^2)^3 \mathrm{d}\sigma$，$I_2 = \iint\limits_{D_2}(x^2+y^2)^3 \mathrm{d}\sigma$，则下列正确的是 (　　).

(A) $I_1 > 4I_2$；　　　　　　(B) $I_1 < 4I_2$；
(C) $I_1 = 4I_2$；　　　　　　(D) $I_1 = 2I_2$.

*4. 一薄板位于 xy 平面上,占有的区域为 D.设在板面上分布有表面电荷密度为 $\mu(x,y)$ 的电荷,且 $\mu(x,y)$ 在 D 上连续,试写出此板面上全部电荷数 Q 的二重积分表达式.

*5. 一薄板位于 xy 平面上,占有的区域为 D.设在薄板上的压力分布为 $p(x,y)$,且 $p(x,y)$ 在 D 上连续,试写出此板上总压力 P 的二重积分的表达式.

§8.7 二重积分的计算与应用

二重积分的计算方法,是把二重积分化为**二次积分**(或**累次积分**),即计算二次定积分.

一、在直角坐标系下计算二重积分

设函数 $z=f(x,y)\geqslant 0$ 在有界闭区域 D 上连续;而积分区域 D 是由两条平行直线 $x=a,x=b(a<b)$,两条曲线 $y=\varphi_1(x),y=\varphi_2(x)(\varphi_1(x)\leqslant\varphi_2(x))$ 所围成.区域 D 如图 8-18 所示,可表示为
$$D=\{(x,y)|\varphi_1(x)\leqslant y\leqslant\varphi_2(x),\ a\leqslant x\leqslant b\},$$
也可直接用不等式表示为
$$\varphi_1(x)\leqslant y\leqslant\varphi_2(x),\quad a\leqslant x\leqslant b.$$

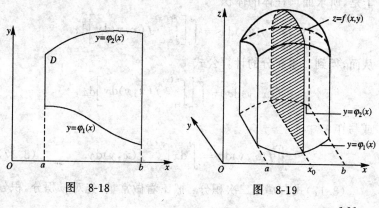

图 8-18   图 8-19

根据二重积分的几何意义,通过计算以曲面 $z=f(x,y)$ 为顶,以 xy 平面上的区域 D 为底的曲顶柱体(图 8-19)的体积来说明二重积分的计算方法.

作平行于坐标平面 yz 的平面 $x=x_0$,它与曲顶柱体相交所得截面,是以区间 $[\varphi_1(x_0),\varphi_2(x_0)]$ 为底,$z=f(x_0,y)$ 为曲边的曲边梯形(图 8-19)中有阴影部分),显然,这一截面面积为

$$A(x_0) = \int_{\varphi_1(x_0)}^{\varphi_2(x_0)} f(x_0,y) \mathrm{d}y.$$

由 x_0 的任意性,过区间 $[a,b]$ 上任意一点 x,且平行于坐标面 yz 的平面,与曲顶柱体相交所得截面的面积为

$$A(x) = \int_{\varphi_1(x)}^{\varphi_2(x)} f(x,y) \mathrm{d}y,$$

上式中,y 是积分变量,x 在积分时保持不变.所得截面的面积 $A(x)$,一般应是 x 的函数.

如图 8-20 所示,在区间 $[a,b]$ 上任取一个小区间 $[x,x+\mathrm{d}x]$,可得到一个小薄片立体,小薄片立体的体积可近似地看做是以 $A(x)$ 为底,$\mathrm{d}x$ 为高的小直柱体的体积,即曲顶柱体体积 V 的微元

$$\mathrm{d}V \approx A(x)\mathrm{d}x,$$

于是,所求曲顶柱体的体积

$$V = \int_a^b A(x)\mathrm{d}x = \int_a^b \left[\int_{\varphi_1(x)}^{\varphi_2(x)} f(x,y)\mathrm{d}y \right] \mathrm{d}x.$$

从而,得到二重积分的计算公式

$$\iint_D f(x,y)\mathrm{d}\sigma = \int_a^b \left[\int_{\varphi_1(x)}^{\varphi_2(x)} f(x,y)\mathrm{d}y \right] \mathrm{d}x,$$

或写作

$$\iint_D f(x,y)\mathrm{d}\sigma = \int_a^b \mathrm{d}x \int_{\varphi_1(x)}^{\varphi_2(x)} f(x,y)\mathrm{d}y. \tag{8.17}$$

(8.17)式右端是二次积分:把 x 看做常量,先对 y 积分,积分

结果是 x 的函数,再对 x 积分.

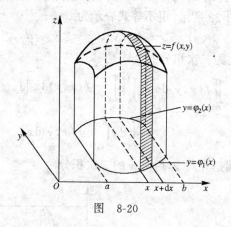

图 8-20

对于由不等式

$$\varphi_1(x) \leqslant y \leqslant \varphi_2(x), \quad a \leqslant x \leqslant b$$

所确定的积分区域 D,在把二重积分化为二次定积分时,要明确以下几点:

(1) 积分次序: 在被积函数 $f(x,y)$ 中,视 x 为常量,视 y 为积分变量,先对 y 积分,积分结果是 x 的函数(有时是常数);然后,再对 x 积分,便得到二重积分所表示的一个数值.

(2) 积分上、下限: 将二重积分化为二次积分,其关键是确定积分限. 对 x 的积分限是: 区域 D 的最左端端点的横坐标 a 为积分下限,最右端端点的横坐标 b 为积分上限. 对 y 的积分限是: 在区间 $[a,b]$ 范围内,由下向上作垂直于 x 轴的直线,先与曲线 $y=\varphi_1(x)$ 相交,则 $y=\varphi_1(x)$ 为积分下限,后与曲线 $y=\varphi_2(x)$ 相交,则 $y=\varphi_2(x)$ 为积分上限.

(3) 垂直于 x 轴的直线与 D 的边界至多交于两点,否则,需将 D 分成几个部分区域. 如图 8-21 那样,D 需分成三个部分区域,然后用二重积分的性质 3 计算二重积分.

类似的,若积分区域 D 是由两条平行直线 $y=c, y=d$ ($c <$

d),两条连续曲线 $x=\psi_1(y)$,$x=\psi_2(y)$ $(\psi_1(y)\leqslant\psi_2(y))$ 所围成. 区域 D 如图 8-22 所示,用不等式表示为
$$\psi_1(y)\leqslant x\leqslant\psi_2(y),\quad c\leqslant y\leqslant d,$$
则二重积分化为二次积分的公式是
$$\iint\limits_D f(x,y)\mathrm{d}\sigma=\int_c^d\left[\int_{\psi_1(y)}^{\psi_2(y)}f(x,y)\mathrm{d}x\right]\mathrm{d}y$$
$$=\int_c^d\mathrm{d}y\int_{\psi_1(y)}^{\psi_2(y)}f(x,y)\mathrm{d}x. \qquad (8.18)$$

(8.18)式右端是先对 x,后对 y 的二次积分.

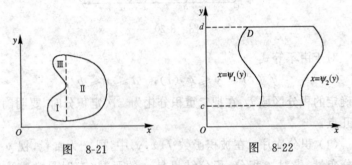

图 8-21　　　　　　　图 8-22

计算二重积分时,先画出区域 D 的图形,根据 D 的形状,决定采用公式(8.17)或公式(8.18).

以上把二重积分化为二次积分,是假设在 D 上,$f(x,y)\geqslant 0$ 的情况下推得的. 实际上,在 D 上 $f(x,y)$ 非负的限制去掉后,公式(8.17)和(8.18)仍然成立.

若积分区域 D 为矩形(图 8-23)
$$D=\{(x,y)\,|\,a\leqslant x\leqslant b,\ c\leqslant y\leqslant d\},$$
则二重积分可化为先对 y,后对 x 的二次积分;也可化为先对 x,后对 y 的二次积分,即
$$\iint\limits_D f(x,y)\mathrm{d}\sigma=\int_a^b\mathrm{d}x\int_c^d f(x,y)\mathrm{d}y, \qquad (8.19)$$
或

$$\iint_D f(x,y)\mathrm{d}\sigma = \int_c^d \mathrm{d}y \int_a^b f(x,y)\mathrm{d}x. \tag{8.20}$$

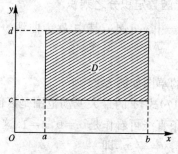

图 8-23

例 1 计算 $I = \iint_D \dfrac{x^2}{1+y^2}\mathrm{d}x\mathrm{d}y$,其中

$$D = \{(x,y) \mid 1 \leqslant x \leqslant 2,\ 0 \leqslant y \leqslant 1\}.$$

解 D 是矩形,用公式(8.19),先对 y 积分,后对 x 积分,则

$$I = \int_1^2 \mathrm{d}x \int_0^1 \frac{x^2}{1+y^2}\mathrm{d}y = \int_1^2 \left[x^2 \arctan y\right]\Big|_0^1 \mathrm{d}x$$

$$= \frac{\pi}{4}\int_1^2 x^2 \mathrm{d}x = \frac{\pi}{4} \cdot \frac{7}{3} = \frac{7}{12}\pi.$$

若用公式(8.20),先对 x 积分,后对 y 积分,则

$$I = \int_0^1 \mathrm{d}y \int_1^2 \frac{x^2}{1+y^2}\mathrm{d}x = \int_0^1 \left[\frac{x^3}{3} \cdot \frac{1}{1+y^2}\right]\Big|_1^2 \mathrm{d}y$$

$$= \frac{7}{3}\int_0^1 \frac{1}{1+y^2}\mathrm{d}y = \frac{7}{3}\arctan y \Big|_0^1$$

$$= \frac{7}{3} \cdot \frac{\pi}{4} = \frac{7}{12}\pi.$$

由例 1 不难看出,若积分区域 D 是矩形:

$$a \leqslant x \leqslant b,\ c \leqslant y \leqslant d,$$

且被函数 $f(x,y) = f_1(x) \cdot f_2(y)$,则

$$\iint_D f(x,y)\mathrm{d}x\mathrm{d}y = \int_a^b f_1(x)\mathrm{d}x \cdot \int_c^d f_2(y)\mathrm{d}y,$$

即可化成两个一元函数定积分之乘积.

例 2 计算 $I=\iint_D xy\mathrm{d}x\mathrm{d}y$,其中 D 为曲线 $y=x^2$ 及 $y^2=x$ 所围成的闭区域.

解 区域 D 的草图如图 8-24 所示.

若用公式(8.17)式,x 的最大变动范围是区间$[0,1]$,或者说,围成区域 D 的两条直线可看作是 $x=0, x=1$. 这时围成区域 D 的两条曲线是 $y=x^2, y=\sqrt{x}$,即

$$D = \{(x,y) | x^2 \leqslant y \leqslant \sqrt{x}, 0 \leqslant x \leqslant 1\}.$$

于是

$$I = \int_0^1 \mathrm{d}x \int_{x^2}^{\sqrt{x}} xy\mathrm{d}y = \int_0^1 \left(x\frac{y^2}{2} \right)\Big|_{x^2}^{\sqrt{x}} \mathrm{d}x$$

$$= \int_0^1 \frac{x}{2}(x-x^4)\mathrm{d}x = \left(\frac{x^3}{6} - \frac{x^6}{12} \right)\Big|_0^1 = \frac{1}{12}.$$

若用公式(8.18),围成区域 D 的两条直线可看做是 $y=0, y=1$,而两条曲线应是 $x=y^2, x=\sqrt{y}$,即

$$D = \{(x,y) | y^2 \leqslant x \leqslant \sqrt{y}, 0 \leqslant y \leqslant 1\}.$$

于是 $$I = \int_0^1 \mathrm{d}y \int_{y^2}^{\sqrt{y}} xy\mathrm{d}x = \frac{1}{12}.$$

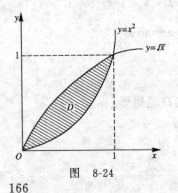

图 8-24

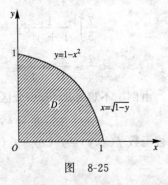

图 8-25

例3 计算 $I = \iint_D 3x^2y^2 \mathrm{d}x\mathrm{d}y$,其中 D 是由直线 $x=0, y=0$ 及曲线 $y=1-x^2$ 围成的第一象限部分.

解 画出区域 D,如图 8-25 所示.

若用公式(8.17),则 x 的最大变动范围是从 0 变到 1;而 y 的变动范围应是从曲线 $y=0$ 到 $y=1-x^2$.于是

$$\begin{aligned}
I &= \int_0^1 \mathrm{d}x \int_0^{1-x^2} 3x^2 y^2 \mathrm{d}y = \int_0^1 (x^2 y^3)\Big|_0^{1-x^2} \mathrm{d}x \\
&= \int_0^1 x^2(1-x^2)^3 \mathrm{d}x = \int_0^1 (x^2 - 3x^4 + 3x^6 - x^8) \mathrm{d}x \\
&= \left(\frac{x^3}{3} - \frac{3}{5}x^5 + \frac{3}{7}x^7 - \frac{x^9}{9}\right)\Big|_0^1 = \frac{16}{315}.
\end{aligned}$$

若用公式(8.18),则区域 D 可看做是由两条直线 $y=0, y=1$,两条曲线 $x=0, x=\sqrt{1-y}$ 所围成.于是

$$\begin{aligned}
I &= \int_0^1 \mathrm{d}y \int_0^{\sqrt{1-y}} 3x^2 y^2 \mathrm{d}x \\
&= \int_0^1 (x^3 y^2)\Big|_0^{\sqrt{1-y}} \mathrm{d}y = \int_0^1 y^2 (1-y)^{\frac{3}{2}} \mathrm{d}y \\
&\xlongequal{y=1-t^2} \int_1^0 (1-t^2)^2 t^3 (-2t \mathrm{d}t) \\
&= 2\int_0^1 (t^4 - 2t^6 + t^8) \mathrm{d}t = \frac{16}{315}.
\end{aligned}$$

例4 计算 $I = \iint_D \frac{x^2}{y^2} \mathrm{d}x\mathrm{d}y$,其中 D 是由直线 $y=x, y=\sqrt{3}$ 和曲线 $y^2=x$ 所围成的图形.

解 画出区域 D(图 8-26),若选用公式(8.18),则围成区域 D 的两条直线可看作是 $y=1$ 和 $y=\sqrt{3}$;两条曲线是 $x=y$ 和 $x=y^2$,即

$$D = \{(x,y) | y \leqslant x \leqslant y^2, 1 \leqslant y \leqslant \sqrt{3}\}.$$

于是

$$I = \int_1^{\sqrt{3}} dy \int_y^{y^2} \frac{x^2}{y^2} dx = \int_1^{\sqrt{3}} \frac{x^3}{3y^2} \bigg|_y^{y^2} dy$$
$$= \frac{1}{3} \int_1^{\sqrt{3}} [y^4 - y] dy = \frac{1}{3} \left[\frac{y^5}{5} - \frac{y^2}{2} \right]_1^{\sqrt{3}}$$
$$= \frac{3\sqrt{3}}{5} - \frac{2}{5}.$$

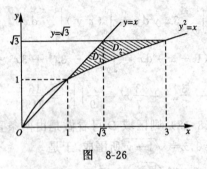

图 8-26

该题,若选用公式(8.17),则围成区域 D 的两条直线可看做是 $x=1$ 和 $x=3$. 注意到在这两条直线之间不是两条曲线,而是三条曲线:$y=x, y=\sqrt{3}$ 和 $y=\sqrt{x}$. 这样区域 D 就必须分块. 由于曲线 $y=x$ 和 $y=\sqrt{3}$ 交点的横坐标是 $x=\sqrt{3}$,需用直线 $x=\sqrt{3}$ 将其分成两部分:$D=D_1+D_2$,其中

$$D_1 = \{(x,y) | \sqrt{x} \leqslant y \leqslant x, 1 \leqslant x \leqslant \sqrt{3}\},$$
$$D_2 = \{(x,y) | \sqrt{x} \leqslant y \leqslant \sqrt{3}, \sqrt{3} \leqslant x \leqslant 3\},$$

于是

$$I = \int_1^{\sqrt{3}} dx \int_{\sqrt{x}}^x \frac{x^2}{y^2} dy + \int_{\sqrt{3}}^3 dx \int_{\sqrt{x}}^{\sqrt{3}} \frac{x^2}{y^2} dy$$
$$= \int_1^{\sqrt{3}} \left[-\frac{x^2}{y} \right]_{\sqrt{x}}^x dx + \int_{\sqrt{3}}^3 \left[-\frac{x^2}{y} \right]_{\sqrt{x}}^{\sqrt{3}} dx$$
$$= \int_1^{\sqrt{3}} \left[x^{\frac{3}{2}} - x \right] dx + \int_{\sqrt{3}}^3 \left[x^{\frac{3}{2}} - \frac{x^2}{\sqrt{3}} \right] dx$$

$$= \frac{3\sqrt{3}}{5} - \frac{2}{5}.$$

例5 计算 $I = \iint\limits_{D} x^2 e^{-y^2} dxdy$,其中 D 是由直线 $x=0, y=1$,$y=x$ 围成的区域.

解 区域 D 的形状如图 8-27,若用公式(8.17),则
$$D = \{(x,y) | x \leqslant y \leqslant 1, 0 \leqslant x \leqslant 1\},$$
于是
$$I = \int_0^1 dx \int_x^1 x^2 e^{-y^2} dy.$$

e^{-y^2} 的原函数是存在的,但却无法用初等函数形式表示,因此,积分 $\int_x^1 e^{-y^2} dy$ 不能运算.

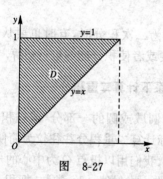

图 8-27

若用公式(8.18),则
$$D = \{(x,y) | 0 \leqslant x \leqslant y, 0 \leqslant y \leqslant 1\},$$
于是
$$I = \int_0^1 dy \int_0^y x^2 e^{-y^2} dx = \int_0^1 \left[\frac{1}{3} x^3 e^{-y^2}\right]_0^y dy$$
$$= \frac{1}{3} \int_0^1 y^3 e^{-y^2} dy \xrightarrow{\text{分部积分法}} \frac{1}{6} - \frac{1}{3e}.$$

说明 从例3、例4、例5的计算过程看.计算二重积分时,选

择积分次序非常重要.

例 3,先对 x 积分、后对 y 积分时,计算第二次定积分,须作变量换元 $y=1-t^2$. 这显然较另一种计算次序麻烦.

例 4,先对 y 积分,后对 x 积分,区域 D 须分成部分区域. 与另一种计算次序比较,计算较繁.

例 5,先对 y 积分,后对 x 积分,根本不能运算;必须先对 x 积分,后对 y 积分.

由于二重积分取决于被积函数和积分区域. 而平面上的区域有各种形状,它在很大程度上影响着二重积分的计算. 将二重积分化为二次积分时,若根据区域 D 的形状选择积分次序,最好是能直接在 D 上计算. 若必须将 D 分成部分区域时,应使 D 尽量少的分成部分区域. 将 D 分成部分区域时,须用平行于 x 轴或平行于 y 轴的直线进行.

将二重积分化为二次积分时,有时也要从被积函数着眼. 这样,可能使计算简便或者使积分能够进行运算.

二、在极坐标系下计算二重积分

当积分区域为圆域或圆的一部分,或被积函数为 $f(x^2+y^2)$ 形式时,采用极坐标计算二重积分往往较为简便.

在极坐标系下,我们用以极点 O 为中心的一族同心圆:$r=$ 常数,和自极点出发的一族射线:$\theta=$ 常数,把积分区域 D 分割成 n 个小区域 $\Delta\sigma_i (i=1,2,\cdots,n)$,见图 8-28.

在 D 中取出一个典型的小区域 $\Delta\sigma$,它是由半径为 r 和 $r+\mathrm{d}r$ 的圆弧段,与极角为 θ 和 $\theta+\mathrm{d}\theta$ 的射线组成(图 8-28). 当 $\mathrm{d}r$ 和 $\mathrm{d}\theta$ ($\mathrm{d}r=\Delta r, \mathrm{d}\theta=\Delta\theta$)充分小时,圆弧段可以看成直线段,相交的射线段看成平行的射线段,所以小区域 $\Delta\sigma$ 可以近似地看成以 $r\mathrm{d}\theta$ 为长、$\mathrm{d}r$ 为宽的小矩形. 这时,面积元素

$$\mathrm{d}\sigma = r\mathrm{d}\theta\mathrm{d}r.$$

在选取极坐标系时,若以直角坐标系的原点为极点,以 x 轴

为极轴,则直角坐标与极坐标的关系为
$$\begin{cases} x = r\cos\theta, \\ y = r\sin\theta, \end{cases}$$
所以被积函数 $f(x,y)$ 可化为 r 和 θ 的函数
$$f(x,y) = f(r\cos\theta, r\sin\theta).$$

这样,由直角坐标系的二重积分变换为极坐标的二重积分,其变换公式是
$$\iint\limits_D f(x,y)\mathrm{d}\sigma = \iint\limits_D f(r\cos\theta, r\sin\theta) r\mathrm{d}r\mathrm{d}\theta. \tag{8.21}$$

将(8.21)的右端化为二次积分,通常是选择先对 r 积分,后对 θ 积分的次序. 一般有如下三种情形.

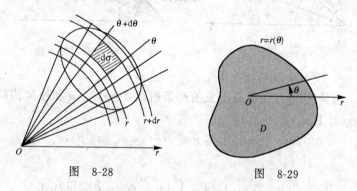

图 8-28　　　　　　　图 8-29

1. 极点在 D 的内部

积分区域 D 由连续曲线 $r=r(\theta)$ 围成(图 8-29):
$$D = \{(r,\theta) \mid 0 \leqslant r \leqslant r(\theta),\ 0 \leqslant \theta \leqslant 2\pi\},$$
则
$$\iint\limits_D f(r\cos\theta, r\sin\theta) r\mathrm{d}r\mathrm{d}\theta = \int_0^{2\pi}\mathrm{d}\theta \int_0^{r(\theta)} f(r\cos\theta, r\sin\theta) r\mathrm{d}r.$$
$$\tag{8.22}$$

2. 极点在 D 的外部

积分区域 D 是由极点出发的两条射线 $\theta=\alpha, \theta=\beta$ 和两条连

续曲线 $r=r_1(\theta), r=r_2(\theta)$ 围成(图 8-30):
$$D = \{(r,\theta) | r_1(\theta) \leqslant r \leqslant r_2(\theta), \alpha \leqslant \theta \leqslant \beta\},$$
则
$$\iint\limits_{D} f(r\cos\theta, r\sin\theta) r \mathrm{d}r \mathrm{d}\theta = \int_{\alpha}^{\beta} \mathrm{d}\theta \int_{r_1(\theta)}^{r_2(\theta)} f(r\cos\theta, r\sin\theta) r \mathrm{d}r.$$
(8.23)

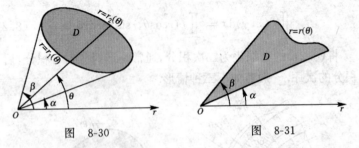

图 8-30   图 8-31

3. 极点在 D 的边界上

积分区域 D 由极点出发的两条射线 $\theta = \alpha, \theta = \beta$ 和连续曲线 $r = r(\theta)$ 围成(图 8-31):
$$D = \{(r,\theta) | 0 \leqslant r \leqslant r(\theta), \alpha \leqslant \theta \leqslant \beta\},$$
则
$$\iint\limits_{D} f(r\cos\theta, r\sin\theta) r \mathrm{d}r \mathrm{d}\theta = \int_{\alpha}^{\beta} \mathrm{d}\theta \int_{0}^{r(\theta)} f(r\cos\theta, r\sin\theta) r \mathrm{d}r.$$
(8.24)

例 6 计算 $I = \iint\limits_{D} \dfrac{1}{\sqrt{1-x^2-y^2}} \mathrm{d}\sigma$,其中积分区域 D 为圆域: $x^2+y^2 \leqslant 1$(图 8-32).

解 在极坐标系下,圆 $x^2+y^2=1$ 的方程为 $r=1$;区域 D 由曲线 $r=1$ 围成,可表示为
$$D = \{(r,\theta) | 0 \leqslant r \leqslant 1, 0 \leqslant \theta \leqslant 2\pi\}.$$
因极点在区域 D 的内部,由公式(8.22)有

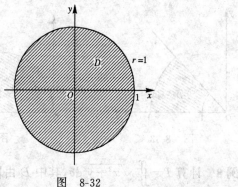

图 8-32

$$I = \int_0^{2\pi} d\theta \int_0^1 \frac{r}{\sqrt{1-r^2}} dr$$

$$= \int_0^{2\pi} \left[-\sqrt{1-r^2}\right]\Big|_0^1 d\theta = \int_0^{2\pi} d\theta = 2\pi.$$

例 7 计算 $I = \iint\limits_{D} \arctan \frac{y}{x} dxdy$,其中区域 D 为圆 $x^2+y^2=9$ 和 $x^2+y^2=1$ 与直线 $y=x, y=0$ 所围成的第一象限区域(图 8-33).

解 在极坐标系下,圆 $x^2+y^2=9$ 和 $x^2+y^2=1$ 的方程分别为 $r=3$ 和 $r=1$. 区域 D 可看成是由两条射线:$\theta=0, \theta=\frac{\pi}{4}$ 和两条曲线 $r=1, r=3$ 围成,即

$$D = \left\{(r,\theta) \mid 1 \leqslant r \leqslant 3, 0 \leqslant \theta \leqslant \frac{\pi}{4}\right\}.$$

由直角坐标与极坐标的关系知,$\frac{y}{x} = \tan\theta$,所以,$\arctan\frac{y}{x} = \theta$. 因极点在区域 D 之外,由公式(8.23)

$$I = \int_0^{\frac{\pi}{4}} d\theta \int_1^3 \theta r dr = \left(\int_0^{\frac{\pi}{4}} \theta d\theta\right) \cdot \left(\int_1^3 r dr\right)$$

$$= \frac{1}{2}\theta^2 \Big|_0^{\frac{\pi}{4}} \cdot \frac{1}{2}r^2 \Big|_1^3 = \frac{\pi^2}{32} \cdot \frac{8}{2} = \frac{\pi^2}{8}.$$

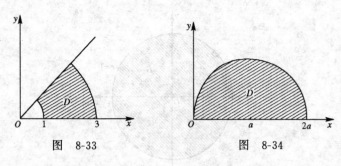

图 8-33　　　　　　　图 8-34

例8　计算 $I=\iint\limits_{D}\sqrt{x^2+y^2}\mathrm{d}\sigma$，其中 D 由圆 $(x-a)^2+y^2=a^2$ 和直线 $y=0$ 围成的第一象限的区域.

解　区域 D 如图 8-34，在极坐标系下，圆 $(x-a)^2+y^2=a^2$ 的方程为
$$r=2a\cos\theta.$$
区域 D 可看成是由两条射线：$\theta=0, \theta=\dfrac{\pi}{2}$ 和曲线 $r=2a\cos\theta$ 围成，可表示为
$$D=\left\{(r,\theta)\mid 0\leqslant r\leqslant 2a\cos\theta, 0\leqslant \theta\leqslant \dfrac{\pi}{2}\right\}.$$

极点在区域 D 的边界上，由公式(8.24)

$$\begin{aligned}
I &= \int_0^{\frac{\pi}{2}}\mathrm{d}\theta\int_0^{2a\cos\theta} r\cdot r\mathrm{d}r = \dfrac{1}{3}\int_0^{\frac{\pi}{2}}r^3\Big|_0^{2a\cos\theta}\mathrm{d}\theta \\
&= \dfrac{8}{3}\int_0^{\frac{\pi}{2}} a^3\cos^3\theta\mathrm{d}\theta \\
&= \dfrac{8}{3}a^3\int_0^{\frac{\pi}{2}}(1-\sin^2\theta)\mathrm{d}\sin\theta \\
&= \dfrac{8}{3}a^3\left(\sin\theta-\dfrac{1}{3}\sin^3\theta\right)\Big|_0^{\frac{\pi}{2}} \\
&= \dfrac{8}{3}a^3\cdot\dfrac{2}{3}=\dfrac{16}{9}a^3.
\end{aligned}$$

三、二重积分应用举例

1. 几何应用

(1) 空间形体的体积

在§8.6节已经说明,当 $f(x,y) \geqslant 0$ 时,二重积分

$$\iint_D f(x,y)\mathrm{d}\sigma$$

在几何上就是表示以曲面 $z=f(x,y)$ 为曲顶,以区域 D 为底的曲顶柱体的体积. 由此,可用二重积分计算空间形体的体积.

例9 求由平面 $z=0, z=x$ 和柱面 $y^2=2-x$ 所围成的立体的体积.

解 用二重积分计算立体的体积,要确定立体的曲顶方程——被积函数;还要确定立体的底(曲顶在 xy 平面上的投影区域)——积分区域.

由图8-35看出,立体的曲顶方程是 $z=x$;立体的侧面是柱面 $y^2=2-x$. 由于平面(即曲顶) $z=x$ 通过 y 轴,故立体的底是由直线 $x=0$ 和曲线 $y^2=2-x$ 所围成. 为方便确定积分限,画出 D 的图形(图8-36).

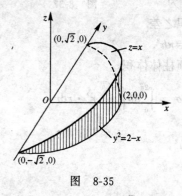
图 8-35

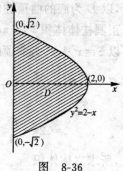
图 8-36

于是,所求立体的体积

$$V = \iint_D x\mathrm{d}x\mathrm{d}y = \int_{-\sqrt{2}}^{\sqrt{2}} \mathrm{d}y \int_0^{2-y^2} x\mathrm{d}x$$

$$= \int_{-\sqrt{2}}^{\sqrt{2}} \left[\frac{x^2}{2}\right]_0^{2-y^2} \mathrm{d}y$$

$$= \int_{-\sqrt{2}}^{\sqrt{2}} \frac{1}{2}(2-y^2)^2 \mathrm{d}y = \frac{32}{15}\sqrt{2}.$$

例 10 求由旋转抛物面 $z = x^2 + y^2$ 与平面 $z = h$ 所围立体的体积.

解 所求立体如图 8-37 所示. 由于抛物面 $z = x^2 + y^2$ 与平面 $z = h$ 相截所得交线是圆,圆心在 z 轴上,半径为 $\sqrt{h}$,所以所求立体在 xy 平面上的投影区域 D(积分区域)是以原点为心,半径为 $\sqrt{h}$ 的圆. 可以看出,所求立体的体积是以 D 为底、h 为高的正圆柱体积,与以旋转抛物面 $z = x^2 + y^2$ 为曲顶,以 D 为底的曲顶柱体体积之差.

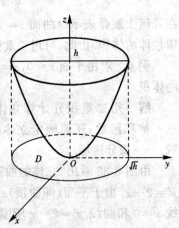

图 8-37

正圆柱体体积 $V_1 = \pi h \cdot h = \pi h^2$.

以 $z = x^2 + y^2$ 为曲顶的曲顶柱体体积

$$V_2 = \iint_D (x^2 + y^2)\mathrm{d}\sigma = \int_0^{2\pi} \mathrm{d}\theta \int_0^{\sqrt{h}} r^2 \cdot r\mathrm{d}r$$

$$= 2\pi \cdot \frac{h^2}{4} = \frac{\pi}{2}h^2,$$

于是,所求立体体积

$$V = V_1 - V_2 = \frac{\pi}{2}h^2.$$

由以上计算可知,旋转抛物面 $z=x^2+y^2$ 被任一垂直于 z 轴的平面 $z=h$ 所截出立体的体积,恰好等于以截面为底,高为 h 的正圆柱体体积的一半.

例 11 用二重积分计算由曲线 $y=x^2$ 与 $y=4x-x^2$ 所围成图形的面积.

分析 按二重积分的几何意义,当被积函数 $f(x,y)=1$ 时,

$$\iint_D d\sigma = 区域 D 的面积.$$

若把曲线 $y=x^2$ 与 $y=4x-x^2$ 所围成的图形(图 8-38)看做是二重积分的积分区域 D,便可用二重积分计算面积. 所求面积

$$\begin{aligned}
A &= \iint_D dxdy \\
&= \int_0^2 dx \int_{x^2}^{4x-x^2} dy \\
&= \int_0^2 (4x - x^2 - x^2) dx \\
&= \left(2x^2 - \frac{2}{3}x^3\right)\Big|_0^2 = \frac{8}{3}.
\end{aligned}$$

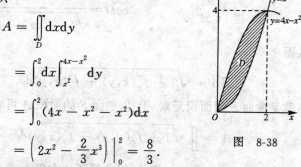

图 8-38

*(2) 曲面的面积

设空间曲面 S 的方程为

$$z = f(x,y), \quad (x,y) \in D,$$

它在 xy 平面上的投影为闭区域 D. 又设函数 $f(x,y)$ 在 D 上有连续的偏导数.

首先,在区域 D 上任取一个小区域 $d\sigma$,$d\sigma$ 也表示该小区域的面积;在 $d\sigma$ 上任意选取一点 (x,y),得曲面 S 上相对应的点 $M(x,y,f(x,y))$,过点 M 作曲面 S 的切平面. 然后,以小区域 $d\sigma$ 的边界线为准线,作母线平行于 z 轴的柱面;该柱面截曲面 S 得小

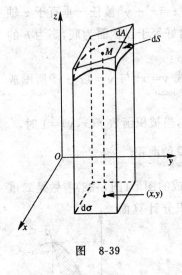

图 8-39

曲面块 dS、截切平面得小平面块 dA. 我们以小平面块 dA 的面积近似代替小曲面块 dS 的面积(图 8-39).

设切平面在点 M 处的法向量与 z 轴的交角为 γ(取锐角),则
$$d\sigma = dA \cdot \cos\gamma.$$
又曲面 S 在点 M 处的法向量为
$$n = \{f_x(x,y), f_y(x,y), -1\},$$
所以
$$\cos\gamma = \frac{1}{\sqrt{1+f_x^2(x,y)+f_y^2(x,y)}},$$
从而
$$dA = \sqrt{1+f_x^2(x,y)+f_y^2(x,y)}\,d\sigma.$$
这就是曲面 S 的面积元素. 于是,曲面 S 的面积 A 可表示为
$$A = \iint_D \sqrt{1+f_x^2(x,y)+f_y^2(x,y)}\,d\sigma. \tag{8.25}$$

在 §5.4 讲了曲线的弧长. 设曲线弧的方程为
$$y = f(x), \quad x \in [a,b].$$
我们以小切线段的长度代替小曲线段的长度,得到了用定积分表示曲线弧长的公式
$$l = \int_a^b \sqrt{1+f'^2(x)}\,dx.$$

这里,设曲面的方程为
$$z = f(x,y), \quad (x,y) \in D.$$
我们以小切面块的面积代替小曲面块的面积,而得到了用二重积分表示曲面面积的公式(8.25).

请读者对这两个公式进行对比.

例 12 求半径为 R 的球面的面积.

解 只要求出上半球面的面积即可. 设球心为坐标原点,则上半球面的方程为
$$z = \sqrt{R^2 - x^2 - y^2}.$$
它在 xy 平面上的投影区域 D 是圆: $x^2 + y^2 \leqslant R^2$.

由于
$$f_x(x,y) = \frac{-x}{\sqrt{R^2 - x^2 - y^2}},$$
$$f_y(x,y) = \frac{-y}{\sqrt{R^2 - x^2 - y^2}},$$
$$1 + f_x^2(x,y) + f_y^2(x,y) = \frac{R^2}{R^2 - x^2 - y^2},$$

所以,上半球面的面积
$$A_1 = \iint\limits_D \frac{R}{\sqrt{R^2 - x^2 - y^2}} d\sigma.$$

在极坐标下,积分区域 D: $0 \leqslant \theta \leqslant 2\pi, 0 \leqslant r \leqslant R$. 故
$$A_1 = \int_0^{2\pi} d\theta \int_0^R \frac{R}{\sqrt{R^2 - r^2}} r dr$$
$$= 2\pi \cdot \left[R(-\sqrt{R^2 - r^2})\right]\Big|_0^R = 2\pi R^2,$$

于是,球面的面积
$$A = 2A_1 = 4\pi R^2.$$

*2. 物理应用

(1) 平面薄板的重心

设平面内有 n 个质点,其质量分别为 $m_1, m_2, \cdots, m_n$,它们的坐标分别为 $(x_1, y_1), (x_2, y_2), \cdots, (x_n, y_n)$,则
$$M_x = \sum_{k=1}^n m_k y_k, \quad M_y = \sum_{k=1}^n m_k x_k$$
分别称为质点组对 x 轴、y 轴的静力矩.

若把质点组的质量集中在这样一点 $P(\xi,\eta)$,使得质点组对各坐标轴的静力矩等于把质点组的质量集中在 P 点后对同一坐标轴的静力矩,即
$$M_y = M \cdot \xi, \quad M_x = M \cdot \eta,$$
其中 $M = \sum\limits_{k=1}^{n} m_k$ 为质点组的质量,则点 P 称为该质点组的**重心**.
由此,质点组的重心坐标为
$$\xi = \frac{M_y}{M} = \frac{\sum\limits_{k=1}^{n} m_k x_k}{\sum\limits_{k=1}^{n} m_k},$$
$$\eta = \frac{M_x}{M} = \frac{\sum\limits_{k=1}^{n} m_k y_k}{\sum\limits_{k=1}^{n} m_k}.$$

以上结果,由物理学我们已经知道. 现在,我们来考察质量连续分布在平面域上,即讨论所谓物质平面(不考虑其厚度)的重心问题.

设有一块平面薄板,它在 xy 平面上占有闭区域 D,其在点 (x,y) 处的面密度为 $\mu(x,y)$. 我们已经知道,区域 D 上的任一个小区域 $\mathrm{d}\sigma$ 质量的近似值为
$$\mu(x,y)\mathrm{d}\sigma.$$
由此,小区域 $\mathrm{d}\sigma$ 对 x 轴、对 y 轴的静力矩的近似值则分别为
$$y \cdot \mu(x,y)\mathrm{d}\sigma,$$
$$x \cdot \mu(x,y)\mathrm{d}\sigma.$$
于是,整块薄板对 x 轴、对 y 轴的静力矩则分别为
$$M_x = \iint\limits_{D} y \cdot \mu(x,y)\mathrm{d}\sigma,$$
$$M_y = \iint\limits_{D} x \cdot \mu(x,y)\mathrm{d}\sigma.$$

由于薄板的质量

$$M = \iint_D \mu(x,y)\mathrm{d}\sigma,$$

所以,薄板重心的横坐标和纵坐标分别为

$$\xi = \frac{M_y}{M} = \frac{\iint_D x\mu(x,y)\mathrm{d}\sigma}{\iint_D \mu(x,y)\mathrm{d}\sigma}, \tag{8.26}$$

$$\eta = \frac{M_x}{M} = \frac{\iint_D y\mu(x,y)\mathrm{d}\sigma}{\iint_D \mu(x,y)\mathrm{d}\sigma}. \tag{8.27}$$

特别地,当 $\mu(x,y)=$ 常数时(薄板质量分布是均匀的),区域 D 的面积为 σ,则上二式简化为

$$\xi = \frac{1}{\sigma}\iint_D x\mathrm{d}\sigma, \tag{8.28}$$

$$\eta = \frac{1}{\sigma}\iint_D y\mathrm{d}\sigma. \tag{8.29}$$

这时,由于 ξ,η 仅与区域 D 的几何形状有关,我们也称点 (ξ,η) 是平面图形 D 的**形心**.

例 13 求质量均匀分布的半圆形平板的形心.

解 设半圆的圆心在原点,半径为 R(图 8-40),则半圆形区域 D 为:

$$0 \leqslant y \leqslant \sqrt{R^2-x^2}, \quad -R \leqslant x \leqslant R.$$

由于域 D 关于 y 轴对称,所以 $\xi=0$,只需计算 η. 因质量均匀分布,

$$\eta = \frac{1}{\sigma}\iint_D y\mathrm{d}\sigma = \frac{1}{\frac{1}{2}\pi R^2}\int_{-R}^{R}\mathrm{d}x\int_0^{\sqrt{R^2-x^2}} y\mathrm{d}y$$

$$= \frac{1}{\frac{1}{2}\pi R^2} \cdot \frac{2}{3}R^3 = \frac{4R}{3\pi},$$

所以,此半圆的形心为 $\left(0, \dfrac{4R}{3\pi}\right)$.

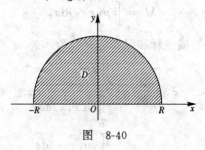

图 8-40

(2) 平面薄板的转动质量

质点 A 对于轴 L 的转动惯量 I_L 是质点 A 的质量 m 和 A 与转动轴 L 的距离 r 的平方的乘积,即

$$I_L = mr^2.$$

对于分别具有质量 $m_1, m_2, \cdots, m_n$ 的 n 个质点的质点组,若它们到已知轴 L 的垂直距离依次为 $r_1, r_2, \cdots, r_n$,则该质点组对轴 L 的转动惯量定义为各质点分别对轴 L 的转动惯量之和,即

$$I_L = \sum_{k=1}^{n} m_k r_k^2.$$

现在讨论物质连续分布在平面区域上,即讨论物质平面的转动惯量问题.

设有一块平面薄板,它在 xy 平面上占有闭区域 D,其在点 (x, y) 处的面密度为 $\mu(x, y)$. 因为区域 D 上的任一个小区域 $\mathrm{d}\sigma$ 质量的近似值为

$$\mu(x, y)\mathrm{d}\sigma,$$

所以,小区域 $\mathrm{d}\sigma$ 对 x 轴、对 y 轴和对原点 O 的转动惯量的近似值分别为

$$y^2 \cdot \mu(x, y)\mathrm{d}\sigma,$$
$$x^2 \cdot \mu(x, y)\mathrm{d}\sigma,$$
$$(x^2 + y^2)\mu(x, y)\mathrm{d}\sigma,$$

于是薄板对 x 轴、y 轴和原点的转动惯量则分别为

$$I_x = \iint\limits_D y^2 \mu(x,y) d\sigma, \tag{8.30}$$

$$I_y = \iint\limits_D x^2 \mu(x,y) d\sigma, \tag{8.31}$$

$$I_O = \iint\limits_D (x^2 + y^2) \mu(x,y) d\sigma. \tag{8.32}$$

显然,有

$$I_O = I_x + I_y.$$

例 14 设半径为 R 的圆板,其面密度为常数 k,求圆板对其中心轴的转动惯量 I_O 和对其直径的转动惯量 I_D.

解 取圆板的中心为坐标原点,z 轴为中心轴(图 8-41),则圆板上各点到 z 轴的距离为 $r=\sqrt{x^2+y^2}$. 于是,圆板对其中心轴的转动惯量

$$I_O = \iint\limits_D (x^2 + y^2) k d\sigma,$$

其中 D 是圆域: $x^2+y^2 \leqslant R^2$.

在极坐标下计算

$$I_O = k \int_0^{2\pi} d\theta \int_0^R r^2 \cdot r dr$$

$$= k \cdot 2\pi \cdot \frac{R^4}{4} = \frac{k\pi R^4}{2}.$$

由于圆板的质量 $M=k\pi R^2$,所以

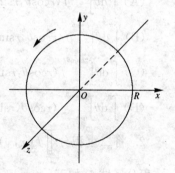

图 8-41

$$I_O = \frac{MR^2}{2}.$$

根据对称性,可知 $I_D=I_x=I_y$,而 $I_x+I_y=I_O$,所以,圆板对其直径的转动惯量

$$I_D = \frac{I_O}{2} = \frac{MR^2}{4}.$$

习 题 8.7

1. 单项选择题：

(1) 设区域 D 是单位圆 $x^2+y^2\leqslant 1$ 在第一象限的部分，将二重积分化为二次积分，则 $\iint\limits_D xy^2 dxdy=(\quad)$.

(A) $\int_0^1 dx \int_0^{\sqrt{1-y^2}} xy^2 dy$； (B) $\int_0^{\sqrt{1-y^2}} dx \int_0^{\sqrt{1-x^2}} xy^2 dy$；

(C) $\int_0^1 dx \int_0^{\sqrt{1-x^2}} xy^2 dy$； (D) $\int_0^1 dx \int_0^1 xy^2 dy$.

(2) 设区域 $D: x^2+y^2 \leqslant by(b>0)$，则 $\iint\limits_D f(x,y) d\sigma=(\quad)$.

(A) $\int_0^\pi d\theta \int_0^{b\sin\theta} f(r\cos\theta, r\sin\theta) dr$；

(B) $\int_0^\pi d\theta \int_0^{b\sin\theta} f(r\cos\theta, r\sin\theta) rdr$；

(C) $\int_0^\pi d\theta \int_0^{2b\sin\theta} f(r\cos\theta, r\sin\theta) dr$；

(D) $\int_0^\pi d\theta \int_0^{2b\sin\theta} f(r\cos\theta, r\sin\theta) rdr$.

2. 将二重积分 $\iint\limits_D f(x,y) dxdy$ 按两种积分次序化为二次积分，积分区域 D 如下：

(1) $D=\{(x,y) | y\leqslant x, y\geqslant a, x\leqslant b, 0<a<b\}$；

(2) $D=\{(x,y) | x^2+y^2\leqslant 1, x+y\geqslant 1\}$；

(3) D 由直线 $y=x$ 及抛物线 $y^2=4x$ 围成；

(4) D 由直线 $y=x$，$x=2$ 及双曲线 $y=\dfrac{1}{x}(x>0)$ 所围成.

3. 交换二次积分的次序：

(1) $\int_0^2 dx \int_x^{2x} f(x,y) dy$；

(2) $\int_{-1}^{1}\mathrm{d}x\int_{-\sqrt{1-x^2}}^{1-x^2}f(x,y)\mathrm{d}y$;

(3) $\int_{0}^{2a}\mathrm{d}x\int_{\sqrt{2ax-x^2}}^{\sqrt{2ax}}f(x,y)\mathrm{d}y$;

(4) $\int_{0}^{1}\mathrm{d}x\int_{0}^{x^2}f(x,y)\mathrm{d}y+\int_{1}^{3}\mathrm{d}x\int_{0}^{\frac{1}{2}(3-x)}f(x,y)\mathrm{d}y$.

4. 若积分区域 $D=\{(x,y)\,|\,a\leqslant x\leqslant b,c\leqslant y\leqslant d\}$，且 $f(x,y)=f_1(x)\cdot f_2(y)$，试证

$$\iint_D f(x,y)\mathrm{d}x\mathrm{d}y=\int_a^b f_1(x)\mathrm{d}x\cdot\int_c^d f_2(y)\mathrm{d}y.$$

5. 计算下列二重积分：

(1) $\iint_D (x^2+y^2)\mathrm{d}\sigma$，其中 D 是矩形：$|x|\leqslant 1, |y|\leqslant 1$；

(2) $\iint_D x\mathrm{e}^{xy}\mathrm{d}\sigma$，其中 D：$0\leqslant x\leqslant 1, -1\leqslant y\leqslant 0$；

(3) $\iint_D \mathrm{e}^{x+y}\mathrm{d}\sigma$，其中 D：$0\leqslant x\leqslant 1, 0\leqslant y\leqslant 1$；

(4) $\iint_D (1+x)\sin y\,\mathrm{d}\sigma$，其中 D 是顶点分别为 $(0,0),(1,0)$，$(1,2)$ 和 $(0,1)$ 的梯形区域；

(5) $\iint_D x\sqrt{y}\,\mathrm{d}\sigma$，其中 D 是由抛物线 $y=\sqrt{x}$ 和 $y=x^2$ 所围成的区域；

(6) $\iint_D xy\,\mathrm{d}\sigma$，其中 D 由抛物线 $y^2=2x$ 和直线 $y=4-x$ 所围成；

(7) $\iint_D 6x^2y^2\mathrm{d}\sigma$，其中 D 由直线 $y=x, y=-x$ 和曲线 $y=2-x^2$ 所围成；

(8) $\iint_D \mathrm{e}^{-y^3}\mathrm{d}\sigma$，其中 D 由直线 $x=0, y=1$ 和曲线 $y^2=x$ 所围

成.

6. 把下列二次积分化为极坐标的二次积分：

(1) $\int_0^R dx \int_0^{\sqrt{R^2-x^2}} f(\sqrt{x^2+y^2}) dy$；

(2) $\int_0^{2R} dy \int_0^{\sqrt{2Ry-y^2}} f(x,y) dx$.

7. 用极坐标计算下列二重积分：

(1) $\iint\limits_D e^{x^2+y^2} d\sigma$，其中 D 由圆 $x^2+y^2=4$ 所围成；

(2) $\iint\limits_D x^2 d\sigma$，其中 D 由圆 $x^2+y^2=1$, $x^2+y^2=4$ 围成的环形区域；

(3) $\iint\limits_D (1-2x-3y) d\sigma$，其中 D 是圆域 $x^2+y^2 \leqslant 25$；

(4) $\iint\limits_D \ln(1+x^2+y^2) d\sigma$，其中 D 是圆 $x^2+y^2=1$ 及坐标轴所围成的在第一象限的区域；

(5) $\iint\limits_D \sqrt{R^2-x^2-y^2} d\sigma$，其中 D 是由圆 $x^2+y^2=Rx$ 围成的区域；

(6) $\iint\limits_D (4-x-y) d\sigma$，其中 D 是圆域 $x^2+y^2 \leqslant 2y$.

8. 计算由下列曲面所围成的立体的体积：

(1) $z=1-x^2-y^2$, $y=x$, $y=\sqrt{3}x$, $z=0$；

(2) $x^2+y^2=8$, $x=0$, $y=0$, $z=0$, $x+y+z=4$；

(3) $az=y^2$, $x^2+y^2=R^2$, $z=0$ $(a>0, R>0)$；

(4) $z=1+x+y$, $x=0$, $y=0$, $x+y=1$, $z=0$；

(5) $z=x^2+y^2$, $y=x^2$, $y=1$, $z=0$；

(6) $z=x^2+y^2+1$, $x=0$, $y=0$, $z=0$, $x=4$, $y=4$.

9. 求由下列曲线所围成的图形的面积：

(1) 由曲线 $x=4y-y^2$, $x+y=6$ 所围;

(2) 由曲线 $y=2-x$, $y^2=4x+4$ 所围.

*10. 计算平面 $6x+3y+2z=12$ 在第一卦限中那一部分的面积.

*11. 计算平面 $\dfrac{x}{a}+\dfrac{y}{b}+\dfrac{z}{c}=1$ 被三坐标平面所割出的有限部分的面积.

*12. 计算旋转抛物面 $z=1-x^2-y^2$ 在 xy 平面上方部分的面积.

*13. 计算抛物面 $2z=x^2+y^2$ 由柱面 $x^2+y^2=1$ 所割出部分的面积.

*14. 求均匀密度的半椭圆 $\dfrac{x^2}{a^2}+\dfrac{y^2}{b^2}\leqslant 1, y\geqslant 0$ 的平面薄板的重心坐标;

*15. 求由曲线 $\sqrt{x}+\sqrt{y}=\sqrt{a}$, $x=0, y=0$ 所围均匀薄板的重心坐标.

*16. 平面薄板由直线 $y=x, y=2-x$ 及 y 轴围成,面密度为 $\mu(x,y)=3(2x+y+1)$,求薄板的重心坐标.

*17. 设均匀薄板(设密度 $\mu=1$)所占区域 D 为
$$D: x^2+y^2 \leqslant 1,$$
求薄板对 y 轴及对原点的转动惯量.

*18. 设均匀薄板(设密度 $\mu=1$)所占区域 D 为
$$0 \leqslant x \leqslant a, \quad 0 \leqslant y \leqslant b,$$
求薄板对 x 轴及对 y 轴的转动惯量.

*19. 求由直线 $\dfrac{x}{b_1}+\dfrac{y}{h}=1, \dfrac{x}{b_2}+\dfrac{y}{h}=1, y=0$ ($0<b_1<b_2, h>0$) 所围区域 D(设密度 $\mu=1$)对 x 轴和对 y 轴的转动惯量.

第九章 无穷级数

无穷级数是研究函数的性质、表示函数以及进行数值计算的有力工具. 无穷级数的理论丰富, 应用也很广泛.

本章先讲述数项级数的一些基本概念、性质和判定其敛散性的方法. 然后讨论函数项级数中最重要的幂级数和傅里叶级数: 讲述幂级数的基本性质及将函数展开为幂级数; 介绍傅里叶级数的基本知识.

§9.1 无穷级数概念及其性质

一、无穷级数概念

1. 无穷级数的收敛与发散

先从数列谈起. 已知数列

$$\frac{1}{2}, \frac{1}{4}, \frac{1}{8}, \cdots, \frac{1}{2^n}, \cdots,$$

将其所有项相加

$$\frac{1}{2} + \frac{1}{4} + \frac{1}{8} + \cdots + \frac{1}{2^n} + \cdots. \tag{9.1}$$

这是无穷多个数相加, 称为**无穷级数**, 也称为**数项级数**.

现在的问题是这种加法是否有"和"呢? 这个"和"的确切含义是什么? 为回答这个问题, 我们假设以 $S_1, S_2, \cdots, S_n, \cdots$ 分别表示无穷级数(9.1)式的前 1 项和, 前 2 项和, $\cdots$, 前 n 项和, $\cdots$

$$S_1 = \frac{1}{2}, S_2 = \frac{1}{2} + \frac{1}{4}, \cdots, S_n = \frac{1}{2} + \frac{1}{4} + \cdots + \frac{1}{2^n}, \cdots,$$

这样, 就得到一个数列 $\{S_n\}$:

$$S_1, S_2, \cdots, S_n, \cdots.$$

按我们对极限概念的理解,不难想到,当 n 无限增大时,若上述数列有极限,自然,这个极限值就可以充当无穷级数(9.1)的和的角色.

对于(9.1)式,由等比级数前 n 项和的公式,有

$$S_n = \frac{\frac{1}{2}\left[1-\left(\frac{1}{2}\right)^n\right]}{1-\frac{1}{2}} = 1 - \frac{1}{2^n} \to 1 \quad (n \to \infty),$$

所以,该无穷级数有和,其和为 1,并可记作

$$\frac{1}{2} + \frac{1}{4} + \frac{1}{8} + \cdots + \frac{1}{2^n} + \cdots = 1.$$

一般地,已知数列

$$u_1, u_2, u_3, \cdots, u_n, \cdots,$$

把它的各项依次用加号连接的表示式

$$u_1 + u_2 + u_3 + \cdots + u_n + \cdots \quad \text{或} \quad \sum_{n=1}^{\infty} u_n \quad (9.2)$$

称为**无穷级数**,简称为**级数**. u_1 称为级数的第一项,u_2 称为级数的第二项,$\cdots$,u_n 称为级数的**一般项**. (9.2)式是无穷多个**数**相加,也称为**数项级数**.

级数(9.2)的前 n 项和

$$S_n = u_1 + u_2 + \cdots + u_n$$

称为级数的**第 n 个部分和**,简称为**部分和**. 于是,级数(9.2)是否存在和就转化为由部分和组成的数列 $\{S_n\}$ 的收敛性问题.

定义 9.1 若级数 $\sum_{n=1}^{\infty} u_n$ 的部分和数列 $\{S_n\}$,当 $n \to \infty$ 时有极限 S,即

$$\lim_{n \to \infty} S_n = S,$$

则称该级数**收敛**,S 称为级数的**和**,记作

$$S = \sum_{n=1}^{\infty} u_n,$$

或
$$S = u_1 + u_2 + u_3 + \cdots + u_n + \cdots.$$

此时,也称级数 $\sum_{n=1}^{\infty} u_n$ **收敛于** S. 若数列 $\{S_n\}$ 没有极限,则称该级数**发散**.

当级数(9.2)收敛时,其和 S 与部分和 S_n 的差
$$R_n = S - S_n = u_{n+1} + u_{n+2} + \cdots$$
称为级数的**余项**. 显然, R_n 也是无穷级数.

例 1 讨论等比级数或几何级数 $\sum_{n=1}^{\infty} aq^{n-1}$ 的敛散性,其中 $a \neq 0$, q 是级数的公比.

解 (1) 当 $|q| \neq 1$ 时,部分和
$$S_n = a + aq + \cdots + aq^{n-1} = \frac{a - aq^n}{1-q}$$
$$= \frac{a}{1-q} - \frac{aq^n}{1-q}.$$

若 $|q| < 1$,则有 $\lim_{n \to \infty} S_n = \frac{a}{1-q}$,故级数收敛,其和为 $\frac{a}{1-q}$,即
$$\sum_{n=1}^{\infty} aq^{n-1} = \frac{a}{1-q}.$$

若 $|q| > 1$,则有 $\lim_{n \to \infty} S_n = \infty$,所以级数发散.

(2) 当 $q = 1$ 时,几何级数为
$$a + a + a + \cdots + a + \cdots.$$
由于 $S_n = na \to \infty$ $(n \to \infty)$,所以它发散.

(3) 当 $q = -1$ 时,几何级数为
$$a - a + a - a + \cdots.$$
由于
$$S_n = \begin{cases} a, & n \text{ 为奇数} \\ 0, & n \text{ 为偶数} \end{cases},$$
显然,当 $n \to \infty$ 时, S_n 不存在极限,所以级数发散.

综上所述,几何级数 $\sum_{n=1}^{\infty} aq^{n-1}$,当 $|q| < 1$ 时收敛,其和为 $\frac{a}{1-q}$;

当 $|q|\geqslant 1$ 时发散.

例2 讨论级数 $\sum\limits_{n=1}^{\infty}\dfrac{1}{n(n+1)}$ 的敛散性.

解 由于级数的一般项
$$\frac{1}{n(n+1)}=\frac{1}{n}-\frac{1}{n+1}\quad(n=1,2,\cdots),$$
所以级数的前 n 项部分和
$$\begin{aligned}S_n&=\frac{1}{1\cdot 2}+\frac{1}{2\cdot 3}+\cdots+\frac{1}{n(n+1)}\\&=\left(1-\frac{1}{2}\right)+\left(\frac{1}{2}-\frac{1}{3}\right)+\cdots+\left(\frac{1}{n}-\frac{1}{n+1}\right)\\&=1-\frac{1}{n+1}.\end{aligned}$$

而
$$\lim_{n\to\infty}S_n=\lim_{n\to\infty}\left(1-\frac{1}{n+1}\right)=1,$$
故级数收敛,其和为 1,即
$$\sum_{n=1}^{\infty}\frac{1}{n(n+1)}=1.$$

例3 判定级数 $\sum\limits_{n=1}^{\infty}\ln\dfrac{n+1}{n}$ 的敛散性.

解 由对数性质,级数的一般项
$$\ln\frac{n+1}{n}=\ln(n+1)-\ln n\quad(n=1,2,\cdots).$$
又级数的前 n 项部分和
$$\begin{aligned}S_n&=\ln\frac{2}{1}+\ln\frac{3}{2}+\cdots+\ln\frac{n+1}{n}\\&=(\ln 2-\ln 1)+(\ln 3-\ln 2)+\cdots\\&\quad+[\ln(n+1)-\ln n]\\&=\ln(n+1).\end{aligned}$$

因 $\qquad S_n=\ln(n+1)\to+\infty\quad(n\to\infty),$
所以级数发散.

2. 级数收敛的必要条件

定理 9.1 若级数 $\sum_{n=1}^{\infty} u_n$ 收敛,则 $\lim_{n\to\infty} u_n = 0$.

证 由于 $u_n = S_n - S_{n-1}$,又级数 $\sum_{n=1}^{\infty} u_n$ 收敛,所以
$$\lim_{n\to\infty} u_n = \lim_{n\to\infty}(S_n - S_{n-1}) = \lim_{n\to\infty} S_n - \lim_{n\to\infty} S_{n-1}$$
$$= S - S = 0. \quad \square$$

请**注意**,$\lim_{n\to\infty} u_n = 0$ 仅是级数 $\sum_{n=1}^{\infty} u_n$ 收敛的**必要条件**,由该条件不能判定级数收敛. 如例 3,虽有 $\lim_{n\to\infty} u_n = \lim_{n\to\infty} \ln \frac{n+1}{n} = 0$,但级数却发散.

又如,对级数
$$\sum_{n=1}^{\infty} \frac{1}{n} = 1 + \frac{1}{2} + \frac{1}{3} + \cdots + \frac{1}{n} + \cdots,$$
有
$$\lim_{n\to\infty} u_n = \lim_{n\to\infty} \frac{1}{n} = 0,$$
但该级数发散.

级数 $\sum_{n=1}^{\infty} \frac{1}{n}$ 称为**调和级数**,下面我们来证明调和级数**发散**.

利用不等式[①]
$$\ln(x+1) - \ln x < \frac{1}{x} \quad (x > 0),$$
对调和级数的前 n 项和 S_n,有
$$S_n = 1 + \frac{1}{2} + \cdots + \frac{1}{n}$$
$$> (\ln 2 - \ln 1) + (\ln 3 - \ln 2) + \cdots$$
$$+ [\ln(n+1) - \ln n]$$
$$= \ln(n+1).$$

---

① 参阅本套系列教材的《高等数学学习辅导》上册 156 页例 7.

显然,$S_n \to +\infty$ ($n \to \infty$),故调和级数发散.

由定理 9.1 知,若 $\lim\limits_{n\to\infty} u_n \neq 0$,可判定级数 $\sum\limits_{n=1}^{\infty} u_n$ 一定发散.

例 4 判定级数 $\sum\limits_{n=1}^{\infty} \dfrac{2n}{3n-1}$ 发散.

解 级数的一般项 $u_n = \dfrac{2n}{3n-1}$,因

$$\lim_{n\to\infty} u_n = \lim_{n\to\infty} \frac{2n}{3n-1} = \frac{2}{3},$$

所以,由级数收敛的必要条件知,该级数发散.

二、无穷级数的基本性质

性质 1 若级数 $\sum\limits_{n=1}^{\infty} u_n$ 与 $\sum\limits_{n=1}^{\infty} v_n$ 分别**收敛于 S 与 σ**,则级数 $\sum\limits_{n=1}^{\infty} (u_n \pm v_n)$ **收敛**,且其和为 $S \pm \sigma$.

证 级数 $\sum\limits_{n=1}^{\infty} (u_n \pm v_n)$ 的前 n 项和

$$S_n = \sum_{k=1}^{n}(u_k \pm v_k) = \sum_{k=1}^{n} u_k \pm \sum_{k=1}^{n} v_k,$$

则 $$\lim_{n\to\infty} S_n = \lim_{n\to\infty}\sum_{k=1}^{n} u_k \pm \lim_{n\to\infty}\sum_{k=1}^{n} v_k = S \pm \sigma.$$

这就是我们要证明的结果. □

性质 2 设 a 为非零常数,则级数 $\sum\limits_{n=1}^{\infty} au_n$ 与 $\sum\limits_{n=1}^{\infty} u_n$ **同时收敛**或**同时发散**. 当同时收敛时,若 $\sum\limits_{n=1}^{\infty} u_n = \sigma$,则

$$\sum_{n=1}^{\infty} au_n = a\sum_{n=1}^{\infty} u_n = a\sigma.$$

性质 3 增加、去掉或改变级数的有限项**不改变**级数的敛散性.

性质 4 收敛级数任意加括号后所成级数仍然**收敛**,且收敛于原级数的**和**.

由性质 4 推出,若加括号后所成级数发散,则原级数必发散.

需要注意的是,若加括号后所成级数收敛,则原级数可能收敛,也可能发散. 例如,对级数

$$1-1+1-1+\cdots,$$

加括号得级数

$$(1-1)+(1-1)+\cdots+(1-1)+\cdots$$
$$=0+0+\cdots+0+\cdots=0$$

收敛,但原级数

$$1-1+1-1+\cdots$$

却是发散的.

例 5 判定级数 $\sum_{n=1}^{\infty}\left(\dfrac{1}{2^n}+\dfrac{2}{3^n}\right)$ 的敛散性.

解 由例 1 知,几何级数 $\sum_{n=1}^{\infty}\dfrac{1}{2^n}$,$\sum_{n=1}^{\infty}\dfrac{2}{3^n}$ 均收敛.

又由性质 2 知,级数 $\sum_{n=1}^{\infty}\dfrac{2}{3^n}$ 收敛. 再由性质 1 知,级数 $\sum_{n=1}^{\infty}\left(\dfrac{1}{2^n}+\dfrac{2}{3^n}\right)$ 收敛.

例 6 判定级数 $\dfrac{1}{10}+\dfrac{1}{20}+\dfrac{1}{30}+\cdots$ 的敛散性.

解 由调和级数 $\dfrac{1}{1}+\dfrac{1}{2}+\dfrac{1}{3}+\cdots$ 发散,又取 $a=\dfrac{1}{10}$,根据性质 2,所给级数发散.

习 题 9.1

1. 写出下列级数的一般项 u_n:

(1) $1+\dfrac{1}{2}+\dfrac{1}{4}+\dfrac{1}{8}+\cdots$;

(2) $1+\frac{1}{3}+\frac{1}{5}+\frac{1}{7}+\cdots$;

(3) $\frac{1}{2}+\frac{1}{4}+\frac{1}{6}+\frac{1}{8}+\cdots$;

(4) $\frac{\sin 1}{2}+\frac{\sin 2}{2^2}+\frac{\sin 3}{2^3}+\frac{\sin 4}{2^4}+\cdots$.

2. 写出级数的展开形式的前 4 项：

(1) $\sum_{n=1}^{\infty} \frac{2^{n-1}}{2^n}$;

(2) $\sum_{n=1}^{\infty} \frac{n!}{n^2}$;

(3) $\sum_{n=1}^{\infty} \frac{(-1)^n \cdot 2^n}{n^n}$;

(4) $\sum_{n=1}^{\infty} \frac{(-1)^{n-1}}{n(n+2)}$.

3. 设级数 $\sum_{n=1}^{\infty} u_n$ 和 $\sum_{n=1}^{\infty} v_n$ 都收敛，试说明下列级数是否收敛（其中 k 是常数且 $k \neq 0$）：

(1) $\sum_{n=1}^{\infty} k u_n$;

(2) $\sum_{n=1}^{\infty} (u_n - k)$;

(3) $\sum_{n=2}^{\infty} (u_n + v_n)$;

(4) $k + \sum_{n=1}^{\infty} u_n$.

4. 已知级数 $\sum_{n=1}^{\infty} (-1)^{n-1} \left(\frac{4}{5}\right)^n$，试写出 $u_1, u_2, u_n; S_1, S_2, S_n$.

5. 已知级数的部分和 $S_n = \frac{n+1}{n}$，试写出这个级数.

6. 判定下列级数的敛散性，若收敛，求其和：

(1) $\frac{1}{1 \cdot 6}+\frac{1}{6 \cdot 11}+\frac{1}{11 \cdot 16}+\cdots+\frac{1}{(5n-4)(5n+1)}+\cdots$;

(2) $\frac{\ln 3}{3}+\frac{\ln 3}{3^2}+\frac{\ln 3}{3^3}+\cdots+\frac{\ln 3}{3^n}+\cdots$;

(3) $\sum_{n=1}^{\infty} \frac{n}{n+1}$;

(4) $\sum_{n=1}^{\infty} \frac{1}{\sqrt[n]{3}}$.

7. 判定下列级数的敛散性：

(1) $\left(\frac{1}{2}+\frac{8}{9}\right)+\left(\frac{1}{4}+\frac{8^2}{9^2}\right)+\left(\frac{1}{8}+\frac{8^3}{9^3}\right)+\cdots$;

(2) $3\ln\frac{2}{1}+3\ln\frac{3}{2}+3\ln\frac{4}{3}+\cdots$;

(3) $\dfrac{1}{2}-\dfrac{2}{3}+\dfrac{3}{4}-\dfrac{2^2}{3^2}+\dfrac{5}{6}-\dfrac{2^3}{3^3}+\cdots$;

(4) $\dfrac{1}{10}+\dfrac{1}{11}+\dfrac{1}{12}+\cdots$.

8. (1) 若级数 $\sum\limits_{n=1}^{\infty}u_n$ 收敛,级数 $\sum\limits_{n=1}^{\infty}v_n$ 发散,试证明级数 $\sum\limits_{n=1}^{\infty}(u_n+v_n)$ 发散;

(2) 若级数 $\sum\limits_{n=1}^{\infty}u_n$ 和 $\sum\limits_{n=1}^{\infty}v_n$ 均发散,问级数 $\sum\limits_{n=1}^{\infty}(u_n+v_n)$ 的敛散性如何?

已知级数 $\sum\limits_{n=1}^{\infty}(-1)^n$ 和 $\sum\limits_{n=1}^{\infty}(-1)^{n-1}$ 均发散,试以这两个级数为例来说明.

9. 单项选择题:

(1) 级数 $\sum\limits_{n=1}^{\infty}(\sqrt[2n+1]{a}-\sqrt[2n-1]{a})$ (　　).

(A) 发散;　　　　　　(B) 收敛且和为 0;
(C) 收敛且和为 1;　　　(D) 收敛且和为 $1-a$.

(2) 级数 $\ln x+(\ln x)^2+\cdots+(\ln x)^n+\cdots$,则(　　).

(A) x 取任何值时发散;　　(B) x 取任何值时收敛;
(C) $x\in(e^{-1},e)$ 时收敛;　　(D) $x\in(0,e)$ 时收敛.

(3) 设级数 $\sum\limits_{n=1}^{\infty}(u_{2n-1}+u_{2n})$ 收敛,则级数 $\sum\limits_{n=1}^{\infty}u_n$ (　　).

(A) 必收敛;　　　　　　(B) 未必收敛;
(C) $u_n\to 0\ (n\to\infty)$;　　(D) 发散.

(4) $\lim\limits_{n\to\infty}u_n=0$ 是级数 $\sum\limits_{n=1}^{\infty}u_n$ 收敛的(　　).

(A) 充分条件,但不是必要条件;
(B) 必要条件,但不是充分条件;
(C) 充分必要条件;

(D) 既不是充分条件,也不是必要条件.

§9.2 正项级数

每一项都是**非负**的级数称为**正项级数**. 即级数
$$u_1 + u_2 + \cdots + u_n + \cdots$$
满足条件 $u_n \geqslant 0$ $(n=1,2,\cdots)$,则称为正项级数.

这是一类重要的级数,因为正项级数在实际应用中经常会遇到,并且一般级数的敛散性判别问题,往往可以归结为正项级数的敛散性判别问题.

一、收敛的基本定理

设正项级数 $\sum_{n=1}^{\infty} u_n (u_n \geqslant 0)$ 的部分和数列为 $\{S_n\}$,显然它是单调增加的,即
$$S_1 \leqslant S_2 \leqslant \cdots \leqslant S_n \leqslant \cdots.$$
由定理 1.1,单调有界数列必有极限可知,若 $\{S_n\}$ 有上界,则它收敛;若 $\{S_n\}$ 没有上界,则它发散. 根据这一事实,我们有正项级数收敛的基本定理.

定理 9.2(收敛的基本定理) 正项级数 $\sum_{n=1}^{\infty} u_n (u_n \geqslant 0)$ 收敛的充分必要条件是其部分和数列 $\{S_n\}$ 有上界.

例1 证明级数
$$\sum_{n=1}^{\infty} \frac{1}{n^p} = 1 + \frac{1}{2^p} + \frac{1}{3^p} + \cdots + \frac{1}{n^p} + \cdots \quad (p \text{ 为正常数})$$
当 $p \leqslant 1$ 时发散;当 $p > 1$ 时收敛. 此级数称为 **p 级数**.

证 当 $p \leqslant 1$ 时,分别以 S_n 和 σ_n 记级数 $\sum_{n=1}^{\infty} \frac{1}{n^p}$ 与 $\sum_{n=1}^{\infty} \frac{1}{n}$ 的部分和,即
$$S_n = 1 + \frac{1}{2^p} + \frac{1}{3^p} + \cdots + \frac{1}{n^p},$$

$$\sigma_n = 1 + \frac{1}{2} + \frac{1}{3} + \cdots + \frac{1}{n},$$

显然 $S_n \geqslant \sigma_n.$

由于调和级数发散于正无穷大,即数列 $\{\sigma_n\}$ 无上界,所以,数列 $\{S_n\}$ 也无上界. 从而,根据定理 9.2,当 $p \leqslant 1$ 时,p 级数发散.

当 $p > 1$ 时,我们用积分来证明 p 级数的部分和数列 $\{S_n\}$ 有上界. 由于

$$\frac{1}{n^p} = \int_{n-1}^{n} \frac{1}{n^p} \mathrm{d}x,$$

当 $n-1 \leqslant x \leqslant n$ 时,有 $\frac{1}{n^p} \leqslant \frac{1}{x^p}$,于是

$$\begin{aligned} S_n &= 1 + \frac{1}{2^p} + \frac{1}{3^p} + \cdots + \frac{1}{n^p} \\ &= 1 + \int_1^2 \frac{1}{2^p} \mathrm{d}x + \int_2^3 \frac{1}{3^p} \mathrm{d}x + \cdots + \int_{n-1}^n \frac{1}{n^p} \mathrm{d}x \\ &< 1 + \int_1^2 \frac{1}{x^p} \mathrm{d}x + \int_2^3 \frac{1}{x^p} \mathrm{d}x + \cdots + \int_{n-1}^n \frac{1}{x^p} \mathrm{d}x \\ &= 1 + \int_1^n \frac{1}{x^p} \mathrm{d}x. \end{aligned}$$

而 $$\int_1^n \frac{1}{x^p} \mathrm{d}x = \frac{1}{1-p}\left(\frac{1}{n^{p-1}} - 1\right),$$

所以 $S_n < 1 + \frac{1}{p-1}\left(1 - \frac{1}{n^{p-1}}\right) < 1 + \frac{1}{p-1} = \frac{p}{p-1},$

即数列 $\{S_n\}$ 有上界. 根据定理 9.2,当 $p > 1$ 时,p 级数收敛.

当 $p = 1$ 时,p 级数即为调和级数. p 级数在判别正项级数的敛散性问题上起重要的作用.

二、正项级数的收敛判别法

1. 比较判别法

由定理 9.2 立即可得到一个基本判别法.

定理 9.3（比较判别法） 设 $\sum\limits_{n=1}^{\infty} u_n$ 和 $\sum\limits_{n=1}^{\infty} v_n$ 都是正项级数,且

$$u_n \leqslant v_n \quad (n=1,2,3,\cdots).$$

(1) 若级数 $\sum_{n=1}^{\infty} v_n$ **收敛**,则级数 $\sum_{n=1}^{\infty} u_n$ **收敛**;

(2) 若级数 $\sum_{n=1}^{\infty} u_n$ **发散**,则级数 $\sum_{n=1}^{\infty} v_n$ **发散**.

证 分别以 S_n 和 σ_n 记级数 $\sum_{n=1}^{\infty} u_n$ 与 $\sum_{n=1}^{\infty} v_n$ 的部分和,即

$$S_n = u_1 + u_2 + \cdots + u_n,$$
$$\sigma_n = v_1 + v_2 + \cdots + v_n.$$

因为 $u_n \leqslant v_n$,必有

$$S_n \leqslant \sigma_n \quad (n=1,2,3,\cdots).$$

若 $\sum_{n=1}^{\infty} v_n$ 收敛,数列 $\{\sigma_n\}$ 有上界,故数列 $\{S_n\}$ 也必有上界,从而级数 $\sum_{n=1}^{\infty} u_n$ 收敛.

若 $\sum_{n=1}^{\infty} u_n$ 发散,数列 $\{S_n\}$ 无上界,于是数列 $\{\sigma_n\}$ 也无上界,故级数 $\sum_{n=1}^{\infty} v_n$ 发散. □

例 2 讨论级数 $\sum_{n=1}^{\infty} \frac{1}{(n+1)^2}$ 的收敛性.

解 因为级数 $\sum_{n=1}^{\infty} \frac{1}{n(n+1)}$ 收敛(§9.1 例 2),而

$$\frac{1}{(n+1)^2} \leqslant \frac{1}{n(n+1)} \quad (n=1,2,\cdots),$$

由比较判别法,级数 $\sum_{n=1}^{\infty} \frac{1}{(n+1)^2}$ 收敛.

例 3 判别级数 $\sum_{n=1}^{\infty} \frac{1}{n^n}$ 的敛散性.

解 由于公比为 $\frac{1}{2}$ 的几何级数 $\sum_{n=1}^{\infty} \frac{1}{2^{n-1}}$ 收敛,且

$$\frac{1}{n^n} \leqslant \frac{1}{2^{n-1}} \quad (n=1,2,\cdots).$$

由比较判别法,级数 $\sum_{n=1}^{\infty} \frac{1}{n^n}$ 收敛.

例 4 判别级数 $\sum_{n=1}^{\infty} \frac{\ln n}{\sqrt{n}}$ 的敛散性.

解 注意到当 $n \geqslant 3$ 时,$\ln n > 1$,而

$$\frac{\ln n}{\sqrt{n}} \geqslant \frac{1}{\sqrt{n}}, \quad n=3,4,5,\cdots.$$

又 $\sum_{n=1}^{\infty} \frac{1}{\sqrt{n}}$ 是发散的 $p\left(p=\frac{1}{2}\right)$ 级数. 由比较判别法,级数

$$\sum_{n=1}^{\infty} \frac{\ln n}{\sqrt{n}}$$

也是发散的.

在实际使用上,比较判别法的下述极限形式往往更为方便.

推论 设 $\sum_{n=1}^{\infty} u_n$ 与 $\sum_{n=1}^{\infty} v_n$ 都是正项级数,且

$$\lim_{n \to \infty} \frac{u_n}{v_n} = l.$$

(1) 若 $0 < l < +\infty$,则级数 $\sum_{n=1}^{\infty} u_n$ 与 $\sum_{n=1}^{\infty} v_n$ **同时收敛或同时发散**;

(2) 若 $l=0$ 且级数 $\sum_{n=1}^{\infty} v_n$ **收敛**,则级数 $\sum_{n=1}^{\infty} u_n$ **收敛**;

(3) 若 $l=+\infty$ 且级数 $\sum_{n=1}^{\infty} v_n$ **发散**,则级数 $\sum_{n=1}^{\infty} u_n$ **发散**.

例 5 判别级数 $\sum_{n=1}^{\infty} \frac{1}{\sqrt{1+n^2}}$ 的敛散性.

解 因调和级数 $\sum_{n=1}^{\infty} \frac{1}{n}$ 发散,且

$$\lim_{n\to\infty} \frac{\frac{1}{\sqrt{1+n^2}}}{\frac{1}{n}} = 1.$$

由极限形式的比较判别法知,所给级数发散.

例6 判别级数 $\sum_{n=1}^{\infty} \tan \frac{1}{n^2}$ 的敛散性.

解 级数的通项 $u_n = \tan \frac{1}{n^2} > 0$,这是正项级数.

注意到,当 $n \to \infty$ 时,$\tan \frac{1}{n^2}$ 与 $\frac{1}{n^2}$ 是等价无穷小,即

$$\lim_{n\to\infty} \frac{\tan \frac{1}{n^2}}{\frac{1}{n^2}} = 1.$$

而级数 $\sum_{n=1}^{\infty} \frac{1}{n^2}$ 是收敛的 $p(p=2)$ 级数,由极限形式的比较判别法知,级数 $\sum_{n=1}^{\infty} \tan \frac{1}{n^2}$ 收敛.

应用比较判别法判别级数**收敛**时,需要找一个一般项不小于已知级数的收敛级数来进行比较,常用来进行比较的级数是几何级数或 p 级数. 若要用比较判别法证明已知级数**发散**,则需要找一个一般项不大于已知级数的发散级数进行比较.

用比较判别法需要找出一个敛散性已知的级数和待判断的级数进行比较,这一点往往比较困难.下面介绍一个使用方便的判别法——比值判别法.

2. 比值判别法

定理 9.4(达朗贝尔比值判别法) 设 $\sum_{n=1}^{\infty} u_n$ 为正项级数,且

$$\lim_{n\to\infty} \frac{u_{n+1}}{u_n} = \rho.$$

(1) 当 $\rho < 1$ 时,级数收敛;

(2) 当 $\rho>1$ 时,级数发散;

(3) 当 $\rho=1$ 时,级数可能收敛也可能发散.

例 7 判别级数 $\sum\limits_{n=1}^{\infty}\dfrac{2n-1}{2^n}$ 的敛散性.

解 因级数的一般项 $u_n=\dfrac{2n-1}{2^n}$,且

$$\lim_{n\to\infty}\frac{u_{n+1}}{u_n}=\lim_{n\to\infty}\frac{2(n+1)-1}{2^{n+1}}\cdot\frac{2^n}{2n-1}=\frac{1}{2}<1.$$

由比值判别法,级数收敛.

例 8 讨论级数 $\sum\limits_{n=1}^{\infty}nx^{n-1}(x>0)$ 的敛散性.

解 由 $x>0$ 知,这是正项级数.因

$$\lim_{n\to\infty}\frac{u_{n+1}}{u_n}=\lim_{n\to\infty}\frac{(n+1)x^n}{nx^{n-1}}=x,$$

由比值判别法,当 $0<x<1$ 时,级数收敛;当 $x>1$ 时,级数发散;当 $x=1$ 时,所讨论的级数是 $\sum\limits_{n=1}^{\infty}n$,它显然也是发散的.

例 9 判别级数 $\sum\limits_{n=1}^{\infty}2^n\sin\dfrac{\pi}{3^n}$ 的敛散性.

解 因 $\sin\dfrac{\pi}{3^n}>0\ (n=1,2,\cdots)$,这是正项级数.由于

$$\lim_{n\to\infty}\frac{u_{n+1}}{u_n}=\lim_{n\to\infty}\frac{2^{n+1}\sin\dfrac{\pi}{3^{n+1}}}{2^n\sin\dfrac{\pi}{3^n}}$$

$$=\lim_{n\to\infty}\frac{2}{3}\cdot\frac{\sin\dfrac{\pi}{3^{n+1}}}{\dfrac{\pi}{3^{n+1}}}\cdot\frac{\dfrac{\pi}{3^n}}{\sin\dfrac{\pi}{3^n}}$$

$$=\frac{2}{3}<1.$$

由比值判别法知,所给级数收敛.

习 题 9.2

1. 单项选择题：

（1）由于调和级数 $\sum\limits_{n=1}^{\infty}\dfrac{1}{n}$ 或 $\sum\limits_{n=1}^{\infty}\dfrac{1}{n+1}$ 发散，所以级数 $\sum\limits_{n=1}^{\infty}\dfrac{1}{\sqrt{n^2+n}}$ 也发散，原因是(　　).

(A) $\dfrac{1}{\sqrt{n^2+n}}<\dfrac{1}{n}$, $n=1,2,\cdots$;

(B) $\dfrac{1}{\sqrt{n^2+n}}>\dfrac{1}{n}$, $n=1,2,\cdots$;

(C) $\dfrac{1}{\sqrt{n^2+n}}<\dfrac{1}{n+1}$, $n=1,2,\cdots$;

(D) $\dfrac{1}{\sqrt{n^2+n}}>\dfrac{1}{n+1}$, $n=1,2,\cdots$.

（2）正项级数 $\sum\limits_{n=1}^{\infty}u_n$ 收敛的充分必要条件是(　　).

(A) $\lim\limits_{n\to\infty}u_n=0$;

(B) 若 $\sum\limits_{n=1}^{\infty}v_n$ 是正项级数，且 $\lim\limits_{n\to\infty}\dfrac{u_n}{v_n}=l\,(0<l<+\infty)$;

(C) $\lim\limits_{n\to\infty}\dfrac{u_{n+1}}{u_n}=\rho<1$;

(D) 级数的部分和数列 $\{S_n\}$ 有上界.

2. 用比较判别法判别下列级数的敛散性：

(1) $\sum\limits_{n=1}^{\infty}\dfrac{1}{2n-1}$;　　(2) $\sum\limits_{n=1}^{\infty}\dfrac{1}{n^2+1}$;

(3) $\sum\limits_{n=1}^{\infty}\dfrac{1}{n\sqrt{n+1}}$;　　(4) $\sum\limits_{n=1}^{\infty}\dfrac{1}{\sqrt{1+n^3}}$;

(5) $\sum\limits_{n=1}^{\infty}\left(1-\cos\dfrac{1}{n}\right)$;　　(6) $\sum\limits_{n=1}^{\infty}\dfrac{\pi}{n}\tan\dfrac{\pi}{n}$;

(7) $\sum\limits_{n=1}^{\infty}\dfrac{1}{n\sqrt[n]{n}}$;　　(8) $\sum\limits_{n=1}^{\infty}\dfrac{1}{1+a^n}$ $(a>0)$.

3. 用比值判别法判别下列级数的敛散性：

(1) $\sum_{n=1}^{\infty} \frac{1}{n!}$；

(2) $\sum_{n=1}^{\infty} \frac{2^n}{n \cdot 1000}$；

(3) $\sum_{n=1}^{\infty} \frac{n^2}{3^n}$；

(4) $\sum_{n=1}^{\infty} \frac{2^n n!}{n^n}$；

(5) $\sum_{n=1}^{\infty} \frac{2 \cdot 5 \cdot 8 \cdots [2+3(n-1)]}{1 \cdot 5 \cdot 9 \cdots [1+4(n-1)]}$；

(6) $\sum_{n=1}^{\infty} n \tan \frac{\pi}{2^{n+1}}$；

(7) $\sum_{n=1}^{\infty} n^2 \sin \frac{\pi}{2^n}$；

(8) $\sum_{n=1}^{\infty} \frac{1}{n^2} x^{2n}$.

4. 判别下列级数的敛散性：

(1) $\sum_{n=1}^{\infty} \frac{3n}{2^n}$；

(2) $\sum_{n=1}^{\infty} \frac{1}{(2n-1)2n}$；

(3) $\sum_{n=1}^{\infty} \frac{\sqrt{n}}{2n^2+n+2}$；

(4) $\sum_{n=1}^{\infty} \frac{n!}{n^n}$.

§9.3 任意项级数

若在级数 $\sum_{n=1}^{\infty} u_n$ 中，有无穷多个正项和无穷多个负项，则称为**任意项级数**. 这类级数中，最重要的一种特殊情形是交错级数.

一、交错级数

若级数的各项符号正负相间，即若 $u_n > 0$ $(n=1,2,\cdots)$，则

$$\sum_{n=1}^{\infty} (-1)^{n-1} u_n = u_1 - u_2 + u_3 - u_4 + \cdots + (-1)^{n-1} u_n + \cdots$$

称为**交错级数**.

交错级数有下述判定其收敛的定理.

定理 9.5（莱布尼兹定理） 若交错级数
$$\sum_{n=1}^{\infty}(-1)^{n-1}u_n \quad (u_n>0)$$
满足：

(1) $u_n \geqslant u_{n+1}(n=1,2,3,\cdots)$；

(2) $\lim\limits_{n\to\infty}u_n=0$，

则该级数**收敛**，且其和 $S \leqslant u_1$.

容易验证，下列各交错级数都满足定理 9.5 的条件，因而都是收敛的：
$$\sum_{n=1}^{\infty}(-1)^{n-1}\frac{1}{n}, \quad \sum_{n=1}^{\infty}\frac{(-1)^n}{\sqrt{n(n+1)}}.$$

二、绝对收敛与条件收敛

由任意项级数（u_n 为任意实数，$n=1,2,\cdots$）
$$u_1+u_2+u_3+\cdots+u_n+\cdots, \tag{9.3}$$
各项取绝对值后构成的正项级数
$$|u_1|+|u_2|+|u_3|+\cdots+|u_n|+\cdots \tag{9.4}$$
称为对应于级数（9.3）的**绝对值级数**.

有时，可通过判别级数（9.4）的敛散性而推得级数（9.3）的敛散性. 我们可以证明下述定理.

定理 9.6 若任意项级数 $\sum\limits_{n=1}^{\infty}u_n$ 的绝对值级数 $\sum\limits_{n=1}^{\infty}|u_n|$ 收敛，则该级数收敛.

若级数 $\sum\limits_{n=1}^{\infty}|u_n|$ 收敛，则称级数 $\sum\limits_{n=1}^{\infty}u_n$ 为**绝对收敛**；若级数 $\sum\limits_{n=1}^{\infty}|u_n|$ 发散，而级数 $\sum\limits_{n=1}^{\infty}u_n$ 收敛，则称级数 $\sum\limits_{n=1}^{\infty}u_n$ 为**条件收敛**.

例如，级数 $\sum\limits_{n=1}^{\infty}\frac{(-1)^n}{\sqrt{n(n+1)}}$ 为条件收敛. 我们已经知道该级数

收敛;但 $\sum_{n=1}^{\infty}\left|\dfrac{(-1)^n}{\sqrt{n(n+1)}}\right|$ 发散. 这是因为:

$$\lim_{n\to\infty}\dfrac{\dfrac{1}{\sqrt{n(n+1)}}}{\dfrac{1}{n}}=\lim_{n\to\infty}\dfrac{n}{\sqrt{n(n+1)}}=1,$$

且 $\sum_{n=1}^{\infty}\dfrac{1}{n}$ 发散.

级数 $\sum_{n=1}^{\infty}\dfrac{\sin n}{n^2}$ 绝对收敛. 这是因为

$$|u_n|=\left|\dfrac{\sin n}{n^2}\right|\leqslant\dfrac{1}{n^2}\quad(|\sin n|\leqslant 1),$$

且 $\sum_{n=1}^{\infty}\dfrac{1}{n^2}$ 收敛,从而 $\sum_{n=1}^{\infty}\left|\dfrac{\sin n}{n^2}\right|$ 收敛.

例 1 判别级数 $\sum_{n=1}^{\infty}\dfrac{(-1)^{n-1}n!}{n^n}$ 的敛散性.

解 由正项级数的比值判别法. 由于

$$\lim_{n\to\infty}\left|\dfrac{u_{n+1}}{u_n}\right|=\lim_{n\to\infty}\dfrac{(n+1)!}{(n+1)^{n+1}}\cdot\dfrac{n^n}{n!}$$
$$=\lim_{n\to\infty}\left(\dfrac{n}{n+1}\right)^n=\dfrac{1}{\mathrm{e}},$$

所以,该级数绝对收敛.

例 2 讨论级数 $\sum_{n=1}^{\infty}\dfrac{x^n}{n}$ 的敛散性.

解 因 x 可取任意实数,这是任意项级数. 用正项级数的比值判别法. 由于

$$\lim_{n\to\infty}\left|\dfrac{u_{n+1}}{u_n}\right|=\lim_{n\to\infty}\left|\dfrac{x^{n+1}}{n+1}\right|\cdot\left|\dfrac{n}{x^n}\right|=|x|,$$

所以

当 $|x|<1$ 时,级数绝对收敛;

当 $|x|>1$ 时,因 $\lim_{n\to\infty}u_n\neq 0$,级数发散;

当 $x=1$ 时,原级数为调和级数,发散;

当 $x=-1$ 时,级数 $\sum_{n=1}^{\infty}(-1)^n \frac{1}{n}$ 为条件收敛. 这是因为该级数本身收敛,而 $\sum_{n=1}^{\infty}\left|(-1)^n \frac{1}{n}\right|=\sum_{n=1}^{\infty}\frac{1}{n}$ 发散.

说明 由于任意项级数各项取绝对值后所构成的级数为正项级数. 根据定理 9.6,可用正项级数的判别法判别任意项级数的敛散性.

(1) 比较判别法只适用于判别任意项级数绝对收敛.

若级数(9.4)收敛,则级数(9.3)收敛,且为绝对收敛;若级数(9.4)发散,则不能断定级数(9.3)的敛散性.

(2) 比值判别法对判别任意项级数收敛与发散均适用.

对级数(9.3),若 $\lim_{n\to\infty}\left|\frac{u_{n+1}}{u_n}\right|=\rho$. 当 $\rho<1$ 时,它绝对收敛;当 $\rho>1$ 时,必有 $\frac{|u_{n+1}|}{|u_n|}>1$,所以 $\lim_{n\to\infty}|u_n|\neq 0$,从而 $\lim_{n\to\infty}u_n\neq 0$. 由级数收敛的必要条件知,级数(9.3)发散.

习 题 9.3

1. 判别下列级数的敛散性:

(1) $\sum_{n=1}^{\infty}\frac{(-1)^n}{2n}$;

(2) $\sum_{n=1}^{\infty}\frac{(-1)^n}{(2n)^2}$;

(3) $\sum_{n=1}^{\infty}\frac{(-1)^{n-1}}{n\cdot 2^n}$;

(4) $\sum_{n=1}^{\infty}\frac{(-1)^{n-1}n}{2n-1}$.

2. 下列级数哪些是绝对收敛、条件收敛或发散的?

(1) $\sum_{n=1}^{\infty}\frac{(-1)^{n-1}}{2n-1}$;

(2) $\sum_{n=1}^{\infty}\frac{(-1)^{n-1}}{(2n-1)^2}$;

(3) $\sum_{n=1}^{\infty}(-1)^{n-1}\frac{n}{n+1}$;

(4) $\sum_{n=1}^{\infty}\frac{\sin na}{(n+1)^2}$;

(5) $\sum_{n=1}^{\infty}(-1)^n\sin\frac{2}{n}$;

(6) $\sum_{n=1}^{\infty}\left(\frac{(-1)^n}{\sqrt{n}}+\frac{1}{n}\right)$;

(7) $\sum_{n=1}^{\infty}(-1)^{n-1}\dfrac{x^n}{n}$; (8) $\sum_{n=1}^{\infty}n!\left(\dfrac{x}{n}\right)^n$.

3. 单项选择题：

(1) 若级数 $\sum_{n=1}^{\infty}\dfrac{a}{q^n}$ (a 为常数)收敛,则( ).

(A) $q<1$; (B) $|q|<1$;
(C) $q>-1$; (D) $|q|>1$.

(2) 设级数 $\sum_{n=1}^{\infty}u_n$ 和 $\sum_{n=1}^{\infty}v_n$ 都条件收敛,则级数 $\sum_{n=1}^{\infty}(u_n+v_n)$ ( ).

(A) 一定条件收敛； (B) 一定绝对收敛；
(C) 可能条件收敛,也可能绝对收敛；
(D) 发散.

§9.4 幂级数

一、函数项级数概念

前面我们讨论了以"**数**"为项的级数,这是数项级数. 现在来讨论每一项都是"**函数**"的级数,这就是函数项级数.

设函数序列 $\{u_n(x)\}$：

$$u_1(x),\ u_2(x),\ \cdots,\ u_n(x),\ \cdots$$

定义在同一数集 X 上,则和式

$$u_1(x)+u_2(x)+\cdots+u_n(x)+\cdots \tag{9.5}$$

称为定义在数集 X 上的**函数项级数**. 在函数项级数(9.5)中, x 每取定一个值 $x_0 \in X$,则它就成为一个数项级数

$$u_1(x_0)+u_2(x_0)+\cdots+u_n(x_0)+\cdots. \tag{9.6}$$

这样,函数项级数就可理解为一簇数项级数. 由此,函数项级数也有收敛与发散问题,而且可用数项级数的知识来讨论它的敛散性问题.

级数(9.5)的前 n 项和称为它的**第 n 个部分和函数**,即
$$S_n(x) = u_1(x) + u_2(x) + \cdots + u_n(x).$$
若 $x_0 \in X$,数项级数(9.6)收敛,即部分和 $S_n(x_0) = \sum_{k=1}^{n} u_k(x_0)$,当 $n \to \infty$ 时极限存在,则称**函数项级数**(9.5)**在点 x_0 收敛**,x_0 称为函数项级数(9.5)的**收敛点**;若数项级数(9.6)发散,则称**函数项级数**(9.5)**在点 x_0 发散**,x_0 称为该数项级数的**发散点**. 若数项级数(9.5)所有收敛点的集合 $D \subset X$,则称 D 为该函数项级数的**收敛域**,级数(9.5)在 D 上每一点 x 与其所对应的数项级数(9.6)的和 $S(x)$ 构成一个定义在 D 上的函数,称为函数项级数(9.5)的**和函数**,并记作
$$u_1(x) + u_2(x) + \cdots + u_n(x) + \cdots = S(x), \quad x \in D,$$
也就是
$$\lim_{n \to \infty} S_n(x) = S(x), \quad x \in D.$$

若记
$$R_n(x) = S(x) - S_n(x),$$
则称 $R_n(x)$ 为函数项级数(9.5)的**余项**. 显然,对该级数收敛域 D 内的每一点 x,都有
$$\lim_{n \to \infty} R_n(x) = 0.$$

由此,函数项级数的收敛性问题完全归结为讨论它的部分和函数列 $\{S_n(x)\}$ 的收敛性问题.

例如,我们可以讨论定义在 $(-\infty, +\infty)$ 上的函数项级数
$$1 + x + x^2 + \cdots + x^{n-1} + \cdots$$
的收敛域及和函数 $S(x)$.

当 $x \neq \pm 1$ 时,它的部分和函数 $S_n(x) = \dfrac{1 - x^n}{1 - x}$.

当 $|x| < 1$ 时,
$$S(x) = \lim_{n \to \infty} S_n(x) = \frac{1}{1 - x};$$
当 $|x| > 1$ 时,该级数发散.

又,当 $x = \pm 1$ 时,该级数也发散.

综上所述,该级数的收敛域为$(-1,1)$,其和函数为$\dfrac{1}{1-x}$.
我们重点讲述函数项级数中最重要的幂级数和傅里叶级数.

二、幂级数

1. 幂级数的收敛域

形如
$$\sum_{n=0}^{\infty} a_n(x-x_0)^n = a_0 + a_1(x-x_0) + \cdots$$
$$+ a_n(x-x_0)^n + \cdots \qquad (9.7)$$
的函数项级数称为**幂级数**,其中常数 $a_0, a_1, \cdots, a_n, \cdots$ 称为幂级数的**系数**. 我们着重讨论 $x_0 = 0$,即
$$\sum_{n=0}^{\infty} a_n x^n = a_0 + a_1 x + \cdots + a_n x^n + \cdots \qquad (9.8)$$
的情形.因为只要把幂级数(9.8)中的 x 换成 $x-x_0$ 就可得到幂级数(9.7).

首先,用正项级数的比值判别法讨论幂级数(9.8)的敛散性问题.若设
$$\lim_{n\to\infty}\left|\frac{a_{n+1}}{a_n}\right| = \rho,$$
则 $\displaystyle\lim_{n\to\infty}\left|\frac{u_{n+1}}{u_n}\right| = \lim_{n\to\infty}\left|\frac{a_{n+1}x^{n+1}}{a_n x^n}\right|$
$$= \lim_{n\to\infty}\left|\frac{a_{n+1}}{a_n}\right| \cdot |x| = \rho|x|,$$
于是,当 $\rho|x|<1$,即 $|x|<\dfrac{1}{\rho}$ 时,幂级数(9.8)绝对收敛;当 $\rho|x|>1$,即 $|x|>\dfrac{1}{\rho}$ 时,幂级数(9.8)发散. 至于当 $\rho|x|=1$,即 $x=\dfrac{1}{\rho}$ 或 $x=-\dfrac{1}{\rho}$ 时,这可由所得数项级数来判别其敛散性.

若记 $R=\dfrac{1}{\rho}$,通常称 R 为幂级数 $\displaystyle\sum_{n=0}^{\infty} a_n x^n$ 的**收敛半径**,称区间

$(-R,R)$ 为该幂级数的**收敛区间**. 按函数项级数收敛域的定义,幂级数 $\sum_{n=0}^{\infty} a_n x^n$ 的收敛域也是一个区间,它可能是开区间 $(-R,R)$、闭区间 $[-R,R]$ 或半开区间 $(-R,R]$,$[-R,R)$.

特殊情况,可有收敛半径 $R=0$ 或 $R=+\infty$,这时收敛域理解成 $x=0$ 或 $(-\infty,+\infty)$.

由以上分析,我们有如下求收敛半径 R 的定理.

定理 9.7 若幂级数 $\sum_{n=0}^{\infty} a_n x^n$ 的系数满足

$$\lim_{n\to\infty}\left|\frac{a_{n+1}}{a_n}\right|=\rho,$$

则

(1) 当 $0<\rho<+\infty$ 时,收敛半径 $R=\dfrac{1}{\rho}$;

(2) 当 $\rho=0$ 时,收敛半径 $R=+\infty$;

(3) 当 $\rho=+\infty$ 时,收敛半径 $R=0$.

例 1 求幂级数 $\sum_{n=0}^{\infty} \dfrac{2^n}{n^2+1} x^n$ 的收敛半径、收敛区间和收敛域.

解 先求收敛半径. 由所给幂级数,$a_n=\dfrac{2^n}{n^2+1}$. 由于

$$\lim_{n\to\infty}\left|\frac{a_{n+1}}{a_n}\right|=\lim_{n\to\infty}\frac{2^{n+1}}{(n+1)^2+1}\frac{n^2+1}{2^n}=2,$$

所以收敛半径 $R=\dfrac{1}{2}$;收敛区间为 $\left(-\dfrac{1}{2},\dfrac{1}{2}\right)$.

再判别 $x=\pm\dfrac{1}{2}$ 时的情况.

当 $x=\dfrac{1}{2}$ 时,幂级数成为数项级数 $\sum_{n=0}^{\infty}\dfrac{1}{n^2+1}$,收敛;当 $x=-\dfrac{1}{2}$ 时,幂级数成为数项级数 $\sum_{n=0}^{\infty}(-1)^n\dfrac{1}{n^2+1}$,收敛.

综上所述,所求的收敛区间为 $\left[-\dfrac{1}{2},\dfrac{1}{2}\right]$.

例2 求幂级数 $\sum\limits_{n=0}^{\infty} \dfrac{x^n}{n!}$ 的收敛半径和收敛域.

解 由所给幂级数,$a_n = \dfrac{1}{n!}$. 由于

$$\lim_{n\to\infty} \left|\dfrac{a_{n+1}}{a_n}\right| = \lim_{n\to\infty} \dfrac{\dfrac{1}{(n+1)!}}{\dfrac{1}{n!}} = \lim_{n\to\infty} \dfrac{n!}{(n+1)!}$$

$$= \lim_{n\to\infty} \dfrac{1}{n+1} = 0,$$

故收敛半径 $R = +\infty$;幂级数的收敛域为 $(-\infty, +\infty)$.

例3 求幂级数 $\sum\limits_{n=1}^{\infty} (-1)^{n-1} \dfrac{(x-5)^n}{n \cdot 3^n}$ 的收敛域.

分析 这是形如 $\sum\limits_{n=0}^{\infty} a_n(x-x_0)^n$ 的幂级数,先通过变量替换化成形如 $\sum\limits_{n=0}^{\infty} a_n x^n$ 的幂级数,再用定理 9.7 求幂级数 $\sum\limits_{n=0}^{\infty} a_n x^n$ 的收敛半径,进而求出收敛域;最后,确定出所给级数的收敛域.

解 设 $t = x - 5$,则幂级数 $\sum\limits_{n=1}^{\infty} (-1)^{n-1} \dfrac{(x-5)^n}{n \cdot 3^n}$ 化为关于 t 的幂级数 $\sum\limits_{n=1}^{\infty} (-1)^{n-1} \dfrac{t^n}{n \cdot 3^n}$. 先求该幂级数的收敛域.

因 $a_n = \dfrac{(-1)^{n-1}}{n \cdot 3^n}$,且

$$\lim_{n\to\infty} \left|\dfrac{a_{n+1}}{a_n}\right| = \lim_{n\to\infty} \dfrac{n \cdot 3^n}{(n+1) \cdot 3^{n+1}} = \dfrac{1}{3},$$

所以收敛半径 $R = 3$.

当 $t = 3$ 时,幂级数为数项级数 $\sum\limits_{n=1}^{\infty} (-1)^{n-1} \dfrac{1}{n}$,收敛;当 $t = -3$ 时,幂级数为 $\sum\limits_{n=1}^{\infty} \dfrac{-1}{n}$,发散. 所以,幂级数 $\sum\limits_{n=1}^{\infty} (-1)^n \dfrac{t^n}{n \cdot 3^n}$ 的收敛域为 $(-3, 3]$.

为求所给幂级数的收敛域,由 $-3 < x - 5 \leqslant 3$ 得 $2 < x \leqslant 8$,故

幂级数 $\sum_{n=1}^{\infty}(-1)^{n-1}\dfrac{(x-5)^n}{n\cdot 3^n}$ 的收敛域为 $(2,8]$.

例 4 求幂级数 $\sum_{n=1}^{\infty}\dfrac{2n-1}{2^n}x^{2n-2}$ 的收敛域.

解 这是缺奇次项的幂级数,不能用定理 9.7 求其收敛半径. 这里,用正项级数的比值判别法来求幂级数的收敛半径.

记 $u_n=\dfrac{2n-1}{2^n}x^{2n-2}$,由于
$$\lim_{n\to\infty}\left|\dfrac{u_{n+1}}{u_n}\right|=\lim_{n\to\infty}\left|\dfrac{(2n+1)x^{2n}}{2^{n+1}}\cdot\dfrac{2^n}{(2n-1)x^{2n-2}}\right|$$
$$=\dfrac{1}{2}|x^2|.$$

当 $\dfrac{1}{2}|x^2|<1$,即 $|x|<\sqrt{2}$ 时,幂级数收敛;当 $\dfrac{1}{2}|x^2|>1$,即 $|x|>\sqrt{2}$ 时,幂级数发散. 所以收敛半径 $R=\sqrt{2}$.

当 $x=\pm\sqrt{2}$ 时,$x^2=2$,幂级数为 $\sum_{n=1}^{\infty}\dfrac{2n-1}{2}$,发散. 故幂级数的收敛域为 $(-\sqrt{2},\sqrt{2})$.

2. 幂级数的性质

幂级数在其收敛区间内有一些很好的性质,或者说在一定的条件下,它具有多项式的一些性质. 这里,仅讲述最常用的性质.

性质 1 设幂级数 $\sum_{n=0}^{\infty}a_n x^n$ 和 $\sum_{n=0}^{\infty}b_n x^n$ 的收敛半径分别为 $R_1(>0)$ 和 $R_2(>0)$,令 $R=\min(R_1,R_2)$,则在区间 $(-R,R)$ 内,有
$$\sum_{n=0}^{\infty}a_n x^n \pm \sum_{n=0}^{\infty}b_n x^n = \sum_{n=0}^{\infty}(a_n\pm b_n)x^n.$$

性质 2 设幂级数 $\sum_{n=0}^{\infty}a_n x^n$ 的收敛半径 $R>0$,且其和函数为 $S(x)$,则函数 $S(x)$ 在收敛区间 $(-R,R)$ 内可导,且可逐项求导,即有
$$S'(x)=\Big(\sum_{n=0}^{\infty}a_n x^n\Big)'=\sum_{n=0}^{\infty}(a_n x^n)'=\sum_{n=1}^{\infty}na_n x^{n-1}.$$

级数 $\sum_{n=1}^{\infty} na_n x^{n-1}$ 与 $\sum_{n=0}^{\infty} a_n x^n$ 有相同的收敛半径.

性质 3 设幂级数 $\sum_{n=0}^{\infty} a_n x^n$ 的收敛半径 $R>0$,且其和函数为 $S(x)$,则函数 $S(x)$ 在收敛区间 $(-R,R)$ 内可积,且可逐项求积分,即有

$$\int_0^x S(t)\mathrm{d}t = \int_0^x \left(\sum_{n=0}^{\infty} a_n t^n\right)\mathrm{d}t = \sum_{n=0}^{\infty} \int_0^x a_n t^n \mathrm{d}t$$
$$= \sum_{n=0}^{\infty} \frac{a_n}{n+1} x^{n+1}.$$

级数 $\sum_{n=0}^{\infty} \frac{a_n}{n+1} x^{n+1}$ 与 $\sum_{n=0}^{\infty} a_n x^n$ 有相同的收敛半径.

例 5 求幂级数
$$1 + 2x + 3x^2 + \cdots + nx^{n-1} + \cdots$$
的和函数.

解 注意到 $(x^n)' = nx^{n-1}$,且以 x 为公比的几何级数在其收敛域 $(-1,1)$ 内有

$$1 + x + x^2 + \cdots + x^n + \cdots = \frac{1}{1-x},$$

于是,将上式两端在区间 $(-1,1)$ 内求导,可得

$$(1+x+x^2+\cdots+x^n+\cdots)' = \left(\frac{1}{1-x}\right)',$$

$$1+2x+3x^2+\cdots+nx^{n-1}+\cdots = \frac{1}{(1-x)^2}, \quad -1<x<1,$$

即所给幂函数在区间 $(-1,1)$ 内的和函数为 $\frac{1}{(1-x)^2}$.

例 6 求下列幂级数的和函数

(1) $x + \frac{x^2}{2} + \frac{x^3}{3} + \cdots + \frac{x^n}{n} + \cdots$;

(2) $x - \frac{x^2}{2} + \frac{x^3}{3} - \cdots + (-1)^{n-1}\frac{x^n}{n} + \cdots$.

解 (1) 由于 $\int_0^x x^n \mathrm{d}x = \dfrac{x^{n+1}}{n+1}$,又在区间 $(-1,1)$ 内,有等式

$$1 + x + x^2 + \cdots + x^n + \cdots = \frac{1}{1-x},$$

于是,将上等式两端在区间 $[0,x]$ $(x<1)$ 上求积分,有

$$\int_0^x (1 + x + x^2 + \cdots + x^n + \cdots) \mathrm{d}x = \int_0^x \frac{1}{1-x} \mathrm{d}x,$$

即

$$x + \frac{x^2}{2} + \frac{x^3}{3} + \cdots + \frac{x^{n+1}}{n+1} + \cdots = -\ln(1-x).$$

由于幂级数逐项积分后收敛半径不变,故上述幂级数的收敛半径 $R=1$;可以验证上式对 $x=-1$ 时也成立,故上式左端幂级数的收敛域为 $[-1,1)$.

(2) 在区间 $(-1,1)$ 内,有等式

$$1 - x + x^2 - \cdots + (-1)^n x^n + \cdots = \frac{1}{1+x}.$$

上面等式两端在区间 $[0,x]$ $(x<1)$ 上积分,可得

$$x - \frac{x^2}{2} + \frac{x^3}{3} - \cdots + (-1)^n \frac{x^{n+1}}{n+1} + \cdots = \ln(1+x). \quad (9.9)$$

由于幂级数逐项积分后收敛半径不变,故上述幂级数的收敛半径 $R=1$;可以验证 (9.9) 式对 $x=1$ 时也成立,故其收敛域为 $(-1,1]$.

将 $x=1$ 代入 (9.9) 式,有如下公式

$$\ln 2 = 1 - \frac{1}{2} + \frac{1}{3} - \cdots + (-1)^n \frac{1}{n+1} + \cdots.$$

另外,由本例幂级数所表示的和函数 $\ln(1+x)$ 与 $\ln(1-x)$,可得

$$\begin{aligned}
\ln(1+x) - \ln(1-x) &= \ln \frac{1+x}{1-x} \\
&= \left(x - \frac{x^2}{2} + \frac{x^3}{3} - \cdots + (-1)^n \frac{x^{n+1}}{n+1} + \cdots \right) \\
&\quad + \left(x + \frac{x^2}{2} + \frac{x^3}{3} + \cdots + \frac{x^{n+1}}{n+1} + \cdots \right)
\end{aligned}$$

$$= 2\left(x + \frac{x^3}{3} + \frac{x^5}{5} + \cdots + \frac{x^{2n+1}}{2n+1} + \cdots\right), \quad -1 < x < 1.$$

习 题 9.4

1. 单项选择题：

(1) 对任何 x 值，$\lim\limits_{n\to\infty}\dfrac{5^n x^n}{n!}=($　　$)$.

(A) 0； (B) 1； (C) $\dfrac{1}{2}$； (D) ∞.

(2) 若级数 $\sum\limits_{n=1}^{\infty}(-1)^{n-1}\dfrac{(x-a)^n}{n}$ 在 $x>0$ 时发散，在 $x=0$ 处收敛，则常数 $a=($　　$)$.

(A) 1； (B) -1； (C) 2； (D) -2.

2. 求下列幂级数的收敛半径与收敛域：

(1) $\sum\limits_{n=0}^{\infty}\dfrac{x^n}{n!}$;

(2) $\sum\limits_{n=1}^{\infty}\dfrac{x^n}{n^2 2^n}$;

(3) $\sum\limits_{n=0}^{\infty} n! \, x^n$;

(4) $\sum\limits_{n=1}^{\infty}\dfrac{x^{n-1}}{3^{n-1} n}$;

(5) $\sum\limits_{n=1}^{\infty}(-1)^n \dfrac{5^n x^n}{\sqrt{n}}$;

(6) $\sum\limits_{n=0}^{\infty}\dfrac{x^n}{(2n-1) 2n}$;

(7) $\sum\limits_{n=0}^{\infty}\dfrac{1}{3^n} x^{2n+1}$;

(8) $\sum\limits_{n=1}^{\infty}(\sqrt{n+1}-\sqrt{n}) 2^n x^{2n}$;

(9) $\sum\limits_{n=1}^{\infty} 2^n x^{2n-1}$;

(10) $\sum\limits_{n=1}^{\infty}(-1)^n \dfrac{x^{2n}}{5^n}$.

3. 求下列幂级数的收敛域：

(1) $\sum\limits_{n=1}^{\infty}\dfrac{1}{\sqrt{n}}(x-1)^n$;

(2) $\sum\limits_{n=1}^{\infty}\dfrac{(x-3)^n}{n \cdot 3^n}$.

4. 求幂级数的收敛域，并在收敛域内求其和函数：

(1) $\sum\limits_{n=0}^{\infty}\dfrac{x^{2n+1}}{2n+1}$;

(2) $\sum\limits_{n=0}^{\infty}(n+1) x^n$.

§9.5 函数的幂级数展开

一、泰勒级数

由前一节看到,幂级数在收敛域内可以表示一个函数.由于幂级数不仅形式简单,而且有很多优越的性质,这就使人们想到,能否把一个给定的函数 $f(x)$ 表示为幂级数呢?本节就要讨论这个问题.

假若函数 $f(x)$ 在点 x_0 的某一邻域内能表示为幂级数,即当 $x\in(x_0-\delta,x_0+\delta)$ 时,有

$$f(x)=a_0+a_1(x-x_0)+a_2(x-x_0)^2 \\ +\cdots+a_n(x-x_0)^n+\cdots, \qquad(9.10)$$

那么,应要求什么条件呢?这些条件就是:

其一,在什么条件下,能够并如何确定上述幂级数的系数 $a_0, a_1, a_2, \cdots, a_n, \cdots$;其二,在什么条件下,上述幂级数收敛且收敛于函数 $f(x)$.

1. 泰勒级数

若函数 $f(x)$ 在点 x_0 的某邻域内有任意阶导数,则可以惟一地确定幂级数的系数 $a_0, a_1, a_2, \cdots, a_n, \cdots$.

事实上,**假设**已成立

$$f(x)=a_0+a_1(x-x_0)+a_2(x-x_0)^2 \\ +\cdots+a_n(x-x_0)^n+\cdots,$$

由于

$$f'(x)=a_1+2a_2(x-x_0)+\cdots \\ +na_n(x-x_0)^{n-1}+\cdots,$$

$$f''(x)=2!a_2+3\cdot2a_3(x-x_0)+\cdots \\ +n(n-1)a_n(x-x_0)^{n-2}+\cdots,$$

……

$$f^{(n)}(x) = n!a_n + (n+1)n\cdots 2 a_{n+1}(x-x_0) + \cdots,$$

......

在以上各式两端令 $x=x_0$,可得

$$f(x_0) = a_0, \quad f'(x_0) = a_1, \quad f''(x_0) = 2!a_2, \quad \cdots,$$
$$f^{(n)}(x_0) = n!a_n, \quad \cdots.$$

从而

$$a_0 = f(x_0),$$
$$a_1 = \frac{f'(x_0)}{1!},$$
$$a_2 = \frac{f''(x_0)}{2!},$$

......

$$a_n = \frac{f^{(n)}(x_0)}{n!},$$

......

这就给出了函数 $f(x)$ 在 x_0 的幂级数展开式的系数表示式,这也说明了幂级数展开式的惟一性. 将 $a_0, a_1, a_2, \cdots, a_n, \cdots$ 的表示式代入 (9.15) 式,便得到函数 $f(x)$ 的幂级数展开式

$$f(x) = f(x_0) + f'(x_0)(x-x_0) + \frac{f''(x_0)}{2!}(x-x_0)^2$$
$$+ \cdots + \frac{f^{(n)}(x_0)}{n!}(x-x_0)^n + \cdots. \tag{9.11}$$

这里需注意,(9.11) 式是在函数 $f(x)$ 可以展开成形如 (9.10) 的幂级数的假定之下得出的. 实际上,由上述求 $a_n(n=0,1,2,\cdots)$ 的表示式看,只要函数 $f(x)$ 在 $x=x_0$ 处有任意阶导数,我们就可以写出 (9.11) 式.

若 $f(x)$ 在点 x_0 有各阶导数,我们称幂级数

$$\sum_{n=0}^{\infty} \frac{f^{(n)}(x_0)}{n!}(x-x_0)^n$$

$$= f(x_0) + f'(x_0)(x-x_0) + \frac{f''(x_0)}{2!}(x-x_0)^2$$
$$+ \cdots + \frac{f^{(n)}(x_0)}{n!}(x-x_0)^n + \cdots \tag{9.12}$$

为函数 $f(x)$ 在点 x_0 的**泰勒级数**.

2. 泰勒级数的收敛性

若函数 $f(x)$ 的泰勒级数的部分和为 $S_n(x)$,有
$$\lim_{n \to \infty} S_n(x) = f(x), \tag{9.13}$$
则泰勒级数(9.12)式收敛,且其和函数为 $f(x)$.

记 $S_n(x)$ 为泰勒级数(9.12)的前 $n+1$ 项的和,记级数的**余项**
$$R_n(x) = f(x) - S_n(x),$$
显然,(9.13)式成立的充分必要条件是
$$\lim_{n \to \infty} R_n(x) = 0.$$
即当 $\lim_{n \to \infty} R_n(x) = 0$ 时,泰勒级数(9.12)的和函数为 $f(x)$.这时,在点 x_0 的某邻域内,**等式**(9.11)就成立了.

由以上讨论,我们有如下**结论**:

若函数 $f(x)$ 在点 x_0 **有任意阶导数**,则在包含 x_0 的某区间内,函数 $f(x)$ **等于**它的泰勒级数的**和函数**的**充分必要条件**是泰勒级数的余项,有
$$\lim_{n \to \infty} R_n(x) = 0.$$

这样,若函数 $f(x)$ 在点 x_0 的某邻域内能表示为幂级数,则这一幂级数就是该函数在 x_0 的泰勒级数(9.12).在实际应用上,主要讨论在 $x_0 = 0$ 的幂级数展开式,这时,(9.12)式写成
$$\sum_{n=0}^{\infty} \frac{f^{(n)}(0)}{n!} x^n = f(0) + f'(0)x + \frac{f''(0)}{2!}x^2$$
$$+ \cdots + \frac{f^{(n)}(0)}{n!}x^n + \cdots,$$
称为函数 $f(x)$ 的**马克劳林级数**.

二、泰勒公式

按上所述,为确定函数 $f(x)$ 是否等于它的泰勒级数的和函数,要讨论泰勒级数余项 $R_n(x)$ 的极限,这就必须知道 $R_n(x)$ 的表达式.下述的泰勒公式解决了这一问题.

定理 9.8(泰勒中值定理) 设函数 $f(x)$ 在 $x=x_0$ 的某邻域内有直至 $n+1$ 阶导数,则对该邻域内的任意 x,有

$$f(x) = f(x_0) + f'(x_0)(x-x_0) + \frac{f''(x_0)}{2!}(x-x_0)^2$$
$$+ \cdots + \frac{f^{(n)}(x_0)}{n!}(x-x_0)^n + R_n(x), \qquad (9.14)$$

其中

$$R_n(x) = \frac{f^{(n+1)}(\xi)}{(n+1)!}(x-x_0)^{n+1} \quad (\xi \text{ 介于 } x_0 \text{ 与 } x \text{ 之间}).$$

(9.14)式称为函数 $f(x)$ 在点 x_0 的**泰勒公式**.若记

$$S_n(x) = \sum_{k=0}^{n} \frac{f^{(k)}(x_0)}{k!}(x-x_0)^k,$$

称 $S_n(x)$ 为函数 $f(x)$ 的**泰勒多项式**; $R_n(x)$ 称为泰勒公式的**余项**.这里给出的是**拉格朗日型余项**.

由函数 $f(x)$ 的泰勒公式(9.14)看,在点 x_0 的附近,$f(x)$ 的值可用 $S_n(x)$ 来近似代替,其误差

$$R_n(x) = o((x-x_0)^n) \quad (x \to x_0).$$

当 $n=0$ 时,泰勒公式就是拉格朗日公式

$$f(x) = f(x_0) + f'(\xi)(x-x_0).$$

当 $n=1$ 时,泰勒公式是

$$f(x) = f(x_0) + f'(x_0)(x-x_0) + \frac{f''(\xi)}{2!}(x-x_0)^2.$$

对照微分近似公式

$$f(x) \approx f(x_0) + f'(x_0)(x-x_0).$$

显然,这时的误差为 $\dfrac{f''(\xi)}{2!}(x-x_0)^2$.

当取 $x_0=0$ 时,泰勒公式(9.14)称为**马克劳林公式**:

$$f(x) = f(0) + f'(0)x + \dfrac{f''(0)}{2!}x^2$$
$$+ \cdots + \dfrac{f^{(n)}(0)}{n!}x^n + R_n(x), \quad (9.15)$$

其中

$$R_n(x) = \dfrac{f^{(n+1)}(\xi)}{(n+1)!}x^{n+1} \quad (\xi \text{ 介于 } 0 \text{ 与 } x \text{ 之间}),$$

或

$$R_n(x) = \dfrac{f^{(n+1)}(\theta x)}{(n+1)!}x^{n+1} \quad (0 < \theta < 1).$$

三、函数的幂级数展开式

将函数 $f(x)$ 展开成 x 的幂级数 $\sum\limits_{n=0}^{\infty} \dfrac{f^{(n)}(0)}{n!}x^n$,有**直接展开法**和**间接展开法**.

1. 直接展开法

直接按公式 $a_n = \dfrac{f^{(n)}(0)}{n!}$ $(n=0,1,2,\cdots)$ 计算幂级数的系数,并以此求出幂级数的收敛半径 R;当 $x \in (-R,R)$ 时,考察当 $n \to \infty$ 时,马克劳林公式的余项 $R_n(x)$ 是否趋于零. 若 $R_n(x)$ 趋于零,就得到了函数 $f(x)$ 的幂级数展开式 $\sum\limits_{n=0}^{\infty} \dfrac{f^{(n)}(0)}{n!}x^n$.

例1 求函数 $f(x) = e^x$ 的马克劳林级数.

解 由于

$f(x) = e^x, f'(x) = e^x, f''(x) = e^x, \cdots, f^{(n)}(x) = e^x, \cdots,$
$f(0) = 1, \ f'(0) = 1, \ f''(0) = 1, \ \cdots, \ f^{(n)}(0) = 1, \cdots,$

所以,可得到幂级数

$$1 + \dfrac{1}{1!}x + \dfrac{1}{2!}x^2 + \cdots + \dfrac{1}{n!}x^n + \cdots.$$

由 $a_n = \dfrac{1}{n!}$,易知,该幂级数的收敛域是 $(-\infty, +\infty)$.

由函数 $f(x)$ 的马克劳林公式(9.15)式,可得 e^x 的马克劳林公式的余项

$$R_n(x) = \frac{e^{\theta x}}{(n+1)!} x^{n+1} \quad (0 < \theta < 1).$$

因为对任意固定的 x,$e^{\theta x}$ 在 1 与 e^x 之间变动,所以 $n \to \infty$ 时,$e^{\theta x}$ 保持有界;另一方面当 $n \to \infty$ 时,$\dfrac{x^{n+1}}{(n+1)!} \to 0$,于是

$$\lim_{n \to \infty} R_n(x) = \lim_{n \to \infty} \frac{e^{\theta x}}{(n+1)!} x^{n+1} = 0,$$

从而 e^x 的马克劳林级数是

$$e^x = 1 + \frac{x}{1!} + \frac{x^2}{2!} + \cdots + \frac{x^n}{n!} + \cdots$$

$$= \sum_{n=0}^{\infty} \frac{1}{n!} x^n, \quad -\infty < x < +\infty.$$

用同样的方法,可以求得函数 $f(x) = \sin x$ 的马克劳林级数是

$$\sin x = x - \frac{1}{3!} x^3 + \frac{x^5}{5!} - \cdots + (-1)^n \frac{1}{(2n+1)!} x^{2n+1} + \cdots$$

$$= \sum_{n=0}^{\infty} \frac{(-1)^n}{(2n+1)!} x^{2n+1}, \quad -\infty < x < +\infty.$$

2. 间接展开法

函数的幂级数展开式只有少数比较简单的函数能用直接法得到.通常则是从已知函数的幂级数展开式出发,通过变量代换、四则运算,或逐项求导、逐项求积分等办法求出其幂级数展开式,这就是间接展开法.因函数展开成幂级数是惟一的,可以断定,这与直接展开法所得结果相同.

例2 求函数 $f(x) = \cos x$ 的马克劳林级数.

解 因 $\cos x = (\sin x)'$,又由 $\sin x$ 的马克劳林级数展开式,且

$$\left(\frac{(-1)^n}{(2n+1)!} x^{2n+1} \right)' = \frac{(-1)^n}{(2n)!} x^{2n},$$

于是,$\cos x$ 的马克劳林级数是

$$\cos x = 1 - \frac{x^2}{2!} + \frac{x^4}{4!} - \cdots + (-1)^n \frac{x^{2n}}{(2n)!} + \cdots$$
$$= \sum_{n=0}^{\infty} \frac{(-1)^n}{(2n)!} x^{2n}, \quad -\infty < x < +\infty.$$

例3 求函数 $f(x) = \arctan x$ 的马克劳林级数.

解 注意到 $\arctan x = \int_0^x \frac{1}{1+t^2} dt$. 而将函数 $\frac{1}{1+x}$ 的幂级数展开式(§9.4 之例5)中的 x 换为 x^2,得

$$\frac{1}{1+x^2} = 1 - x^2 + x^4 - x^6 + \cdots$$
$$+ (-1)^n x^{2n} + \cdots, \quad -1 < x < 1.$$

上式两端同时积分得

$$\int_0^x \frac{1}{1+t^2} dt = \int_0^x (1 - t^2 + t^4 - t^6 + \cdots + (-1)^n t^{2n} + \cdots) dt,$$
$$\arctan x = x - \frac{1}{3} x^3 + \frac{1}{5} x^5 - \cdots + (-1)^n \frac{1}{2n+1} x^{2n+1} + \cdots.$$

由于幂级数逐项积分后收敛半径不变,故上式的幂级数的收敛半径 $R = 1$.

当 $x = \pm 1$ 时,由于级数 $\sum_{n=0}^{\infty} (-1)^n \frac{x^{2n+1}}{2n+1}$ 是收敛的交错级数,故上式的收敛域应为 $[-1, 1]$,即

$$\arctan x = \sum_{n=0}^{\infty} (-1)^n \frac{x^{2n+1}}{2n+1}, \quad -1 \leqslant x \leqslant 1.$$

例4 将函数 $f(x) = \frac{1}{x+2}$ 在 $x = 2$ 展开为泰勒级数.

解 因

$$\frac{1}{x+2} = \frac{1}{4 + (x-2)} = \frac{1}{4} \cdot \frac{1}{1 + \frac{x-2}{4}},$$

将展开式

$$\frac{1}{1+x} = 1 - x + x^2 - x^3 + \cdots$$

$$+ (-1)^n x^n + \cdots, \quad -1 < x < 1$$

中的 x 换为 $\dfrac{x-2}{4}$ 可得

$$\frac{1}{x+2} = \frac{1}{4} \cdot \frac{1}{1+\dfrac{x-2}{4}}$$

$$= \frac{1}{4}\left[1 - \frac{x-2}{4} + \left(\frac{x-2}{4}\right)^2 - \left(\frac{x-2}{4}\right)^3 \right.$$

$$\left. + \cdots + (-1)^n \left(\frac{x-2}{4}\right)^n + \cdots\right]$$

$$= \frac{1}{4} - \frac{x-2}{4^2} + \frac{(x-2)^2}{4^3}$$

$$- \cdots + (-1)^n \frac{(x-2)^n}{4^{n+1}} + \cdots, \quad -2 < x < 6.$$

例 5 将函数 $\sin x$ 在 $x = \dfrac{\pi}{4}$ 展开成泰勒级数.

解 因为

$$\sin x = \sin\left[\frac{\pi}{4} + \left(x - \frac{\pi}{4}\right)\right]$$

$$= \sin\frac{\pi}{4}\cos\left(x - \frac{\pi}{4}\right) + \cos\frac{\pi}{4}\sin\left(x - \frac{\pi}{4}\right)$$

$$= \frac{\sqrt{2}}{2}\left[\cos\left(x - \frac{\pi}{4}\right) + \sin\left(x - \frac{\pi}{4}\right)\right],$$

由

$$\cos\left(x - \frac{\pi}{4}\right) = 1 - \frac{1}{2!}\left(x - \frac{\pi}{4}\right)^2 + \frac{1}{4!}\left(x - \frac{\pi}{4}\right)^4 - \cdots,$$
$$-\infty < x < +\infty,$$

$$\sin\left(x - \frac{\pi}{4}\right) = \left(x - \frac{\pi}{4}\right) - \frac{1}{3!}\left(x - \frac{\pi}{4}\right)^3 + \frac{1}{5!}\left(x - \frac{\pi}{4}\right)^5 - \cdots,$$
$$-\infty < x < +\infty,$$

所以有

$$\sin x = \frac{\sqrt{2}}{2}\left[1 + \left(x - \frac{\pi}{4}\right) - \frac{1}{2!}\left(x - \frac{\pi}{4}\right)^2 - \frac{1}{3!}\left(x - \frac{\pi}{4}\right)^3\right.$$

$$+\frac{1}{4!}\left(x-\frac{\pi}{4}\right)^4+\frac{1}{5!}\left(x-\frac{\pi}{4}\right)^5-\cdots\Big],\quad -\infty<x<+\infty.$$

二项式函数 $f(x)=(1+x)^\alpha$ 的马克劳林级数我们直接给出

$$(1+x)^\alpha = 1+\alpha x+\frac{\alpha(\alpha-1)}{2!}x^2+\cdots$$
$$+\frac{\alpha(\alpha-1)\cdots(\alpha-n+1)}{n!}x^n+\cdots.$$

该级数的收敛半径 $R=1$. 在端点 $x=\pm 1$ 的收敛情况由 α 的取值而定：

当 $\alpha\leqslant -1$ 时，收敛域是 $(-1,1)$；

当 $-1<\alpha<0$ 时，收敛域是 $(-1,1]$；

当 $\alpha>0$ 时，收敛域是 $[-1,1]$.

比如，当 $\alpha=-1$ 时，得到我们已经知道的几何级数

$$\frac{1}{1+x}=1-x+x^2-\cdots+(-1)^n x^n+\cdots,\quad -1<x<1.$$

当 $\alpha=-\frac{1}{2}$ 时得到

$$\frac{1}{\sqrt{1+x}}=1-\frac{1}{2}x+\frac{1\cdot 3}{2\cdot 4}x^2-\frac{1\cdot 3\cdot 5}{2\cdot 4\cdot 6}x^3+\cdots,\quad -1<x\leqslant 1.$$

在上式中，以 $-x^2$ 代换 x 得

$$\frac{1}{\sqrt{1-x^2}}=1+\frac{1}{2}x^2+\frac{1\cdot 3}{2\cdot 4}x^4+\frac{1\cdot 3\cdot 5}{2\cdot 4\cdot 6}x^6+\cdots,\quad -1<x<1.$$

因 $\arcsin x=\int_0^x \frac{1}{\sqrt{1-t^2}}\mathrm{d}t$, 将上式逐项求积，得

$$\arcsin x = x+\frac{1}{3}\cdot\frac{1}{2}x^3+\frac{1}{5}\cdot\frac{1\cdot 3}{2\cdot 4}x^5$$
$$+\frac{1}{7}\cdot\frac{1\cdot 3\cdot 5}{2\cdot 4\cdot 6}x^7+\cdots,\quad -1<x<1.$$

我们将常用函数的马克劳林展开式列在一起，望读者能尽量记住.

(1) $\mathrm{e}^x=1+x+\dfrac{x^2}{2!}+\dfrac{x^3}{3!}+\cdots+\dfrac{x^n}{n!}+\cdots,\quad -\infty<x<+\infty;$

(2) $\sin x = x - \dfrac{x^3}{3!} + \dfrac{x^5}{5!} - \cdots + (-1)^n \dfrac{x^{2n+1}}{(2n+1)!} + \cdots$, $-\infty < x < +\infty$;

(3) $\cos x = 1 - \dfrac{x^2}{2!} + \dfrac{x^4}{4!} - \cdots + (-1)^n \dfrac{x^{2n}}{(2n)!} + \cdots$, $-\infty < x < +\infty$;

(4) $\ln(1+x) = x - \dfrac{x^2}{2} + \dfrac{x^3}{3} - \cdots + (-1)^n \dfrac{x^{n+1}}{n+1} + \cdots$, $-1 < x \leqslant 1$;

(5) $(1+x)^\alpha = 1 + \alpha x + \dfrac{\alpha(\alpha-1)}{2!} x^2 + \cdots$
$\qquad + \dfrac{\alpha(\alpha-1)\cdots(\alpha-n+1)}{n!} x^n + \cdots$, $-1 < x < 1$;

特别

$\qquad \dfrac{1}{1-x} = 1 + x + x^2 + \cdots + x^n + \cdots$, $-1 < x < 1$,

$\qquad \dfrac{1}{1+x} = 1 - x + x^2 - x^3 + \cdots + (-1)^n x^n + \cdots$, $-1 < x < 1$.

(6) $\arctan x = x - \dfrac{x^3}{3} + \dfrac{x^5}{5} - \cdots + (-1)^n \dfrac{x^{2n+1}}{2n+1} + \cdots$, $-1 \leqslant x \leqslant 1$.

习 题 9.5

1. 单项选择题：

(1) 设函数 $f(x) = 2^x$ 和 $g(x) = e^x$ 的马克劳林级数中 x^n 项的系数分别是 a_n 和 b_n，则 $\dfrac{a_n}{b_n} = ($ 　　$)$.

(A) 1； (B) $(\ln 2)^n$； (C) $\ln 2$； (D) $\dfrac{1}{\ln 2}$.

(2) 计算 $\displaystyle\int_0^1 \left[1 - \dfrac{x}{1!} + \dfrac{x^2}{2!} - \dfrac{x^3}{3!} + \cdots + (-1)^n \dfrac{x^n}{n!} + \cdots \right] e^{2x} dx = ($ 　　$)$.

(A) $e^3 - 1$； (B) $\dfrac{1}{3}(e^3 - 1)$； (C) e； (D) $e - 1$.

2. 用间接法求下列函数的马克劳林级数，并确定收敛于该函数的区域：

(1) $f(x) = a^x$； (2) $f(x) = \ln(a+x)$ $(a > 0)$；

(3) $f(x) = e^{-x^2}$； (4) $f(x) = \dfrac{1}{2}(e^{-x} + e^x)$；

(5) $f(x) = \sin \dfrac{x}{2}$； (6) $f(x) = \cos^2 x$；

(7) $f(x)=\dfrac{1}{a-x}$ $(a\neq 0)$;　　(8) $f(x)=\dfrac{1}{(1+x)^2}$;

(9) $f(x)=\dfrac{x}{\sqrt{1-2x}}$;　　(10) $f(x)=\dfrac{1}{x^2-3x+2}$;

(11) $f(x)=(1+x)e^{-x}$;　　(12) $f(x)=\ln(1+x-2x^2)$.

3. 将下列函数展开成 $x-1$ 的幂级数,并求收敛域:

(1) $f(x)=\ln x$;　　(2) $f(x)=\dfrac{1}{x}$;

(3) $f(x)=e^x$;　　(4) $f(x)=\dfrac{1}{3-x}$.

4. 将下列函数展开成 x 的幂级数:

(1) $f(x)=\displaystyle\int_0^x e^{t^2}dt$;　　(2) $f(x)=\displaystyle\int_0^x \dfrac{\sin t}{t}dt$.

*§9.6　傅里叶级数

所谓傅里叶级数,就是常说的三角级数,即形如

$$\frac{a_0}{2}+\sum_{n=1}^{\infty}(a_n\sin nx+b_n\cos nx).$$

除第一项外,其余各项都是正弦函数或余弦函数的级数,称为**三角级数**. 傅里叶级数应用十分广泛,它是表示函数和研究函数的有效工具.

对三角级数,我们要讨论两个问题:

(1) 一个函数 $f(x)$ 具备什么条件可以展开成三角级数?

(2) 若函数 $f(x)$ 可以展开成三角级数时,其系数 a_0, a_n, b_n ($n=1,2,\cdots$)怎样确定?

一、三角函数系的正交性

函数序列

$$1,\cos x,\sin x,\cos 2x,\sin 2x,\cdots,\cos nx,\sin nx,\cdots$$

称为**三角函数系**. 三角函数系中任意两个不同函数的乘积在区间 $[-\pi,\pi]$ 上的积分都为零,即

$$\int_{-\pi}^{\pi} 1 \cdot \cos nx \, dx = 0,$$
$$\int_{-\pi}^{\pi} 1 \cdot \sin nx \, dx = 0,$$
$$(n = 1, 2, \cdots);$$

$$\int_{-\pi}^{\pi} \cos mx \cos nx \, dx = 0,$$
$$(m, n = 1, 2, \cdots; m \neq n);$$
$$\int_{-\pi}^{\pi} \sin mx \sin nx \, dx = 0,$$

$$\int_{-\pi}^{\pi} \sin mx \cos nx \, dx = 0, \quad (m, n = 1, 2, \cdots).$$

这个性质,称为上述**三角函数系在区间**$[-\pi,\pi]$**上的正交性**.

读者可以通过计算来验证这些等式.而上述三角函数系中任何一个函数的平方在区间$[-\pi,\pi]$上的积分都不等于零,即

$$\int_{-\pi}^{\pi} 1^2 \, dx = 2\pi,$$

$$\int_{-\pi}^{\pi} \cos^2 nx \, dx = \int_{-\pi}^{\pi} \sin^2 nx \, dx = \pi \quad (n = 1, 2, \cdots).$$

二、以 2π 为周期的函数的傅里叶级数

现在讨论我们前面提出的两个问题,先讨论第二个问题,即确定三角级数的系数 $a_0, a_n, b_n (n=1,2,\cdots)$.

1. 傅里叶系数

设 $f(x)$ 是以 2π 为周期的函数.**假定**函数 $f(x)$ 在区间 $[-\pi,\pi]$ 上可积且可以展开成三角级数:

$$f(x) = \frac{a_0}{2} + \sum_{n=1}^{\infty} (a_n \cos nx + b_n \sin nx), \qquad (9.16)$$

并且该级数在$[-\pi,\pi]$上可以逐项积分.下面利用三角函数系的正交性来确定三角级数(9.16)式中的系数 $a_0, a_n, b_n (n=1,2,\cdots)$.

先确定 a_0.对(9.16)式两端在区间$[-\pi,\pi]$上积分,得

$$\int_{-\pi}^{\pi} f(x) \, dx = \frac{a_0}{2} \int_{-\pi}^{\pi} dx + \sum_{n=1}^{\infty} \left(a_n \int_{-\pi}^{\pi} \cos nx \, dx + b_n \int_{-\pi}^{\pi} \sin nx \, dx \right).$$

由于上式右端括号内的积分都等于零,所以
$$\int_{-\pi}^{\pi} f(x)dx = \frac{a_0}{2} \cdot 2\pi = a_0\pi,$$
得
$$a_0 = \frac{1}{\pi}\int_{-\pi}^{\pi} f(x)dx.$$

再确定 a_n. 为此,以 $\cos kx$ (k 为自然数)乘(9.16)式的两端,并在区间$[-\pi,\pi]$上积分,得

$$\int_{-\pi}^{\pi} f(x)\cos kx dx = \frac{a_0}{2}\int_{-\pi}^{\pi}\cos kx dx$$
$$+ \sum_{n=1}^{\infty}\left(a_n\int_{-\pi}^{\pi}\cos nx\cos kx dx + b_n\int_{-\pi}^{\pi}\sin nx\cos kx dx\right).$$

由三角函数系的正交性,上式右端惟有当 $k=n$ 时,有

$$a_n\int_{-\pi}^{\pi}\cos nx\cos kx dx = a_n\int_{-\pi}^{\pi}\cos^2 nx dx = a_n\pi,$$

其他各项积分都等于 0. 于是得

$$\int_{-\pi}^{\pi} f(x)\cos nx dx = a_n\pi \quad (n=1,2,\cdots),$$

即
$$a_n = \frac{1}{\pi}\int_{-\pi}^{\pi} f(x)\cos nx dx \quad (n=1,2,\cdots).$$

为确定 b_n,以 $\sin kx$ 乘(9.16)式两端,并在区间$[-\pi,\pi]$上积分,可得

$$\int_{-\pi}^{\pi} f(x)\sin nx dx = b_n\int_{-\pi}^{\pi}\sin^2 nx dx = b_n\pi,$$

即
$$b_n = \frac{1}{\pi}\int_{-\pi}^{\pi} f(x)\sin nx dx.$$

注意到在计算 a_n 的公式中,当 $n=0$ 时就是计算 a_0 的公式,于是得计算 a_n 和 b_n 的公式

$$\begin{cases} a_n = \dfrac{1}{\pi}\int_{-\pi}^{\pi} f(x)\cos nx dx & (n=0,1,2,\cdots), \\ b_n = \dfrac{1}{\pi}\int_{-\pi}^{\pi} f(x)\sin nx dx & (n=1,2,\cdots) \end{cases} \quad (9.17)$$

由公式(9.17)所确定的 a_n, b_n 称为函数 $f(x)$ 的**傅里叶系数**. 以函数 $f(x)$ 的傅里叶系数为系数的三角级数

$$\frac{a_0}{2} + \sum_{n=1}^{\infty}(a_n\cos nx + b_n\sin nx)$$

称为函数 $f(x)$ 的**傅里叶级数**.

2. 傅里叶级数的收敛定理

现在讨论前面提出的第一个问题,即函数 $f(x)$ 具备什么条件可以展开成三角级数. 我们有下面的收敛定理.

定理 9.9(狄里克雷定理) 设函数 $f(x)$ 是以 2π 为周期的周期函数,且在一个周期区间 $[-\pi, \pi]$ 上满足条件:

(1) 连续或只有有限个第一类间断点;

(2) 至多只有有限个极值点,

则函数 $f(x)$ 的傅里叶级数在整个数轴上收敛,并且

$$\frac{a_0}{2} + \sum_{n=1}^{\infty}(a_n\cos nx + b_n\sin nx)$$

$$= \begin{cases} f(x), & \text{若 } x \text{ 是 } f(x) \text{ 的连续点,} \\ \frac{1}{2}[f(x-0) + f(x+0)], & \text{若 } x \text{ 是 } f(x) \text{ 的间断点,} \\ \frac{1}{2}[f(-\pi+0) + f(\pi-0)], & x = \pm\pi. \end{cases}$$

该定理指出:函数 $f(x)$ 的傅里叶级数,在其连续点 x 处,收敛于 $f(x)$ 在 x 处的值;在其间断点处,收敛于 $f(x)$ 在 x 处的左、右极限的算术平均值 $\frac{f(x-0)+f(x+0)}{2}$;在 $x = \pm\pi$ 处,收敛于 $\frac{f(-\pi+0)+f(\pi-0)}{2}$.

例 1 设函数 $f(x)$ 以 2π 为周期,且它在 $[-\pi, \pi)$ 上的表达式为

$$f(x) = \begin{cases} 0, & -\pi \leqslant x < 0, \\ x, & 0 \leqslant x < \pi, \end{cases}$$

试将其展开成傅里叶级数.

解 因为函数 $f(x)$ 满足狄里克雷收敛定理的条件,函数的图形见图 9-1,所以 $f(x)$ 可以展开成傅里叶级数.

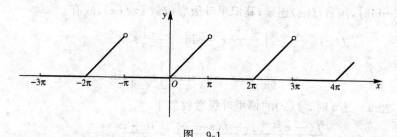

图 9-1

用公式(9.17)计算傅里叶系数

$$a_0 = \frac{1}{\pi}\int_{-\pi}^{\pi} f(x)\mathrm{d}x = \frac{1}{\pi}\int_0^{\pi} x\mathrm{d}x = \frac{\pi}{2}.$$

当 $n \geq 1$ 时,

$$a_n = \frac{1}{\pi}\int_{-\pi}^{\pi} f(x)\cos nx\mathrm{d}x = \frac{1}{\pi}\int_0^{\pi} x\cos nx\mathrm{d}x$$

$$= \frac{1}{n\pi}x\sin nx\Big|_0^{\pi} - \frac{1}{n\pi}\int_0^{\pi}\sin nx\mathrm{d}x = \frac{1}{n^2\pi}\cos nx\Big|_0^{\pi}$$

$$= \frac{1}{n^2\pi}(\cos n\pi - 1) = \begin{cases} -\dfrac{2}{n^2\pi}, & \text{当 } n \text{ 为奇数时}, \\ 0, & \text{当 } n \text{ 为偶数时}, \end{cases}$$

$$b_n = \frac{1}{\pi}\int_{-\pi}^{\pi} f(x)\sin nx\mathrm{d}x = \frac{1}{\pi}\int_0^{\pi} x\sin nx\mathrm{d}x$$

$$= -\frac{1}{n\pi}x\cos nx\Big|_0^{\pi} + \frac{1}{n\pi}\int_0^{\pi}\cos nx\mathrm{d}x$$

$$= \frac{(-1)^{n+1}}{n} + \frac{1}{n^2\pi}\sin nx\Big|_0^{\pi} = \frac{(-1)^{n+1}}{n},$$

于是函数 $f(x)$ 的傅里叶级数为

$$\frac{\pi}{4} - \left(\frac{2}{\pi}\cos x - \sin x\right) - \frac{1}{2}\sin 2x$$

$$- \left(\frac{2}{9\pi}\cos 3x - \frac{1}{3}\sin 3x\right) - \frac{1}{4}\sin 4x - \cdots.$$

由于 $x=(2k+1)\pi$ $(k=0,\pm 1,\pm 2,\cdots)$ 是函数 $f(x)$ 的第一类间断点,所以在 $(-\infty,+\infty)$ 上,当 $x\neq(2k+1)\pi$ $(k=0,\pm 1,\pm 2,\cdots)$ 时,函数 $f(x)$ 连续,其傅里叶级数收敛于 $f(x)$,故有

$$f(x) = \frac{\pi}{4} - \left(\frac{2}{\pi}\cos x - \sin x\right) - \frac{1}{2}\sin 2x$$
$$- \left(\frac{2}{9\pi}\cos 3x - \frac{1}{3}\sin 3x\right) - \frac{1}{4}\sin 4x - \cdots.$$

当 $x=\pm\pi$ 时,$f(x)$ 的傅里叶级数收敛于

$$\frac{f(-\pi+0)+f(\pi-0)}{2} = \frac{0+\pi}{2} = \frac{\pi}{2}.$$

显然,当 $x=(2k+1)\pi$ $(k=0,\pm 1,\pm 2,\cdots)$ 时,函数 $f(x)$ 的傅里叶级数均收敛于 $\frac{\pi}{2}$.

函数 $f(x)$ 的傅里叶级数的图形如图 9-2 所示.注意,该图与图 9-1 在 $x=(2k+1)\pi(k=0,\pm 1,\pm 2,\cdots)$ 处是不同的.

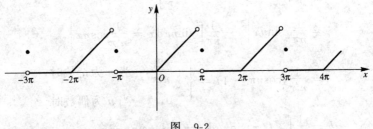

图 9-2

这里顺便指出,当函数 $f(x)$ 只在区间 $[-\pi,\pi]$ 上有定义时,同样可按上述方法将 $f(x)$ 在区间 $[-\pi,\pi]$ 上展开成傅里叶级数.这时,可理解为 $f(x)$ 是定义在 $(-\infty,+\infty)$ 上的以 2π 为周期的函数.实际上,是在区间 $[-\pi,\pi]$ 以外的部分,按函数 $f(x)$ 在 $[-\pi,\pi]$ 上的对应关系作周期延拓,使周期延拓后所得到的函数 $F(x)$ 在区间 $[-\pi,\pi]$ 上等于 $f(x)$.

这样,按上述方法得到的傅里叶级数是函数 $F(x)$ 的展开式,而这个展开式在区间 $[-\pi,\pi]$ 上是函数 $f(x)$ 的傅里叶级数.

三、奇函数与偶函数的傅里叶级数

若 $f(x)$ 是以 2π 为周期的奇函数,则在区间 $[-\pi,\pi]$ 上,$f(x)\cos nx$ 是奇函数,$f(x)\sin nx$ 是偶函数. 由于在 $[-\pi,\pi]$ 上奇函数的定积分等于 0,偶函数的定积分等于这个函数在 $[0,\pi]$ 上定积分的两倍. 故当 $f(x)$ 是奇函数时,它的傅里叶系数

$$a_n = \frac{1}{\pi}\int_{-\pi}^{\pi} f(x)\cos nx \, dx = 0, \quad n = 0,1,2,\cdots,$$

$$b_n = \frac{1}{\pi}\int_{-\pi}^{\pi} f(x)\sin nx \, dx$$

$$= \frac{2}{\pi}\int_{0}^{\pi} f(x)\sin nx \, dx, \quad n = 1,2,\cdots,$$

于是,奇函数 $f(x)$ 的傅里叶级数只含有正弦函数的项

$$\sum_{n=1}^{\infty} b_n \sin nx,$$

其中,b_n 由上式计算. 此时的傅里叶级数称为**正弦级数**.

若 $f(x)$ 是以 2π 为周期的偶函数,同理,可推得函数 $f(x)$ 的傅里叶系数

$$a_n = \frac{2}{\pi}\int_{0}^{\pi} f(x)\cos nx \, dx, \quad n = 0,1,2,\cdots,$$

$$b_n = \frac{1}{\pi}\int_{-\pi}^{\pi} f(x)\sin nx \, dx = 0, \quad n = 1,2,\cdots,$$

所以偶函数 $f(x)$ 的傅里叶级数只含有余弦函数的项

$$\frac{a_0}{2} + \sum_{n=1}^{\infty} a_n \cos nx,$$

其中 a_n 由上式计算. 这时,级数称为**余弦级数**.

例 2 设函数 $f(x)$ 是以 2π 为周期的周期函数,它在 $[-\pi,\pi)$ 上的表示式为

$$f(x) = \begin{cases} -1, & -\pi < x < 0, \\ 0, & x = 0, x = -\pi, \\ 1, & 0 < x < \pi. \end{cases}$$

试将函数 $f(x)$ 展开成傅里叶级数.

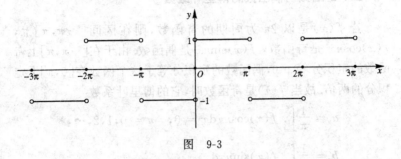

图 9-3

解 函数 $f(x)$ 的图形如图 9-3 所示.由于 $f(x)$ 是奇函数,且满足狄里克雷收敛定理的条件,所以可展开成正弦级数.因

$$a_n = 0 \quad (n=0,1,2,\cdots),$$

$$b_n = \frac{2}{\pi}\int_0^\pi f(x)\sin nx\,dx = \frac{2}{\pi}\int_0^\pi \sin nx\,dx$$

$$= \frac{2}{n\pi}(-\cos nx)\Big|_0^\pi = \frac{2}{n\pi}[1-(-1)^n]$$

$$= \begin{cases} \dfrac{4}{n\pi}, & \text{当 } n \text{ 为奇数时,} \\ 0, & \text{当 } n \text{ 为偶数时,} \end{cases}$$

于是,得正弦级数

$$\sum_{n=1}^\infty b_n \sin nx = \frac{4}{\pi}\sum_{k=1}^\infty \frac{1}{2k-1}\sin(2k-1)$$

$$= \frac{4}{\pi}\left(\sin x + \frac{1}{3}\sin 3x + \frac{1}{5}\sin 5x + \cdots\right).$$

在 $(-\infty,+\infty)$ 上,$x=k\pi\ (k=0,\pm1,\pm2,\cdots)$ 是函数 $f(x)$ 的第一类间断点,除此之外,函数 $f(x)$ 均连续,所以,上面所得到的傅里叶级数:

当 $x \neq k\pi\ (k=0,\pm1,\pm2,\cdots)$ 时,收敛于 $f(x)$;

当 $x=0$ 时,收敛于 $\dfrac{f(0-0)+f(0+0)}{2} = \dfrac{-1+1}{2} = 0 = f(0)$;

当 $x=\pm\pi$ 时,收敛于

$$\frac{f(-\pi+0)+f(\pi-0)}{2}=\frac{-1+1}{2}=0=f(\pm\pi).$$

从而,我们所得到 $f(x)$ 的傅里叶级数,在 $(-\infty,+\infty)$ 上有

$$f(x)=\frac{4}{\pi}\left(\sin x+\frac{1}{3}\sin 3x+\frac{1}{5}\sin 5x+\cdots\right).$$

图 9-4 表示的是函数 $f(x)$ 的傅里叶级数的部分和(取一项,取两项,取三项,取四项)在区间 $(-\pi,\pi)$ 内逐渐接近函数 $f(x)$ 的情形.显然,级数取的项数越多,近似程度越好.

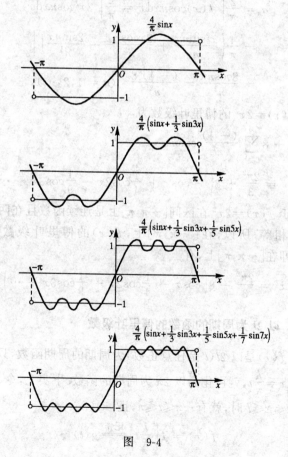

图 9-4

例3 在区间$[-\pi,\pi]$上,试将函数$f(x)=2x^2$展开为傅里叶级数.

解 因在$[-\pi,\pi]$上,函数$f(x)$连续且为偶函数,所以,$f(x)$可以展开为余弦级数. 由于

$$b_n = 0 \quad (n=1,2,\cdots),$$

$$a_0 = \frac{2}{\pi}\int_0^\pi f(x)\mathrm{d}x = \frac{2}{\pi}\int_0^\pi 2x^2\mathrm{d}x = \frac{4}{3}\pi^2,$$

$$a_n = \frac{2}{\pi}\int_0^\pi f(x)\cos nx\,\mathrm{d}x = \frac{2}{\pi}\int_0^\pi 2x^2\cos nx\,\mathrm{d}x$$

$$= \frac{4}{\pi}\left(\frac{x^2\sin nx}{n} + \frac{2x\cos nx}{n^2} - \frac{2\sin nx}{n^3}\right)\Big|_0^\pi$$

$$= \frac{8\cos n\pi}{n^2} = \frac{(-1)^n 8}{n^2} \quad (n=1,2,\cdots),$$

于是,$f(x)=2x^2$的傅里叶级数为

$$\frac{2\pi^2}{3} + 8\sum_{n=1}^\infty \frac{(-1)^n}{n^2}\cos nx$$

$$= \frac{2\pi^2}{3} + 8\left(-\cos x + \frac{1}{4}\cos 2x - \frac{1}{9}\cos 3x + \cdots\right).$$

由于$f(x)=2x^2$在区间$[-\pi,\pi]$上是连续函数且在两端点处函数值相等,所以,在$[-\pi,\pi]$上,$f(x)$的傅里叶级数收敛于$f(x)$,即在$[-\pi,\pi]$上,有

$$2x^2 = \frac{2\pi^2}{3} - 8\left(\cos x - \frac{1}{4}\cos 2x + \frac{1}{9}\cos 3x - \cdots\right).$$

四、以 $2l$ 为周期的函数的傅里叶级数

设$f(x)$是以$2l$(l是任意正数)为周期的周期函数,只需作变量代换$x=\frac{l}{\pi}t$,就可化为以2π为周期的函数. 事实上,令$x=\frac{l}{\pi}t$,则当$-l\leqslant x\leqslant l$时,就有$-\pi\leqslant t\leqslant\pi$,且

$$f(x) = f\left(\frac{l}{\pi}t\right)\xcancel{=}^{\text{记作}} g(t),$$

则 $g(t)$ 就是以 2π 为周期的函数.

这样,我们通过求函数 $g(t)$ 的傅里叶级数,就可得到函数 $f(x)$ 的傅里叶级数. 由于函数 $g(t)$ 以 2π 为周期,它的傅里叶系数

$$a_0 = \frac{1}{\pi}\int_{-\pi}^{\pi} g(t)dt \xrightarrow{x=\frac{l}{\pi}t} \frac{1}{l}\int_{-l}^{l} f(x)dx,$$

$$a_n = \frac{1}{\pi}\int_{-\pi}^{\pi} g(t)\cos nt\, dt$$

$$\xrightarrow{x=\frac{l}{\pi}t} \frac{1}{l}\int_{-l}^{l} f(x)\cos\frac{n\pi}{l}x\, dx \quad (n=1,2,\cdots), \quad (9.18)$$

$$b_n = \frac{1}{\pi}\int_{-\pi}^{\pi} g(t)\sin nt\, dt$$

$$\xrightarrow{x=\frac{l}{\pi}t} \frac{1}{l}\int_{-l}^{l} f(x)\sin\frac{n\pi}{l}x\, dx \quad (n=1,2,\cdots),$$

则 $g(t)$ 的傅里叶级数为

$$\frac{a_0}{2} + \sum_{n=1}^{\infty}(a_n\cos nt + b_n\sin nt).$$

将 t 用 x 表示,便得到函数 $f(x)$ 的傅里叶级数

$$\frac{a_0}{2} + \sum_{n=1}^{\infty}\left(a_0\cos\frac{n\pi}{l}x + b_n\sin\frac{n\pi}{l}x\right), \quad (9.19)$$

其中系数 $a_0, a_n, b_n (n=1,2,\cdots)$ 由公式 (9.18) 确定.

若函数 $f(x)$ 在区间 $[-l,l]$ 上满足定理 9.9(狄里克雷定理)的条件,则 $f(x)$ 的傅里叶级数 (9.19) 的收敛情况是

在 $f(x)$ 的连续点 x,收敛于 $f(x)$;

在 $f(x)$ 的间断点 x,收敛于 $\frac{1}{2}[f(x-0)+f(x+0)]$;

在 $x=\pm l$ 处,收敛于 $\frac{1}{2}[f(-l+0)+f(l-0)]$.

例 4 设 $f(x)$ 是以 2 为周期的周期函数,在区间 $[-1,1)$ 上的表示式

$$f(x) = \begin{cases} 1, & -1 \leqslant x < 0, \\ 2, & 0 \leqslant x < 1. \end{cases}$$

试将其展开成傅里叶级数.

解 函数 $f(x)$ 满足收敛定理的条件,可以展开成傅里叶级数.由公式(9.18)计算傅里叶系数,其中 $l=1$.

$$a_0 = \int_{-1}^{1} f(x)dx = \int_{-1}^{0} dx + \int_{0}^{1} 2dx = 3,$$

$$a_n = \int_{-1}^{1} f(x)\cos n\pi x dx = \int_{-1}^{0} \cos n\pi x dx + \int_{0}^{1} 2\cos n\pi x dx$$

$$= \frac{1}{n\pi}\sin n\pi x \Big|_{-1}^{0} + \frac{2}{n\pi}\sin n\pi x \Big|_{0}^{1} = 0 \quad (n=1,2,\cdots),$$

$$b_n = \int_{-1}^{1} f(x)\sin n\pi x dx = \int_{-1}^{0} \sin n\pi x dx + \int_{0}^{1} 2\sin n\pi x dx$$

$$= -\frac{1}{n\pi}\cos n\pi x \Big|_{-1}^{0} - \frac{2}{n\pi}\cos n\pi x \Big|_{0}^{1}$$

$$= \frac{1}{n\pi}[1-(-1)^n] = \begin{cases} \dfrac{2}{n\pi}, & n \text{ 为奇数}, \\ 0, & n \text{ 为偶数}, \end{cases}$$

于是,由(9.19)式函数 $f(x)$ 的傅里叶级数为

$$\frac{3}{2} + \frac{2}{\pi}\left(\sin\pi x + \frac{1}{3}\sin 3\pi x + \frac{1}{5}\sin 5\pi x + \cdots\right).$$

由于 $x=k$ ($k=0,\pm 1,\pm 2,\cdots$)是函数 $f(x)$ 的间断点,这时,上述级数收敛于 $\dfrac{1+2}{2}=\dfrac{3}{2}$;当 $x \neq k$ ($k=0,\pm 1,\pm 2,\cdots$)时,有

$$f(x) = \frac{3}{2} + \frac{2}{\pi}\sum_{n=1}^{\infty}\frac{1}{2n-1}\sin(2n-1)\pi x.$$

习 题 9.6

1. 将下列周期为 2π 的周期函数 $f(x)$ 展开成傅里叶级数,式中给出 $f(x)$ 在区间 $[-\pi,\pi)$ 的表示式:

(1) $f(x)=\begin{cases}-\pi, & -\pi\leqslant x<0,\\ x, & 0\leqslant x<\pi;\end{cases}$

(2) $f(x)=\begin{cases}-\dfrac{\pi}{4}, & -\pi\leqslant x<0,\\ \dfrac{\pi}{4}, & 0\leqslant x<\pi;\end{cases}$

(3) $f(x)=\begin{cases}\pi+x, & -\pi\leqslant x<0,\\ \pi-x, & 0\leqslant x<\pi;\end{cases}$

(4) $f(x)=x, -\pi\leqslant x<\pi$.

2. 求下列函数在区间$[-\pi,\pi]$上的傅里叶级数,并写出其和函数:

(1) $f(x)=|x|, -\pi\leqslant x\leqslant\pi$;

(2) $f(x)=x^2, -\pi\leqslant x\leqslant\pi$;

*(3) $f(x)=\begin{cases}-2, & -\pi\leqslant x<0,\\ 1, & 0\leqslant x\leqslant\pi;\end{cases}$

*(4) $f(x)=\begin{cases}e^x, & -\pi\leqslant x<0,\\ 1, & 0\leqslant x\leqslant\pi.\end{cases}$

3. 将函数$f(x)=\dfrac{\pi-x}{2}$在$[0,\pi]$上展开成正弦级数.

4. 将函数$f(x)=\dfrac{\pi}{2}-x$在$[0,\pi]$上展开成余弦级数.

5. 设$f(x)$是周期为 4 的函数,它在区间$[-2,2)$上的表示式为

$$f(x)=\begin{cases}0, & -2\leqslant x<0,\\ E, & 0\leqslant x<2,\end{cases}\quad(\text{常数 } E\neq 0)$$

将$f(x)$展开成傅里叶级数.

6. 将函数$f(x)=\dfrac{x}{2}$在区间$[0,2]$上展开成:

(1) 余弦级数;

(2) 正弦级数.

习题参考答案与提示

第六章 微分方程

习 题 6.1

1. (1) (D);　　(2) (C).
2. (1) 二阶;　(2) 二阶;　(3) 一阶;　(4) 二阶.
3. (1) 通解;　(2) 特解;　(3) 通解;　(4) 通解.
4. $y = e^x \int_0^x e^{t^2} dt$.
5. $y = e^x$.
7. (1) $y' = y + 3$;　初始条件:$y|_{x=0} = -2$;
   (2) $y' = 3y$;　初始条件:$y|_{x=0} = 2$.

习 题 6.2

1. (C).
2. (1) $\ln(x^3+5) + 3y = C$;　　(2) $e^x - e^{-y} = C$;
   (3) $y = C - \ln^2 x$;　　(4) $y^2 = 2\ln(1+e^x) + C$;
   (5) $y = (1+Cy+\ln y)\cos x$;　　(6) $3\ln y + x^3 = 0$;
   (7) $2\ln(1-y) = 1 - 2\sin x$;　　(8) $y = e^{\csc x - \cot x}$;
   (9) $y = e^x + C$;　　(10) $y = x(\ln x - 1) + C$.
3. (1) $\ln x = e^{\frac{y}{x}} + C$;　　(2) $\arcsin \dfrac{y}{x} = \ln x + C$;
   (3) $y = xe^{Cx}$;　　(4) $e^{\frac{y}{x}} = Cx$;
   (5) $x = Ce^{\sin \frac{y}{x}}$;　　(6) $y^2 = 2x^2(2 + \ln|x|)$;
   (7) $y^3 = x^3 \ln x^3$;　　(8) $x = 12\sin \dfrac{y}{x}$.
4. (1) $y = Ce^{-2x} + e^{-x}$;　　(2) $y = (C+x)e^{-x^2}$;
   (3) $y = (C+x^2)e^{x^2}$;　　(4) $y = Cx^2 + x^2 \sin x$;

(5) $y=x-x^2$; (6) $y=1$;

(7) $x=Cy-\dfrac{1}{2}y^2$. **提示** 视 x 为 y 的函数;

(8) $x=\dfrac{C}{y}+y\ln y$. **提示** 视 x 为 y 的函数.

5. (2) $\alpha+\beta=1$.

习 题 6.3

1. (1) $y=\dfrac{1}{6}x^3-\sin x+C_1 x+C_2$;

(2) $y=\dfrac{1}{3}x^3\ln x-\dfrac{5}{18}x^3+C_1 x+C_2$;

(3) $y=C_1 x^2+C_2$;

(4) $y=C_1 x(\ln x-1)+C_2$;

(5) $y=\dfrac{1}{3}x^3+C_1 x^2+C_2$;

(6) $y=-\ln|\cos(x+C_1)|+C_2$.

2. (1) $y=\dfrac{1}{12(x+2)^3}$; (2) $y=-2x$.

习 题 6.4

1. (1) $9y''-6y'+y=0$; (2) $y''+3y'+2y=0$;

(3) $2y''-3y'-5y=0$; (4) $y''+\sqrt{3}\,y'=0$.

2. (1) $y''-3y'+2y=0$, $y=C_1 e^x+C_2 e^{2x}$;

(2) $y''-2y'+y=0$, $y=(C_1+C_2 x)e^x$;

(3) $y''-6y'+13y=0$, $y=e^{3x}(C_1\cos 2x+C_2\sin 2x)$.

3. (1) $y''-y'=0$; (2) $y''-y=0$;

(3) $y''-4y'+4y=0$; (4) $y''+9y=0$.

4. (1) (C); (2) (A); (3) (B).

5. (1) $y=C_1 e^{2x}+C_2 e^{-\frac{4}{3}x}$; (2) $y=(C_1+C_2 x)e^{-x}$;

(3) $y=\left(C_1\cos\dfrac{x}{2}+C_2\sin\dfrac{x}{2}\right)e^x$;

(4) $y=(C_1\cos 2x+C_2\sin 2x)e^{-x}$;

(5) $y=4e^x+2e^{3x}$; (6) $y=e^x\sin x$;

(7) $y=(\cos\sqrt{2}\,x+\sin\sqrt{2}\,x)e^x$;

(8) $y=2\cos\sqrt{3}\,x+3\sin\sqrt{3}\,x$.

6. (1) $y = \dfrac{1}{4}x e^{2x}$; (2) $\dfrac{1}{3}x^3 - \dfrac{3}{5}x^2 + \dfrac{7}{25}x$;

   (3) $y = -\dfrac{4}{3}\sin 2x$; (4) $\dfrac{1}{2}e^{-x}(\sin x - \cos x)$.

7. (1) $y = (C_1 + C_2 x)e^{-x} - 2$;

   (2) $y = (C_1 + C_2 x)e^{2x} + \dfrac{1}{4}x^2 + \dfrac{1}{2}x + \dfrac{3}{8}$;

   (3) $y = C_1 + C_2 e^{-8x} + \dfrac{1}{2}x^2 - \dfrac{1}{8}x$;

   (4) $y = (C_1 \cos x + C_2 \sin x)e^{-x} + \dfrac{1}{2}x$;

   (5) $y = C_1 e^{\frac{x}{2}} + C_2 e^{-x} + e^x$;

   (6) $y = (C_1 + C_2 x)e^{-2x} + 4x^2 e^{-2x}$;

   (7) $y = C_1 \cos x + C_2 \sin x - \dfrac{1}{2}x \cos x$;

   (8) $y = e^{-x}(C_1 \cos 2x + C_2 \sin 2x) - \dfrac{1}{2}\cos 2x - 2\sin 2x$;

   (9) $y = e^{-x}(C_1 \cos 2x + C_2 \sin 2x) - \dfrac{1}{4}x e^{-x}\cos 2x$;

   (10) $y = C_1 + C_2 e^{-2x} + \dfrac{e^x}{5}(6\sin x - 2\cos x)$.

9. (1) $y = C_1 e^{-x} + C_2 e^{2x} - 2x + 1 + e^x$;

   (2) $y = C_1 + C_2 e^{3x} - 3x^2 - 2x + \cos x + 3\sin x$;

   (3) $y = e^{-\frac{1}{2}x}\left(C_1 \cos \dfrac{\sqrt{3}}{2}x + C_2 \sin \dfrac{\sqrt{3}}{2}x\right) + \dfrac{1}{13}e^{3x} + x^2 - 2x$;

   (4) $y = C_1 \cos 2x + C_2 \sin 2x + \dfrac{1}{4}x + \dfrac{1}{4} + \dfrac{1}{3}\sin x$.

习 题 6.5

1. 曲线方程 $y = Cx^n$. **提示** 微分方程 $y' = n\dfrac{y}{x}$.

2. 曲线方程 $y^2 = x^2 + 3$. **提示** 曲线上过点 (x, y) 处的法线方程为 $Y - y = -\dfrac{1}{y'}(X - x)$;当 $Y = 0$ 时,$X = x + yy'$.依题设,有 $x = \dfrac{1}{2}(x + yy')$.

3. **提示** 设所有法线都通过点 (x_0, y_0),则法线方程为
$$y - y_0 = -\dfrac{1}{y'}(x - x_0),$$
解此方程得 $(x - x_0)^2 + (y - y_0)^2 = C^2$.

4. $y = \dfrac{1}{4} - x^2$. **提示** $\sqrt{x^2 + y^2} = y - xy'$.

5. $x^2+y^2=Cx$.　**提示**　先写出过曲线上点 $P(x,y)$ 的切线方程,原点到切线的距离为 $d=\dfrac{|y-xy'|}{\sqrt{1+y'^2}}$,令 $d=x$ 得 $x^2-y^2+2xyy'=0$.

6. $x^2+y^2=Cx^4$.　**提示**　先写出过曲线上点 $P(x,y)$ 的法线方程,法线在 x 轴上的截距为 $x+yy'$. 由 $x(x+yy')=2(x^2+y^2)$ 得 $y'=\dfrac{x}{y}+\dfrac{2y}{x}$.

7. $x=A(1-e^{-kt})$,$k>0$ 是比例系数.

   提示　设在时刻 t 时化学反应的量为 $x=x(t)$,则
   $$\frac{dx}{dt}=k(A-x),\quad x|_{t=0}=0.$$

8. $t=-\dfrac{5\ln 10}{\ln 0.8}$ s.

   提示　设船航行的速度为 $v=v(t)$,船的质量为 m,由牛顿第二定律有
   $$m\frac{dv}{dt}=-kv,\quad v|_{t=0}=10\text{ m/s}.$$

9. $R=R_0 e^{-0.000433t}$.　**提示**　$\dfrac{dR}{dt}=-kR$,$k>0$ 是比例系数.

10. $v=\sqrt{72500}$ (m/s).

    提示　设质点的速度为 $v=v(t)$. 由牛顿第二定律有
    $$m\frac{dv}{dt}=k\frac{t}{v},\quad v|_{t=10}=50\quad(m=1).$$
    又由 $4=k\dfrac{10}{50}$ 得 $k=20$. 于是有 $v^2=20t^2+500$.

11. $P=e^{4-\frac{2}{5}\sqrt{Q}}$.

12. $C^2=kQ^2+2kaQ+C_0^2$,其中 $k>0$ 是比例系数.

    提示　依题设,有 $\dfrac{dC}{dQ}=k\dfrac{Q+a}{C}$ $(k>0)$.

13. $C=\dfrac{a}{t}+\dfrac{C_0 t_0-a}{t_0^b}t^{b-1}$.

14. $C=\dfrac{ab-k}{a^2}(1-e^{-aQ})-\dfrac{k}{a}Q$.

第七章　向量代数与空间解析几何

习　题　7.1

1. 关于 xy,yz,zx 平面:$(3,-1,-4),(-3,-1,4),(3,1,4)$;
   关于 x,y,z 轴:$(3,1,-4),(-3,-1,-4),(-3,1,4)$.

2. $\sqrt{26}$, $\sqrt{17}$, 4.
3. (1) $O(0,0,0), P(2,0,0), Q(0,1,0), R(0,0,3), L(2,1,0), N(2,0,3)$,
   $K(0,1,3)$;
   (2) $\sqrt{14}$.
5. $a=1$ 或 $a=-3$.
6. $(0,1,-2)$.

习 题 7.2

1. $\vec{AB}=\frac{1}{2}(\boldsymbol{a}-\boldsymbol{b})$, $\vec{BC}=\frac{1}{2}(\boldsymbol{a}+\boldsymbol{b})$, $\vec{CD}=\frac{1}{2}(\boldsymbol{b}-\boldsymbol{a})$, $\vec{DA}=-\frac{1}{2}(\boldsymbol{a}+\boldsymbol{b})$.
2. $\{4,-2,-4\}, \{2,-6,6\}, \{8,-14,8\}$.
3. 7; $-\frac{6}{7}, \frac{2}{7}, \frac{3}{7}$.
4. $0, 0, -1$ 或 $\pm\frac{\sqrt{2}}{2}, \pm\frac{\sqrt{2}}{2}, 0$.
5. $A(-2,3,0)$.
6. $3\sqrt{5}$; $\frac{2}{3\sqrt{5}}, \frac{4}{3\sqrt{5}}, -\frac{5}{3\sqrt{5}}$; $\frac{1}{3\sqrt{5}}\{2,4,-5\}$.
7. $x=2$.
8. $(\pm\sqrt{2}, \pm\sqrt{2}, 2\sqrt{3})$.
9. $3-2\sqrt{5}, 3\sqrt{2}, \sqrt{14}, \frac{3-2\sqrt{5}}{3\sqrt{2}}, \frac{3-2\sqrt{5}}{\sqrt{14}}$.
10. $\frac{3\pi}{4}$.
11. $10\sqrt{2}$, $30(1+\sqrt{2})$.
12. $-2x+5y+z-11=0$.
13. $\boldsymbol{a},\boldsymbol{c}$ 共线或 $\boldsymbol{b}$ 与 $\boldsymbol{a},\boldsymbol{c}$ 都垂直.
14. $\{2,3,-2\}$.
15. $\{3,4,0\}$ 或 $\{-3,-4,0\}$.
16. $\{-2,1,-2\}$.
17. $\pm\frac{1}{3}\{1,-2,2\}$.
18. 否.
19. (1) $\{8,-16,0\}$;　(2) $\{0,-1,-1\}$;　(3) $\{2,1,21\}$.

20. (1) $\arccos \dfrac{-1}{\sqrt{7}}$; (2) $\sqrt{24}$; (3) $2\sqrt{3}$.

22. 提示 两向量等式相减,并利用向量积的运算性质,即可证明
$$(a-d)\times(b-c)=0.$$

23. (1) (C); (2) (D); (3) (D).

习 题 7.3

1. $(1,-2,2)$; $R=4$.
2. $4x^2-9(y^2+z^2)=36$; $4(x^2+z^2)-9y^2=36$.
3. 圆柱面;圆锥面;抛物柱面;双曲柱面;旋转双曲面.
4. $x^2+y^2=1, z=0$.
5. $2x^2-2x+y^2=8, z=0$.
6. $x^2+2y^2-2y=0, z=0$.
7. 旋转椭球面;单叶双曲面;锥面;椭圆抛物面;双叶双曲面;双曲抛物面.
8. (1) (A); (2) (C).

习 题 7.4

1. $3x+y-2z-3=0$.
2. $x+y+z-2=0$.
3. $9x-y+7z-40=0$.
4. $11x-17y-13z+3=0$.
5. (1) 平行于 z 轴; (2) 通过 x 轴; (3) 平行于 x 轴;
   (4) 平行于 y 轴; (5) 通过 y 轴; (6) 通过原点.
6. (1) $x-5y+6z+8=0$; (2) $z=-1$; (3) $y+z=0$.
7. $2x+5z=0$.
8. (1) $\dfrac{\pi}{3}$; (2) $\dfrac{\pi}{2}$; (3) $\arccos\dfrac{2}{15}$.
9. $\dfrac{12}{\sqrt{46}}$.
10. $(0,0,2)$ 和 $\left(0,0,\dfrac{4}{5}\right)$.
11. (1) 1; (2) 3.
12. (1) $6x+3y+2z+7=0$ 和 $6x+3y+2z-7=0$;

(2) $6x+3y+2z-20=0$.

13. (1) 2; (2) 1; (3) $\pm\dfrac{\sqrt{70}}{2}$; (4) ± 2.

14. $7x-y-5z=0$.

15. (1) (A); (2) (D).

习 题 7.5

1. (1) $\dfrac{x-5}{3}=\dfrac{y-2}{-\sqrt{2}}=\dfrac{z+4}{1}$; (2) $\dfrac{x-2}{-1}=\dfrac{y}{5}=\dfrac{z+2}{-6}$;

   (3) $\dfrac{x-1}{1}=\dfrac{y}{2}=\dfrac{z+2}{-2}$.

2. $\dfrac{x-1}{3}=\dfrac{y-3}{4}=\dfrac{z}{1}$.

3. 0.

4. $\dfrac{-5}{\sqrt{30}}, \dfrac{2}{\sqrt{30}}, \dfrac{-1}{\sqrt{30}}$.

5. $\dfrac{x-1}{\sqrt{2}}=\dfrac{y+2}{1}=\dfrac{z-3}{\pm 1}$.

6. (1) 平行; (2) 垂直; (3) 重合.

7. $(12,4,3)$.

8. $(4,-5,7)$.

9. $\dfrac{x+1}{3}=\dfrac{y-2}{-1}=\dfrac{z-1}{1}$.

10. $\dfrac{x-2}{1}=\dfrac{y+1}{-3}=\dfrac{z-5}{-5}$.

11. $\dfrac{x-5}{2}=\dfrac{y-2}{-1}=\dfrac{z+1}{3}$; $(1,4,-7)$.

12. $\left(-\dfrac{5}{3},\dfrac{2}{3},\dfrac{2}{3}\right)$.

13. $x-5y-2z+11=0$.

14. $\sqrt{5}$.

15. (1) (B); (2) (A); (3) (C); (4) (B).

第八章 多元函数微积分

习 题 8.1

1. 略.

2. (1) $0, -\dfrac{12}{13}, \dfrac{2a^2}{a^4+1}, \dfrac{2xy}{x^2+y^2}$; (2) $\dfrac{2x}{x^2-y^2}$.

3. $\dfrac{x^2(1-y)}{1+y}$.

5. (1) $\{(x,y)\mid y\neq \pm x\}$;

   (2) $\{(x,y)\mid (x,y)\neq (0,0)\}$;

   (3) $\{(x,y)\mid 1\leqslant x^2+y^2\leqslant 2^2\}$;

   (4) $\{(x,y)\mid x\geqslant 0, 0\leqslant y\leqslant x^2\}$;

   (5) $\{(x,y)\mid x>0, y>0\}$;

   (6) $\{(x,y)\mid -\infty<x<+\infty, -\infty<y<+\infty\}$.

6. (1) $\{(x,y)\mid x-y\neq 0\}$; (2) $\{(x,y)\mid 4<x^2+y^2<16\}$.

提示 二元初等函数连续的区域 D 就是其定义域.

习 题 8.2

1. (1) $-y\sin x$, $\cos x$; (2) $y e^{xy}$, $x e^{xy}$;

   (3) $\dfrac{y}{x^2}\ln 3 \cdot \left(\dfrac{1}{3}\right)^{\frac{y}{x}}$, $-\dfrac{1}{x}\ln 3 \cdot \left(\dfrac{1}{3}\right)^{\frac{y}{x}}$;

   (4) $\dfrac{1}{y}\cos\dfrac{x}{y}\cos\dfrac{y}{x}+\dfrac{y}{x^2}\sin\dfrac{x}{y}\sin\dfrac{y}{x}$,

   $-\dfrac{x}{y^2}\cos\dfrac{x}{y}\cos\dfrac{y}{x}-\dfrac{1}{x}\sin\dfrac{x}{y}\sin\dfrac{y}{x}$;

   (5) $-\dfrac{y}{x^2+y^2}$, $\dfrac{x}{x^2+y^2}$; (6) $\ln\dfrac{y}{x}-1$, $\dfrac{x}{y}$;

   (7) $\dfrac{1}{\sqrt{x^2+y^2}}$, $\dfrac{y}{(x+\sqrt{x^2+y^2})\sqrt{x^2+y^2}}$;

   (8) $\left(y-\dfrac{2x}{x^2+y^2}\right)\dfrac{e^{xy}}{x^2+y^2}$, $\left(x-\dfrac{2y}{x^2+y^2}\right)\dfrac{e^{xy}}{x^2+y^2}$;

   (9) $2(2x+y)^{2x+y}[1+\ln(2x+y)]$,

   $(2x+y)^{2x+y}[1+\ln(2x+y)]$;

   (10) $y^2(1+xy)^{y-1}$, $xy(1+xy)^{y-1}+(1+xy)^y\ln(1+xy)$;

   (11) $\cot(x-2y)$, $-2\cot(x-2y)$;

   (12) $\sin 2(x+y)-\sin 2x$, $\sin 2(x+y)-\sin 2y$;

   (13) $-\dfrac{y}{x^2}-\dfrac{1}{z}$, $\dfrac{1}{x}-\dfrac{z}{y^2}$, $\dfrac{1}{y}+\dfrac{x}{z^2}$;

   (14) $e^{x(x^2+y^2+z^2)}(3x^2+y^2+z^2)$, $2xy e^{x(x^2+y^2+z^2)}$,

   $2xz e^{x(x^2+y^2+z^2)}$;

(15) $\dfrac{y}{xz}x^{\frac{y}{z}}$, $\dfrac{1}{z}\cdot x^{\frac{y}{z}}\ln x$, $-\dfrac{y}{z^2}x^{\frac{y}{z}}\ln x$;

(16) $y^z\cdot x^{y^z-1}$, $zy^{z-1}x^{y^z}\ln x$, $y^z x^{y^z}\ln x\cdot \ln y$.

2. (1) 0,1;   (2) $\dfrac{8}{5}$, $\dfrac{9}{5}$;

  (3) 0,0;   (4) 1;

  (5) $\dfrac{1}{2}$;   (6) $\dfrac{1}{2}$, 1, $\dfrac{1}{2}$.

3. (1) $12x^2-8y^2$, $12y^2-8x^2$, $-16xy$;

  (2) $e^x(\cos y+x\sin y+2\sin y)$, $-e^x(\cos y+x\sin y)$,
$e^x(x\cos y+\cos y-\sin y)$;

  (3) e^{xe^y+2y}, $xe^{xe^y+y}(xe^y+1)$, $e^{xe^y+y}(xe^y+1)$;

  (4) $2a^2\cos 2(ax+by)$, $2b^2\cos 2(ax+by)$, $2ab\cos 2(ax+by)$;

  (5) $\dfrac{e^{x+y}}{(e^x+e^y)^2}$, $\dfrac{e^{x+y}}{(e^x+e^y)^2}$, $-\dfrac{e^{x+y}}{(e^x+e^y)^2}$;

  (6) $(2-y)\cos(x+y)-x\sin(x+y)$, $(-2-x)\sin(x+y)-y\cos(x+y)$,
$(1-y)\cos(x+y)-(1+x)\sin(x+y)$.

5. (1) $e^{x(x^2+y^2)}[(3x^2+y^2)\mathrm{d}x+2xy\mathrm{d}y]$;

  (2) $\dfrac{1}{1+x^2y^2}[y\mathrm{d}x+x\mathrm{d}y]$;

  (3) $\dfrac{1}{x^2+y^2}(x\mathrm{d}x+y\mathrm{d}y)$;

  (4) $(y+z)\mathrm{d}x+(z+x)\mathrm{d}y+(x+y)\mathrm{d}z$.

6. (1) $\dfrac{1}{3}\mathrm{d}x+\dfrac{2}{3}\mathrm{d}y$;   (2) 0, $\mathrm{d}x$.

7. 0.0714;   0.075.

8. (1) (C);   (2) (B).

习 题 8.3

1. (1) $\dfrac{3-12t^2}{\sqrt{1-(3t-4t^3)^2}}$;   (2) $\cos^3 x - 2\sin^2 x\cos x$;

  (3) $\dfrac{1}{t^2}(2t^3+3)$;

  (4) $\sin 2t + 2e^{2t} + e^t(\sin t+\cos t)$;

  (5) $\dfrac{e^x(1+e^{e^x})}{e^x+e^{e^x}}$;   (6) $\dfrac{1}{1+x^2}$;

  (7) $4x^3+36x+30$;

(8) $\left(3-\dfrac{4}{t^3}-\dfrac{1}{2\sqrt{t}}\right)\sec^2\left(3t+\dfrac{2}{t^2}-\sqrt{t}\right)$.

2. (1) $3u^2\sin v\cdot\cos v(\cos v-\sin v)$, $u^3(\sin v+\cos v)(1-\sin v\cos v)$;

(2) $\dfrac{2+2xy}{1+(2x-y^2+x^2y)^2}$, $\dfrac{x^2-2y}{1+(2x-y^2+x^2y)^2}$;

(3) $\dfrac{2y^2}{x^3}\left[\dfrac{x^2}{x^2+y^2}-\ln(x^2+y^2)\right]$, $\dfrac{2y}{x^2}\left[\dfrac{y^2}{x^2+y^2}+\ln(x^2+y^2)\right]$;

(4) $(x^2+y^2)^{xy}\left[\dfrac{2x^2y}{x^2+y^2}+y\ln(x^2+y^2)\right]$,

$(x^2+y^2)^{xy}\left[\dfrac{2xy^2}{x^2+y^2}+x\ln(x^2+y^2)\right]$;

(5) $\dfrac{y^2}{(x+y)^2}\arctan(x+y+xy)+\dfrac{xy(1+y)}{(x+y)[1+(x+y+xy)^2]}$,

$\dfrac{x^2}{(x+y)^2}\arctan(x+y+xy)+\dfrac{xy(1+x)}{(x+y)[1+(x+y+xy)^2]}$;

(6) $\left(1+\dfrac{x^2+y^2}{xy}\right)\dfrac{x^2-y^2}{x^2y}e^{\frac{x^2+y^2}{xy}}$, $\left(1+\dfrac{x^2+y^2}{xy}\right)\dfrac{y^2-x^2}{xy^2}e^{\frac{x^2+y^2}{xy}}$;

(7) $f_u+\dfrac{1}{y}f_v$, $-\dfrac{x}{y^2}f_v$, 其中 $u=x$, $v=\dfrac{x}{y}$;

(8) f_u+yf_v, f_u+xf_v, 其中 $u=x+y$, $v=xy$;

(9) $2x(1+2x^2\sin^2 y)e^{x^2+y^2+x^4\sin^2 y}$, $2(y+x^4\sin y\cos y)e^{x^2+y^2+x^4\sin^2 y}$;

(10) $-\dfrac{3yz}{x^2}\cos\dfrac{y}{x}+\dfrac{4z}{x}\cos\dfrac{y}{x}+4r\sin\dfrac{y}{x}$,

$-\dfrac{2yz}{x^2}\cos\dfrac{y}{x}-\dfrac{4sz}{x}\cos\dfrac{y}{x}-6s\sin\dfrac{y}{x}$,

$x=3r+2s$, $y=4r-2s^2$, $z=2r^2-3s^2$.

5. (1) $\dfrac{y[2x-\cos(xy)]}{x[\cos(xy)-x]}$;   (2) $\dfrac{y^2}{1-xy}$;

(3) $\dfrac{x[2(x^2+y^2)-a^2]}{y[2(x^2+y^2)+a^2]}$;   (4) $-\dfrac{b^2x}{a^2y}$.

6. 0.

7. $\dfrac{x+y}{x-y}$, $\dfrac{2(x^2+y^2)}{(x-y)^3}$.

8. (1) $\dfrac{yz}{z^2-xy}$, $\dfrac{xz}{z^2-xy}$;

(2) $\dfrac{yz\cos(xyz)-1}{1-yx\cos(xyz)}$, $\dfrac{xz\cos(xyz)-1}{1-xy\cos(xyz)}$;

(3) $-\dfrac{x}{z}$, $-\dfrac{y}{z}$;

(4) $\dfrac{y\mathrm{e}^{-xy}}{\mathrm{e}^z-2}, \dfrac{x\mathrm{e}^{-xy}}{\mathrm{e}^z-2}.$

9. $\dfrac{1}{\mathrm{e}^z-1}, -\dfrac{x+y+z}{(\mathrm{e}^z-1)^3}.$

10. $f'\left(\sqrt{x^2+y^2}\right)\dfrac{x}{\sqrt{x^2+y^2}}, f'\left(\sqrt{x^2+y^2}\right)\dfrac{y}{\sqrt{x^2+y^2}}.$

习 题 8.4

1. (1) 极小值 $f(3,-1)=-8$;　　　(2) 没有极值;
   (3) 极大值 $f(2,-2)=8$;
   (4) 极小值 $f(1,0)=-5$, 极大值 $f(-3,2)=31$;
   (5) 极小值 $f(a,a)=-a^3$;
   (6) 极小值 $f(-2,0)=-\dfrac{2}{\mathrm{e}}.$

2. 所求点 $M\left(\dfrac{1}{3}, \dfrac{1}{3}\right).$

   提示　求函数 $z=x^2+y^2+(x-1)^2+y^2+x^2+(y-1)^2$ 的最小值.

3. 三等分.

4. 各边长分别为 6 cm, 6 cm, 9 cm.

5. 各边长分别为 6 m, 6 m, 3 m.

6. 长 $\dfrac{4}{17}\sqrt{\dfrac{5a}{b}}$, 宽与深 $\dfrac{1}{6}\sqrt{\dfrac{5a}{b}}$, 其中 b 为底面单位面积造价.

7. 最短距离是 1; 最长距离是 2.

8. 点 $(1,2).$

9. 直角边长 $\dfrac{\sqrt{l}}{2}.$

10. 所求点 $M\left(\dfrac{21}{13}, 2, \dfrac{63}{26}\right).$

11. 最短距离 $d=\sqrt{9-5\sqrt{3}}$, 最长距离 $d=\sqrt{9+5\sqrt{3}}$. 提示　椭圆上的点 (x,y,z) 到原点的距离为 $d=\sqrt{x^2+y^2+z^2}$, 求解以 $u=d^2=x^2+y^2+z^2$ 为目标函数, 以 $x^2+y^2-z=0, x+y+z-1=0$ 为约束条件的极值问题.

12. 最大利润 $\pi=4$; 产出水平 $Q_1=Q_2=1.$

13. 产量 $Q_1=8, Q_2=7\dfrac{2}{3}$; 最大利润 $\pi=488\dfrac{1}{3}$; 产品价格 $P_1=39\dfrac{1}{3}$,

$P_2 = 46\frac{2}{3}$.

14. $K=8$, $L=16$; $Q=48$, 最大利润 $\pi=16$.
15. 5台,3台.
16. 10,15.
17. $K=8, L=6, Q=200\sqrt[3]{6}$.

习 题 8.5

1. (1) $\dfrac{x-\sqrt{2}}{-1} = \dfrac{y-\sqrt{2}}{1} = \dfrac{z-\dfrac{\sqrt{2}}{4}\pi}{1}$, $4x-4y-4z+\sqrt{2}\pi=0$;

   (2) $\dfrac{x-\dfrac{\sqrt{2}}{2}a\cos\beta}{-\cos\beta} = \dfrac{y-\dfrac{\sqrt{2}}{2}a\sin\beta}{-\sin\beta} = \dfrac{z-\dfrac{\sqrt{2}}{2}a}{1}$,

   $x\cos\beta + y\sin\beta - z = 0$;

   (3) $\dfrac{x-\dfrac{3}{4}a}{\sqrt{3}\,a} = \dfrac{y-\dfrac{\sqrt{3}}{4}b}{-b} = \dfrac{z-\dfrac{1}{4}c}{-\sqrt{3}\,c}$,

   $\sqrt{3}\,a\left(x-\dfrac{3}{4}a\right) - b\left(y-\dfrac{\sqrt{3}}{4}b\right) - \sqrt{3}\,c\left(x-\dfrac{1}{4}c\right) = 0$;

   (4) $\dfrac{x-1}{1} = \dfrac{y}{-1} = \dfrac{z-1}{3}$, $x-y+3z-4=0$;

   (5) $\dfrac{x-\dfrac{\pi}{2}+1}{1} = \dfrac{y-1}{1} = \dfrac{z-2\sqrt{2}}{\sqrt{2}}$,

   $x+y+\sqrt{2}\,z - \dfrac{\pi}{2} - 4 = 0$.

2. (1) $\dfrac{x-1}{1} = \dfrac{y-1}{1} = \dfrac{z-1}{2}$, $x+y+2z-4=0$;

   (2) $\dfrac{x-\dfrac{1}{2}}{1} = \dfrac{y-4}{16} = \dfrac{z-3}{12}$, $2x+32y+24z-201=0$.

3. (1) $x+2y-z+5=0$, $\dfrac{x-2}{-1} = \dfrac{y+3}{-2} = \dfrac{z-1}{1}$;

   (2) $ax_0(x-x_0) + by_0(y-y_0) + cz_0(z-z_0) = 0$,

   $\dfrac{x-x_0}{ax_0} = \dfrac{y-y_0}{by_0} = \dfrac{z-z_0}{cz_0}$;

(3) $-2(x-1)+(y-1)+(z-2)=0$, $\dfrac{x-1}{-2}=\dfrac{y-1}{1}=\dfrac{z-2}{1}$;

(4) $\dfrac{x}{a}+\dfrac{y}{b}+\dfrac{z}{c}=\sqrt{3}$, $a\left(x-\dfrac{a}{\sqrt{3}}\right)=b\left(y-\dfrac{b}{\sqrt{3}}\right)=c\left(z-\dfrac{c}{\sqrt{3}}\right)$.

4. (1) $2ax_0(x-x_0)+2by_0(y-y_0)-(z-z_0)=0$,

$\dfrac{x-x_0}{2ax_0}=\dfrac{y-y_0}{2by_0}=\dfrac{z-z_0}{-1}$;

(2) $4(x-2)-2(y-1)-(z-3)=0$, $\dfrac{x-2}{4}=\dfrac{y-1}{-2}=\dfrac{z-3}{-1}$.

5. $x+4y+6z=\pm 21$.

提示 设曲面在点 $M_0(x_0,y_0,z_0)$ 处的切平面与已知平面平行.利用切平面与已知平面平行,从而其法向量平行,有

$$\dfrac{x_0}{1}=\dfrac{2y_0}{4}=\dfrac{3z_0}{6}=k,$$

可得 $x_0=\pm 1$, $y_0=z_0=\pm 2$.

习 题 8.6

1. (1) $V=\iint\limits_{D}\dfrac{y^2}{a}\mathrm{d}\sigma$.

提示 曲面 $z=\dfrac{y^2}{a}$ 为顶,柱面 $x^2+y^2=R^2$ 为侧面.

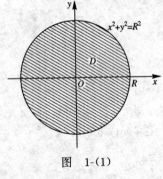

图 1-(1)

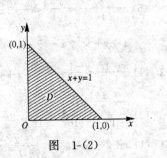

图 1-(2)

(2) $V=\iint\limits_{D}(1+x+y)\mathrm{d}\sigma$.

提示 曲面 $z=1+x+y$ 为顶,柱面 $x=0,y=0,x+y=1$ 为侧面.

(3) $V = \iint\limits_{D}(x^2+y^2)\mathrm{d}\sigma$.

提示 曲面 $z=x^2+y^2$ 为顶,柱面 $y=x^2$, $y=1$ 为侧面.

(4) $V = \iint\limits_{D}x\mathrm{d}\sigma$.

提示 曲面 $z=x$ 为顶,该曲面(平面)与 y 轴相交,柱面 $y^2=2-x$ 为侧面.

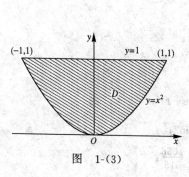

图 1-(3)

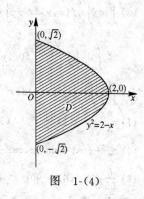

图 1-(4)

2. (1) π;

(2) $\dfrac{2}{3}\pi R^3$. **提示** 以原点为心,R 为半径的上半球的体积.

3. (1) (B);   (2) (C).

4. $Q = \iint\limits_{D}\mu(x,y)\mathrm{d}\sigma$.

5. $P = \iint\limits_{D}p(x,y)\mathrm{d}\sigma$.

习 题 8.7

1. (1) (C);   (2) (B).

2. (1) $\int_a^b \mathrm{d}x \int_a^x f(x,y)\mathrm{d}y = \int_a^b \mathrm{d}y \int_y^b f(x,y)\mathrm{d}x$;

(2) $\int_0^1 \mathrm{d}x \int_{1-x}^{\sqrt{1-x^2}} f(x,y)\mathrm{d}y = \int_0^1 \mathrm{d}y \int_{1-y}^{\sqrt{1-y^2}} f(x,y)\mathrm{d}x$;

(3) $\int_0^4 \mathrm{d}x \int_x^{2x^{1/2}} f(x,y)\mathrm{d}y = \int_0^4 \mathrm{d}y \int_{\frac{y^2}{4}}^{y} f(x,y)\mathrm{d}x$;

(4) $\int_1^2 dx \int_{\frac{1}{x}}^x f(x,y)dy = \int_{\frac{1}{2}}^1 dy \int_{\frac{1}{y}}^2 f(x,y)dx + \int_1^2 dy \int_y^2 f(x,y)dx$.

3. (1) $\int_0^2 dy \int_{\frac{y}{2}}^y f(x,y)dx + \int_2^4 dy \int_{\frac{y}{2}}^2 f(x,y)dx$;

(2) $\int_{-1}^0 dy \int_{-\sqrt{1-y^2}}^{\sqrt{1-y^2}} f(x,y)dx + \int_0^1 dy \int_{-\sqrt{1-y}}^{\sqrt{1-y}} f(x,y)dx$;

(3) $\int_a^{2a} dy \int_{\frac{y^2}{2a}}^{2a} f(x,y)dx + \int_0^a dy \int_{a+\sqrt{a^2-y^2}}^{2a} f(x,y)dx$

$+ \int_0^a dy \int_{\frac{y^2}{2a}}^{a-\sqrt{a^2-y^2}} f(x,y)dx$;

(4) $\int_0^1 dy \int_y^{3-2y} f(x,y)dx$.

5. (1) $\frac{8}{3}$; (2) $\frac{1}{e}$; (3) $(e-1)^2$;

(4) $\frac{3}{2} + \cos 1 + \sin 1 - \cos 2 - 2\sin 2$;

(5) $\frac{6}{55}$; (6) -90; (7) $\frac{1066}{315}$;

(8) $\frac{1}{3}\left(1 - \frac{1}{e}\right)$ **提示** 以被积函数选积分次序:先对 x 积分,后对 y 积分.

6. (1) $\int_0^{\frac{\pi}{2}} d\theta \int_0^R f(r)r dr$;

(2) $\int_0^{\frac{\pi}{2}} d\theta \int_0^{2R\sin\theta} f(r\cos\theta, r\sin\theta) r dr$.

7. (1) $\pi(e^4 - 1)$; (2) $\frac{15}{4}\pi$; (3) 25π;

(4) $\frac{\pi}{4}(2\ln 2 - 1)$; (5) $\frac{R^3}{9}(3\pi - 4)$; (6) 3π.

8. (1) $\frac{\pi}{48}$; (2) $8\pi - \frac{32\sqrt{2}}{3}$; (3) $\frac{\pi R^4}{4a}$;

(4) $\frac{5}{6}$; (5) $\frac{88}{105}$; (6) $186\frac{2}{3}$.

9. (1) $\frac{1}{6}$; (2) $\frac{64}{3}$.

10. 14. **提示** 曲面在 xy 平面上的投影区域 D 是由点 $(0,0), (2,0), (0,4)$ 构成的直角三角形.

11. $\frac{1}{2}\sqrt{a^2b^2+b^2c^2+c^2a^2}$.

   提示 曲面在 xy 平面上的投影区域 D 是由点 $(0,0),(a,0),(0,b)$ 构成的直角三角形.

12. $\frac{\pi}{6}(5\sqrt{5}-1)$.

   提示 曲面在 xy 平面上的投影区域 D 是圆域: $x^2+y^2 \leqslant 1$.

13. $\frac{2\pi}{3}(2\sqrt{2}-1)$.

   提示 曲面在 xy 平面上的投影区域 D 是圆域: $x^2+y^2 \leqslant 1$.

14. $\left(0, \frac{4b}{3\pi}\right)$. 15. $\left(\frac{a}{5}, \frac{a}{5}\right)$. 16. $\left(\frac{3}{8}, \frac{17}{16}\right)$.

17. $I_y = \frac{1}{4}\pi a^3 b$, $I_O = \frac{1}{4}\pi ab(a^2+b^2)$.

18. $I_x = \frac{1}{3}ab^3$, $I_y = \frac{1}{3}a^3 b$.

19. $I_x = \frac{b_2 - b_1}{12}h^3 = \frac{Mh^2}{6}$, $I_y = \frac{b_2^3 - b_1^3}{12}h = \frac{M(b_1^2 + b_1 b_2 + b_2^2)}{6}$,

   其中 $M = \frac{h(b_2 - b_1)}{2}$ 为物体的质量.

第九章 无穷级数

习题 9.1

1. (1) $\frac{1}{2^{n-1}}$; (2) $\frac{1}{2n-1}$; (3) $\frac{1}{2n}$; (4) $\frac{\sin n}{2^n}$.

2. (1) $\frac{1}{2}, \frac{3}{4}, \frac{5}{8}, \frac{7}{16}$; (2) $1, \frac{1}{2}, \frac{2}{3}, \frac{3}{2}$;

   (3) $-2, 1, -\frac{8}{27}, \frac{1}{16}$; (4) $\frac{1}{3}, -\frac{1}{8}, \frac{1}{15}, -\frac{1}{24}$.

3. (1) 收敛; (2) 发散; (3) 收敛; (4) 收敛.

4. $\frac{4}{5}, -\left(\frac{4}{5}\right)^2, (-1)^{n-1}\left(\frac{4}{5}\right)^n; \frac{4}{5}, \frac{4}{5}-\frac{4^2}{5^2}$,

   $\frac{4}{5} - \left(\frac{4}{5}\right)^2 + \left(\frac{4}{5}\right)^3 - \cdots + (-1)^{n-1}\left(\frac{4}{5}\right)^n$.

5. $2 - \frac{1}{2} - \frac{1}{3 \cdot 2} - \cdots - \frac{1}{n(n-1)} - \cdots$.

6. (1) 收敛, $\frac{1}{5}$. **提示**

   $$\frac{1}{(5n-4)(5n+1)} = \frac{1}{5}\left(\frac{1}{5n-4} - \frac{1}{5n+1}\right);$$

(2) 收敛,$\dfrac{\ln 3}{2}$; (3) 发散;

(4) 发散 **提示** $\lim\limits_{n\to\infty}\sqrt[n]{3}=1$.

7. (1) 收敛; (2) 发散; (3) 发散; (4) 发散.

8. (1) **提示** 用反证法.设 $\sum\limits_{n=1}^{\infty}(u_n+v_n)$ 收敛,由 $v_n=(u_n+v_n)-u_n$ 可推出;

(2) 收敛性不定. $\sum\limits_{n=1}^{\infty}[(-1)^n+(-1)^n]$ 发散,$\sum\limits_{n=1}^{\infty}[(-1)^n+(-1)^{n-1}]$ 收敛.

9. (1) (D);

(2) (C) **提示** $x\in(e^{-1},e)$ 时,所给级数是公比 $|q|<1$ 的等比级数;

(3) (B); (4) (B).

习 题 9.2

1. (1) (D); (2) (D).

2. (1) 发散; (2) 收敛; (3) 收敛; (4) 收敛;

(5) 收敛 **提示** 当 $n\to\infty$ 时,$1-\cos\dfrac{1}{n}$ 与 $\dfrac{1}{n^2}$ 是同阶无穷小;

(6) 收敛; (7) 发散 **提示** $\lim\limits_{n\to\infty}\sqrt[n]{n}=1$;

(8) $a>1$ 时收敛,$0<a\leqslant 1$ 时发散.

3. (1) 收敛; (2) 发散; (3) 收敛; (4) 收敛; (5) 收敛;

(6) 收敛; (7) 收敛; (8) $|x|\leqslant 1$ 时收敛,$|x|>1$ 时发散.

4. (1) 收敛; (2) 收敛; (3) 收敛; (4) 收敛.

习 题 9.3

1. (1) 收敛; (2) 收敛; (3) 收敛; (4) 发散.

2. (1) 条件收敛; (2) 绝对收敛; (3) 发散; (4) 绝对收敛;

(5) 条件收敛; (6) 发散;

(7) $|x|<1$ 时绝对收敛,$|x|>1$ 时发散,$x=1$ 条件收敛,$x=-1$ 时发散;

(8) $|x|<e$ 时绝对收敛,$|x|\geqslant e$ 时发散.

3. (1) (D); (2) (C).

习 题 9.4

1. (1) (A). 提示 考虑级数 $\sum_{n=1}^{\infty} \frac{5^n x^n}{n!}$ 的收敛半径； (2) (B).

2. (1) $R=+\infty$, $(-\infty,+\infty)$; (2) $R=2$, $[-2,2]$;
   (3) $R=0$; (4) $R=3$, $[-3,3)$;
   (5) $R=\frac{1}{5}$, $\left(-\frac{1}{5},\frac{1}{5}\right)$; (6) $R=1$, $[-1,1]$;
   (7) $R=\sqrt{3}$, $(-\sqrt{3},\sqrt{3})$;
   (8) $R=\frac{1}{\sqrt{2}}$, $\left(-\frac{1}{\sqrt{2}},\frac{1}{\sqrt{2}}\right)$;
   (9) $R=\frac{1}{\sqrt{2}}$, $\left(-\frac{1}{\sqrt{2}},\frac{1}{\sqrt{2}}\right)$;
   (10) $R=\sqrt{5}$, $(-\sqrt{5},\sqrt{5})$.

3. (1) $[0,2]$; (2) $[0,6]$.

4. (1) $\frac{1}{2}\ln\frac{1+x}{1-x}$, $|x|<1$; (2) $\frac{x}{1-x}$, $|x|<1$.

习 题 9.5

1. (1) (B); (2) (D).

2. (1) $\sum_{n=0}^{\infty} \frac{(\ln a)^n}{n!} x^n$, $(-\infty,+\infty)$. 提示 $a^x = e^{x\ln a}$.

   (2) $\ln a + \sum_{n=1}^{\infty} \frac{(-1)^{n-1}}{n} \left(\frac{x}{a}\right)^n$, $(-a,a]$.

   提示 $\ln(a+x) = \ln a + \ln\left(1+\frac{x}{a}\right)$;

   (3) $\sum_{n=0}^{\infty} \frac{(-1)^n}{n!} x^{2n}$, $(-\infty,+\infty)$;

   (4) $\sum_{n=0}^{\infty} \frac{x^{2n+1}}{(2n+1)!}$, $(-\infty,+\infty)$;

   (5) $\sum_{n=0}^{\infty} \frac{(-1)^n}{(2n+1)!} \left(\frac{x}{2}\right)^{2n+1}$, $(-\infty,+\infty)$;

   (6) $1+\sum_{n=1}^{\infty} \frac{(-1)^n (2x)^{2n}}{2(2n)!}$, $(-\infty,+\infty)$. 提示 $\cos^2 x = \frac{1}{2}(1+\cos 2x)$;

(7) $\sum_{n=0}^{\infty} \frac{1}{a^{n+1}} x^n$, $(-a, a)$;

(8) $\sum_{n=1}^{\infty} (-1)^{n-1} n x^{n-1}$, $(-1, 1)$;

(9) $\sum_{n=0}^{\infty} \frac{(2n-1)!!}{n!} x^{n+1}$, $\left[-\frac{1}{2}, \frac{1}{2}\right)$. 提示 $\frac{x}{\sqrt{1-2x}} = x(1-2x)^{-\frac{1}{2}}$;

(10) $\sum_{n=0}^{\infty} \frac{2^{n+1}-1}{2^{n+1}} x^n$, $(-1, 1)$.

提示 $\frac{1}{x^2-3x+2} = \frac{1}{(1-x)(2-x)} = \frac{1}{1-x} - \frac{1}{2-x}$;

(11) $1 + \sum_{n=1}^{\infty} (-1)^n \left[\frac{1}{n!} - \frac{1}{(n-1)!}\right] x^n$, $(-\infty, +\infty)$;

(12) $\sum_{n=1}^{\infty} \frac{(-1)^{n-1} 2^n - 1}{n} x^n$, $\left(-\frac{1}{2}, \frac{1}{2}\right]$.

提示 $\ln(1+x-2x^2) = \ln[(1+2x)(1-x)]$
$= \ln(1+2x) + \ln(1-x)$.

3. (1) $\sum_{n=1}^{\infty} \frac{(-1)^{n-1}}{n} (x-1)^n$, $(0, 2]$. 提示 $\ln x = \ln[1+(x-1)]$;

(2) $\sum_{n=0}^{\infty} (-1)^n (x-1)^n$, $(0, 2)$. 提示 $\frac{1}{x} = \frac{1}{1+(x-1)}$;

(3) $e \cdot \sum_{n=0}^{\infty} \frac{(x-1)^n}{n!}$, $(-\infty, +\infty)$. 提示 $e^x = e^{1+(x-1)} = e \cdot e^{(x-1)}$;

(4) $\sum_{n=0}^{\infty} \frac{1}{2^{n+1}} (x-1)^n$, $(-1, 3)$.

提示 $\frac{1}{3-x} = \frac{1}{2-(x-1)} = \frac{1}{2} \cdot \frac{1}{1-\frac{x-1}{2}}$.

4. (1) $\sum_{n=0}^{\infty} \frac{x^{2n+1}}{(2n+1) \cdot n!}$, $(-\infty, +\infty)$;

(2) $\sum_{n=0}^{\infty} \frac{(-1)^n x^{2n+1}}{(2n+1) \cdot (2n+1)!}$, $(-\infty, +\infty)$.

习 题 9.6

1. (1) $f(x) = -\frac{\pi}{4} - \frac{2}{\pi} \left(\cos x + \frac{1}{3^2} \cos 3x + \frac{1}{5^2} \cos 5x + \cdots\right)$
$+ \left(3\sin x - \frac{1}{2} \sin 2x + \frac{3}{3} \sin^3 x - \frac{1}{4} \sin 4x + \cdots\right)$

$(-\infty < x < +\infty,\ x \neq k\pi,\ k=0, \pm 1, \pm 2, \cdots)$;

(2) $f(x) = \sum_{k=1}^{\infty} \dfrac{1}{2k-1} \sin(2k-1)$,

$(-\infty < x < +\infty,\ x \neq k\pi,\ k=0, \pm 1, \pm 2, \cdots)$;

(3) $f(x) = \dfrac{\pi}{2} + \dfrac{4}{\pi} \sum_{k=1}^{\infty} \dfrac{1}{(2k-1)^2} \cos(2k-1)x,\ (-\infty < x < +\infty)$;

(4) $x = 2 \sum_{n=1}^{\infty} \dfrac{(-1)^{n+1}}{n} \sin nx$,

$(-\infty < x < +\infty,\ x \neq (2k+1)\pi,\ k=0, \pm 1, \pm 2, \cdots)$.

2. (1) $|x| = \dfrac{\pi}{2} - \dfrac{4}{\pi} \sum_{k=1}^{\infty} \dfrac{1}{(2k-1)^2} \cos(2k-1)x,\quad -\pi \leqslant x \leqslant \pi$;

(2) $x^2 = \dfrac{\pi^2}{3} + 4 \sum_{n=1}^{\infty} (-1)^n \dfrac{\cos nx}{n^2},\quad -\pi \leqslant x \leqslant \pi$.

(3) $f(x) = -\dfrac{1}{2} + \dfrac{6}{\pi} \sum_{n=0}^{\infty} \dfrac{1}{2n+1} \sin(2n+1)x$,

$-\pi < x < 0,\quad 0 < x < \pi,\quad f(-\pi) = f(0) = f(\pi) = -\dfrac{1}{2}$;

(4) $f(x) = \dfrac{1}{2\pi}[1 + \pi - e^{-\pi}] + \dfrac{1}{\pi} \sum_{n=0}^{\infty} \dfrac{1}{1+n^2}[1-(-1)^n e^{-\pi}]\cos nx$

$+ \dfrac{1}{\pi} \sum_{n=0}^{\infty} \left\{ \dfrac{n}{1+n^2}[-1+(-1)^n e^{-\pi}] + \dfrac{1}{n}[1-(-1)^n] \right\} \sin nx.$

提示 利用

$$\int e^x \sin nx\, dx = \dfrac{e^x(\sin nx - n\cos nx)}{1+n^2},$$

$$\int e^x \cos nx\, dx = \dfrac{e^x(n\sin nx + \cos nx)}{1+n^2}.$$

3. $\dfrac{\pi - x}{2} = \sum_{n=1}^{\infty} \dfrac{1}{n} \sin nx,\quad 0 < x \leqslant \pi.$

4. $\dfrac{\pi}{2} - x = \dfrac{4}{\pi} \sum_{k=1}^{\infty} \dfrac{1}{(2k-1)^2} \cos(2k-1)x,\quad 0 \leqslant x \leqslant \pi.$

5. $f(x) = \dfrac{E}{2} + \dfrac{2E}{\pi}\left(\sin \dfrac{\pi x}{2} + \dfrac{1}{3} \sin \dfrac{3\pi x}{2} + \dfrac{1}{5} \sin \dfrac{5\pi x}{2} + \cdots \right)$,

$(-\infty < x < +\infty,\ x \neq 0, \pm 2, \pm 4, \cdots)$.

6. (1) $\dfrac{x}{2} = \dfrac{1}{2} - \dfrac{4}{\pi^2} \sum_{k=1}^{\infty} \dfrac{1}{(2k-1)^2} \cos \dfrac{(2k-1)\pi}{2} x,\quad 0 \leqslant x \leqslant 2$;

(2) $\dfrac{x}{2} = \dfrac{2}{\pi} \sum_{n=1}^{\infty} (-1)^{n+1} \dfrac{1}{n} \sin \dfrac{n\pi}{2} x,\quad 0 \leqslant x < 2.$